"十二五"职业教育国家规划教材
经全国职业教育教材审定委员会审定
普通高等教育"十一五"国家级规划教材
国家精品资源共享课配套教材

第3版

CAD/CAM 工程范例系列教材
国家职业技能培训教材

UG 机械设计工程范例教程

（CAD数字化建模篇）

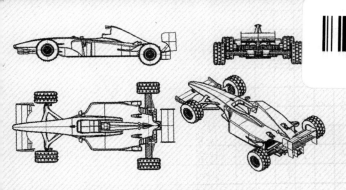

U0239665

国家级数控培训基地
UGS公司授权培训中心　　袁　锋　编著

附赠1CD

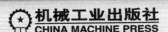

机械工业出版社
CHINA MACHINE PRESS

本教材在第1、第2版的基础上，新增和更换了部分工程案例。全书共分6章，第一章为二维构图，精选了5个二维造型实例；第二章为草图构图，精选了5个草图造型实例；第三章为线框构图，精选了两个线框造型实例；第四章为实体构图，精选了5个实体造型实例；第五章为曲面构图，精选了4个曲面造型实例，第六章为新增的同步建模，精选了4个同步建模实例。

全书采用 UG NX 8.5 作为设计软件，以文字和图形相结合的形式，详细介绍了零件图形的设计过程和 UG 软件的操作步骤，并配有操作过程的动画演示光盘，帮助读者更加直观地掌握 UG NX 8.5 软件界面和操作步骤，易学易懂。

本教程可作为 CAD/CAM/CAE 专业课程教材，特别适合 UG 软件的初、中级用户，各大中专院校机械、模具、机电及相关专业的师生教学、培训和自学使用，也可作为研究生和各工厂企业从事产品设计、CAD 应用的广大工程技术人员的参考用书。

图书在版编目（CIP）数据

UG 机械设计工程范例教程. CAD 数字化建模篇/袁锋编著. —3 版 . —北京：机械工业出版社，2014.9（2017.7 重印）

"十二五"职业教育国家规划教材　普通高等教育"十一五"国家级规划教材　国家精品资源共享课配套教材

ISBN 978-7-111-47764-8

Ⅰ.①U…　Ⅱ.①袁…　Ⅲ.①机械设计 – 计算机辅助设计 – 应用软件 – 高等学校 – 教材　Ⅳ.①TH122

中国版本图书馆 CIP 数据核字（2014）第 195758 号

机械工业出版社（北京市百万庄大街22 号　邮政编码100037）
策划编辑：薛　礼　责任编辑：薛　礼
版式设计：霍永明　责任校对：闫玥红
封面设计：路恩中　责任印制：李　洋
北京天时彩色印刷有限公司印刷
2017 年7 月第3 版第2 次印刷
184mm×260mm · 19.75 印张 · 485 千字
3 001—4 900 册
标准书号：ISBN 978-7-111-47764-8
　　　　　ISBN 978-7-89405-508-8 （光盘）
定价：45.00 元（含1CD）

一、数字化设计与制造技术

1. 数字化设计与制造技术已经成为提高制造业核心竞争力的重要手段

随着技术的进步和市场竞争的日益激烈，产品的技术含量和复杂程度在不断增加，而产品的生命周期日益缩短。因此，缩短新产品的开发和上市周期就成为企业形成竞争优势的重要因素。在这种形势下，在计算机上完成产品的开发，通过对产品模型的分析，改进产品设计方案，在数字状态下进行产品的虚拟设计、试验和制造，然后再对设计进行改进或完善的数字化产品开发技术变得越来越重要。因此，数字化设计与制造技术已经成为提高制造业核心竞争力的重要手段和世界各国在科技竞争中抢占制高点的突破口。

2. UG 软件已成为数字化设计与制造技术领域首选软件

Unigraphics，简称 UG，是美国 UGS（后被西门子公司收购）公司推出的功能强大、闻名遐迩的 CAD/CAE/CAM 一体化软件，是全球运用最广泛、最优秀的大型 CAD/CAE/CAM 软件之一。UG 自 1990 年进入中国市场以来，发展迅速，已成为我国数字化设计与制造技术领域应用最广泛的软件之一。

3. 我国快速发展的装备制造业迫切需要大量掌握数字化设计与制造关键技术的高素质高级技能人才

我国要从制造大国向制造强国转变，真正成为"世界加工制造中心"，必须要有先进的制造技术，数字化设计与制造技术将成为"中国制造向中国创造"转变的一个重要突破口。我国快速发展的装备制造业迫切需要大量掌握数字化设计与制造关键技术的高素质高级技能型专门人才，因此编写适合高职高专培养数字化设计与制造高技能人才的教材是十分必要的。

二、《UG 机械工程范例教程》系列教材

《UG 机械工程范例教程》系列教材为国家精品资源共享课"使用 UG 软件的机电产品数字化设计与制造"的配套教材。目前已正式出版系列教材中的 3 本：基础篇、高级篇和课程设计篇。其中，基础篇和高级篇分别被评为普通高等教育"十一五"国家级规划教材，高级篇被评为 2007 年度普通高等教育国家精品教材。本系列教材被全国 100 余所高职高专院校机械类专业广泛选用，覆盖面广、影响力大，使用评价好。

本系列教材包括：《UG 机械设计工程范例教程（CAD 数字化建模篇）》、《UG 机械设计工程范例教程（CAD 数字化建模实训篇）》、《UG 机械设计工程范例教程（CAD 数字化建模课程设计篇）》、《UG 机械制造工程范例教程（CAM 自动编程篇）》、《UG 机械制造工程范例教程（CAM 自动编程实训篇）》、《UG 机械工程范例教程（逆向工程篇）》、《UG 机械工程范例教程（逆向工程实训篇）》、《UG 机械工程范例教程（模具设计篇）》以及《UG 机械工程范例教程（模具设计实训篇）》。

三、系列教材的编写特点

1. 系列教材以数字化设计（三维 CAD 建模）、数字化制造（CAM 自动编程）、逆向反求、模具设计四大核心技术为重点，以工作过程为导向，将文字和形象生动的图形结合起来，详细介绍了典型机电产品的三维数字化设计与制造、逆向反求与模具设计方法，并通过基础篇、高级篇、实训篇和课程设计篇等来反映高职人才的培养全过程，具有鲜明的职业技术教育特色，长期用于高职教学，符合职业教育规律和高端技能型人才的成长规律。

2. 教材与行业、企业紧密联系，教材中的 80% 项目案例均取自于生产实际的工程案例，并将 UG 数字化设计与制造技术领域的知识点、技能点融于教学与实践技能培养的过程中，以"应用"为主旨构建了课程体系与教材体系，对学生职业能力培养和职业素质养成起到重要的支撑和促进作用。

3. "高等性"与"职业性"的融合是本系列教材的一大特色。教材依据国家职业资格标准或行业、企业标准（UGS 技能证书标准），将职业技能标准融合到教学内容中，强化学生技能训练，提高技能训练效果，使学生在获得学历证书的同时顺利获得相应职业资格证书，实现"高等性"与"职业性"的融合。

4. 教材以能力培养为主线，通过典型机电产品的数字化设计与制造将各部分教学内容有机联系、渗透和互相贯通，在课程结构上打破原有课程体系，以工作过程为导向，加强对学生三维数字化设计能力和 UG 软件操作能力的培养，激发学生的学习兴趣，提高了学生三维数字化设计与制造的工程应用能力、创新能力，提高学生理论联系实际的工作能力和就业竞争力，突出了学生对所学知识的灵活应用，做到举一反三。

5. 教材为国家精品资源共享课"使用 UG 软件的机电产品数字化设计与制造"的配套教材，教材修订及开发的同时，结合中国大学资源共享课程，提供配套的教学资料，如相关实训、学习指导、教案、作业及题解。同步开发与本系列教材配套的教学资源库和拓展资源库，如工程案例库、素材资源库，操作动画库、视频库、试题库、多媒体教学课件等拓展资源，帮助学生全面掌握三维数字化设计与制造的工程应用能力。

本系列教程可作为 CAD/CAM/CAE 专业课程教材，特别适用于 UG 软件的初、中级用户，各大中专院校机械、模具、机电及相关专业的师生教学、培训和自学使用，也可作为研究生和各工厂企业从事三维设计、数控加工、自动编程的广大工程技术人员的参考用书。

本系列教材在编写过程中得到了常州轻工职业技术学院、常州数控技术研究所及 Siemens PLM Software 的大力支持，在此一并表示衷心感谢。由于编者水平有限，谬误欠妥之处，恳请读者指正并提宝贵意见，我的 E - Mail：YF2008@ CZILI. EDU. CN。

袁　锋

第3版前言

《UG 机械工程范例教程》系列教材为国家精品资源共享课"使用 UG 软件的机电产品数字化设计与制造"的配套教材。其中，基础篇和高级篇分别被评为普通高等教育"十一五"国家级规划教材，高级篇被评为 2007 年度普通高等教育国家精品教材，本系列教材被全国 100 余所高职高专机械类专业院校广泛选用，覆盖面广、影响力大，使用评价好。

本书结合了作者多年从事 UG CAD/CAM/CAE 的教学和培训的经验，在《UG 机械设计工程范例教程（基础篇）》第 1 版、第 2 版的基础上，新增和更换了部分工程案例。本教材被评为"十二五"职业教育国家规划教材。全书共分六章，第一章为二维构图，精选了 5 个二维造型实例；第二章为草图构图，精选了 5 个草图造型实例；第三章为线框构图，精选了两个线框造型实例；第四章为实体构图，精选了 5 个实体造型实例；第五章为曲面构图，精选了 4 个曲面造型实例，第六章为新增的同步建模，精选了 4 个同步建模实例。

全书采用 UG NX 8.5 作为设计软件，以文字和图形相结合的形式，详细介绍了零件图形的设计过程和 UG 软件的操作步骤，并配有操作过程的动画演示光盘，帮助读者更加直观地掌握 UG NX 8.5 软件界面和操作步骤，易学易懂。

本书可作为 CAD/CAM/CAE 专业课程教材，特别适用于 UG 软件的初、中级用户，各大中专院校机械、模具、机电及相关专业的师生教学、培训和自学使用，也可作为研究生和各企业从事产品设计、CAD 应用的广大工程技术人员的参考用书。

本书由浙江广厦建设职业技术学院黄庆华老师主审，全书的操作过程动画演示光盘由常州数控研究所袁钢先生制作。

本书在编写过程中得到了常州轻工职业技术学院、常州数控技术研究所与 Siemens PLM Software 的大力支持，在此表示衷心感谢。由于编者水平有限，谬误欠妥之处，恳请读者指正并提宝贵意见，我的 E - Mail：YF2008@ CZILI. EDU. CN。

袁　锋

第2版前言

　　常州轻工职业技术学院为美国 UGS 的授权培训中心，国家级数控培训基地，常年从事 UG 软件和数控机床的教学培训工作，积累了丰富的教学和培训经验。本书的作者为 UGS 正式授权的 UG 教员，2002～2005 年连续四年担任全国数控培训网络"Unigraphics 师资培训班"教官，2008 年负责建设的"使用 UG 软件的机电产品数字化设计与制造"课程被评为国家精品课程。

　　本教材讲义曾多次在全国数控培训网络 Unigraphics 师资培训班上使用，获得了学员的一致好评。本书第 1 版被评为"普通高等教育"十一五"国家级规划教材"，被近百家本科及高职院校选用。

　　目前，数字化设计与制造领域技术日新月异，UG 软件每年更新一个版本，本教材第 1 版采用 UG NX3 作为设计软件，2008 年 UGS 公司推出了最新的 UG NX6 版本，两者已有较大的变化。为了及时跟上 UG 软件版本的变化，本书第 2 版所有实例全部采用 UG NX6 版本作为设计软件。第 2 版除了采用 UG NX6 作为设计软件外，还在第 1 版基础上对造型实例进行了适当调整，调整后的基础篇共分 5 章，第一章为二维构图，精选了 5 个二维造型实例；第二章为草图构图，精选了 6 个草图造型实例；第三章为线框构图，精选了 2 个线框造型实例；第四章为实体构图，精选了 5 个实体造型实例；第五章为曲面构图，精选了 3 个曲面造型实例。高级篇精选了 7 个典型工程零件作为范例。

　　作者总结多年从事 UG CAD/CAM/CAE 的教学和培训的经验，以文字和图形结合的形式，详细介绍了零件图形的设计过程和 UG 软件的操作步骤，并配有操作过程的动画演示光盘，帮助读者更加直观地掌握 UG NX6 软件界面和操作步骤，达到无师自通、易学易懂的目标。

　　本书可作为 CAD、CAM、CAE 专业课程教材，特别适用于 UG 软件的初、中级用户，各大中专院校机械制造及自动化、模具设计与制造、机电一体化及相关专业教学、培训和自学使用，也可作为研究生和企业从事产品设计、CAD 应用的工程技术人员的参考用书。

　　本书基础篇由浙江广厦建设职业技术学院盛秀兵校审，高级篇由常州建东职业技术学院郑秋平校审。全书的操作过程动画演示光盘由常州勤业塑料厂袁钢先生制作。

　　本书在编写过程中得到了常州轻工职业技术学院、优集系统（中国）

有限公司与 UGS 各授权培训中心的大力支持，得到了国家级数控实训基地陈朝阳、袁飞、陈亚梅等老师的大力支持，在此表示衷心感谢。由于编者水平有限，谬误欠妥之处，恳请读者指正并提宝贵意见，我的 E-Mail：YF2008@ CZILI. EDU. CN。

袁　锋

Unigraphics，简称 UG，是美国 EDS 公司推出的功能强大、闻名遐迩的 CAD/CAE/CAM 一体化软件，涉及平面工程制图、三维造型（CAD）、装配、制造加工（CAM）、逆向工程、工业造型设计、注塑模具设计（Moldwizard）、注塑模流道分析（Moldflow）、钣金设计、机构运动分析、有限元分析、渲染和动画仿真、工业标准交互传输、数控模拟加工十几个模块，它不仅造型功能强大，其他功能更是无与伦比，是全球应用最广泛、最优秀的大型 CAD/CAE/CAM 软件之一。UG 自 1990 年进入中国市场以来，发展迅速，已成为中国航天航空、汽车、家用电器、机械、模具制造等领域的首选软件。然而，在中国能熟练驾驭 UG 软件的人才凤毛麟角，企业急需这方面的专业人才，不惜高薪聘请。

常州轻工职业技术学院为美国 UGS 的授权培训中心，国家级数控培训基地，常年从事 UG 软件和数控机床的教学培训工作，积累了丰富的教学和培训经验。本书的作者为 UGS 正式授权的 UG 教员，2002～2005 年连续四年担任全国数控培训网络"Unigraphics 师资培训班"教官。本书结合了作者多年从事 UG CAD/CAM/CAE 的教学和培训的经验，共分基础篇和高级篇两部。基础篇共分 5 章，第一章为二维构图，精选了 5 个二维造型实例；第二章为草图，精选了 6 个草图造型实例；第三章为线框构图，精选了 2 个线框造型实例；第四章为实体构图，精选了 4 个实体造型实例；第五章为曲面构图，精选了 3 个曲面造型实例。高级篇精选了 7 个典型工程零件作为范例。全书采用 UG NX3 作为设计软件，以文字和图形相结合的形式，详细介绍了零件的设计过程和 UG 软件的操作步骤，并配有操作过程的动画演示光盘，帮助读者更加直观地掌握 UG NX3 的软件界面和操作步骤，使读者能达到无师自通、易学易懂的目标。

本教程可作为 CAD、CAM、CAE 专业课程教材，特别适用于 UG 软件的初、中级用户，各大中专院校机械、模具、机电及相关专业的师生教学、培训和自学使用，也可作为研究生和各工厂企业从事产品设计、CAD 应用的广大工程技术人员的参考用书。

本书基础篇由常州机电职业技术学院余正华老师主审，高级篇由常州技术师范学院孙奎洲老师主审。全书的操作过程动画演示光盘由常州勤业塑料厂袁钢先生制作。

本书在编写过程中得到了常州轻工职业技术学院、优集系统（中国）

有限公司与 UGS 各授权培训中心的大力支持，得到了国家级数控实训基地朱德范、袁飞、陈亚梅、汤小东等老师的大力支持，在此表示衷心感谢。

    由于编者水平有限，谬误欠妥之处，恳请读者指正并提宝贵意见，我的 E - Mail：Y199818@ PUB. CZ. JSINFO. NET。

袁　锋

目录

第一章
二　维　构　图

实例说明

本章主要讲述二维图形的构建，其构建思路为：首先分析图形的组成，确定原点的位置，绘制中心线，然后计算重要的端点坐标，依次采用直线、圆/圆弧及其他基本曲线功能构建二维曲线，最后用编辑、修剪功能构建二维截面。

学习目标

通过本章实例的练习，读者能熟练掌握直线、圆、圆弧、偏置曲线、倒圆功能等的创建方法，熟练运用修剪曲线、修剪角、分割曲线等曲线编辑功能，以及方程曲线的表达式创建功能，开拓构建思路，提高二维图形构建的基本技巧。

实例一

实例图形及尺寸如图 1-1 所示。

1. 新建文件

选择菜单中的【文件】/【新建】命令或选择 □（新建）图标，出现【新建】文件对话框，如图 1-2所示。在【名称】栏中输入【2w‒1】，在【单位】下拉框中选择【毫米】选项，单击 确定 按钮，建立文件名为"2w‒1. prt"、单位为毫米的文件。

2. 对象预设置

选择菜单中的【首选项】/【对象】命令，出现【对象首选项】对话框，如图 1-3 所示。在【类型】下拉框中选择【直线】，在【颜色】栏单击颜色区，出现【颜色】选择对话框，如图 1-4 所示。选择图 1-4 所示的颜色，然后单击 确定 按钮，系统返回【对象首选项】对话框。在【线型】下拉框中选择‒‒‒‒‒‒（中心线）选项，最后单击 确定 按钮，完成预设置。

3. 取消跟踪设置

如果用户已经设置取消跟踪，可以跳过这一步。选择菜单中的【首选项】/【用户界面】命令，系统出现【用户界面首选项】对话框，如图 1-5 所示。取消

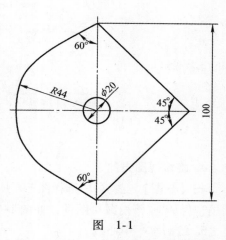

图　1-1

▢在跟踪条中跟踪光标位置 选项，然后单击 确定 按钮，完成取消跟踪设置。

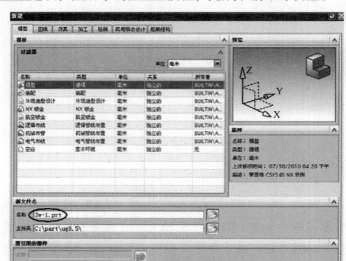

图　1-2

图　1-3　　　　　　　　　　　　　　　　　　图　1-4

4. 旋转视图方向

在【视图】工具条中选择图 1-6 所示的 ▼（定向视图下拉菜单）图标，在出现的各种视图里选择 ▯。（俯视图）图标，如图 1-6 所示，图形中坐标已经转成如图 1-7 所示的形式。

5. 绘制水平中心线

选择菜单中的【插入】/【曲线】/【基本曲线】命令，或在【曲线】工具条中选择 ◢（基本曲线）图标，出现【基本曲线】对话框，如图 1-8 所示。选择 ╱（直线）图标，取消 ▢线串模式 选项，在下方【跟踪条】里的【XC】、【YC】、【ZC】栏输入【-60】、【0】、【0】，如图 1-9 所示。然后按回车键，接着继续在【跟踪条】里的【XC】、【YC】、【ZC】栏输入【60】、【0】、【0】，如图 1-10 所示。最后按回车键，画出一条水平中心线，如图 1-11 所示。

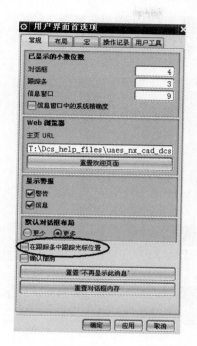

图 1-5

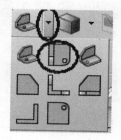

图 1-6

图 1-7

6. 绘制竖直中心线

在下方【跟踪条】里的【XC】、【YC】、【ZC】栏输入【0】、【-60】、【0】，如图1-12所示。然后按回车键，接着继续在【跟踪条】里的【XC】、【YC】、【ZC】栏输入【0】、【60】、【0】，如图1-13所示。最后按回车键，画出一条竖直中心线。在【基本曲线】对话框中单击 取消 按钮，完成效果如图1-14所示。

7. 对象预设置

选择菜单中的【首选项】/【对象】命令，出现【对象首选项】对话框，如图1-15所示。在【类型】下拉框中选择【直线】，在【颜色】下拉框中选择【默认】，在【线型】下拉框中选择【默认】选项，然后单击 确定 按钮，完成预设置。

8. 绘制圆

选择菜单中的【插入】/【曲线】/【基

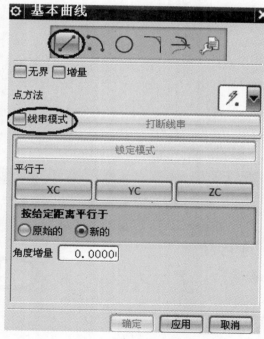

图 1-8

本曲线】命令，或在【曲线】工具条中选择 （基本曲线）图标，出现【基本曲线】对话框，如图1-16所示。选择 （圆）图标，在【点方法】下拉框中选择 （交点）选项，然后在图形中选择两条中心线，如图1-17所示。接着在下方【跟踪条】里的 （半径）栏输入【44】，如图1-18所示。最后按回车键，完成创建圆，如图1-19所示。

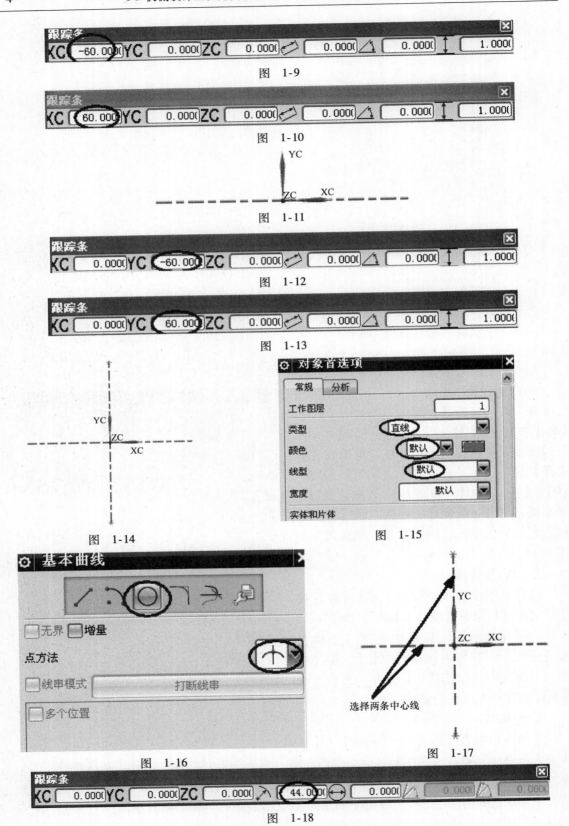

图　1-9

图　1-10

图　1-11

图　1-12

图　1-13

图　1-14

图　1-15

图　1-16

图　1-17

图　1-18

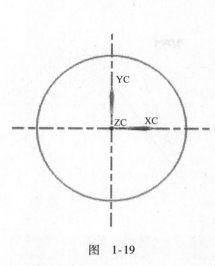

图 1-19

图 1-20

9. 绘制直线

选择菜单中的【插入】/【曲线】/【基本曲线】命令，或在【曲线】工具条选择 ⟋（基本曲线）图标，出现【基本曲线】对话框，选择 ⟋（直线）图标，取消 ▢线串模式 选项，如图 1-20 所示。在下方【跟踪条】里的【XC】、【YC】、【ZC】栏输入【50】、【0】、【0】，如图 1-21 所示。然后按回车键，接着继续在【跟踪条】里的 ⟋（长度）栏输入【100】，△（角度）栏输入【135】，如图 1-22 所示。最后按回车键，画出一条直线，完成效果如图 1-23 所示。

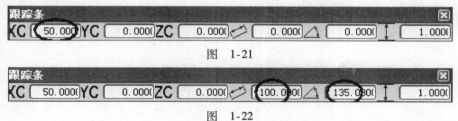

图 1-21

图 1-22

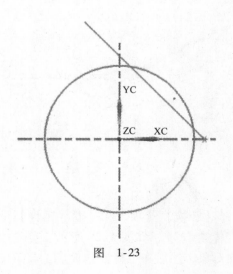

图 1-23

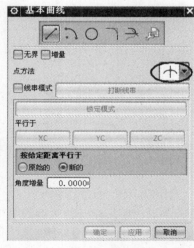

图 1-24

继续绘制下一段直线。在【基本曲线】对话框的【点方法】下拉框中选择↑（交点）选项，如图 1-24 所示。然后在图形中选择竖直中心线及上一步绘制的直线，如图 1-25 所示。接着在下方【跟踪条】里的 ⬚（长度）栏输入【100】，△（角度）栏输入【210】，如图 1-26 所示。最后按回车键，画出一条直线。在【基本曲线】对话框中单击 [取消] 按钮，完成效果如图 1-27 所示。

10. 修剪曲线

选择菜单中的【编辑】/【曲线】/【修剪】命令，或在【编辑曲线】工具条中选择 ⊐（修剪曲线）图标，出现【修剪曲线】对话框，如图 1-28 所示。

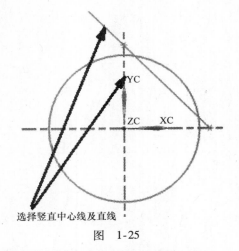

选择竖直中心线及直线

图 1-25

图　1-26

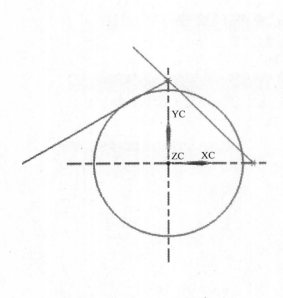

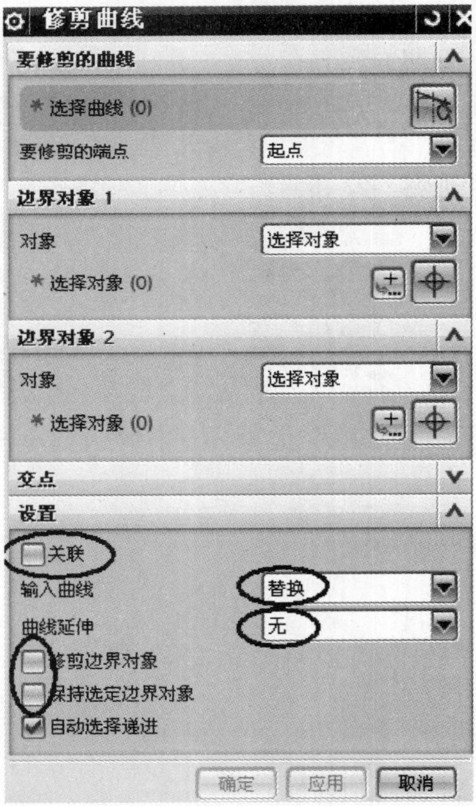

图　1-27

图　1-28

取消 ☐关联 选项，在【输入曲线】下拉框中选择【替换】选项，在【曲线延伸】下拉框中选择【无】，取消 ☐修剪边界对象 、☐保持选定边界对象 选项，如图 1-28 所示。首先放大图形，在图形中选择图 1-29 所示的直线为要修剪的对象，然后在主界面捕捉点工具条中仅选择⼈（交点）选项，在图形中选择图 1-29 所示的交点为修剪的边界，最后在【修剪曲线】对话框中单击 应用 按钮，完成修剪曲线，如图 1-30 所示。

继续修剪曲线。在图形中选择图 1-31 所示的直线为要修剪的对象，然后在主界面捕捉点工具条中仅选择⼈（交点）选项，选择图 1-31 所示的交点为修剪的边界，在【修剪曲线】对话框中单击 应用 按钮，完成修剪曲线，如图 1-32 所示。

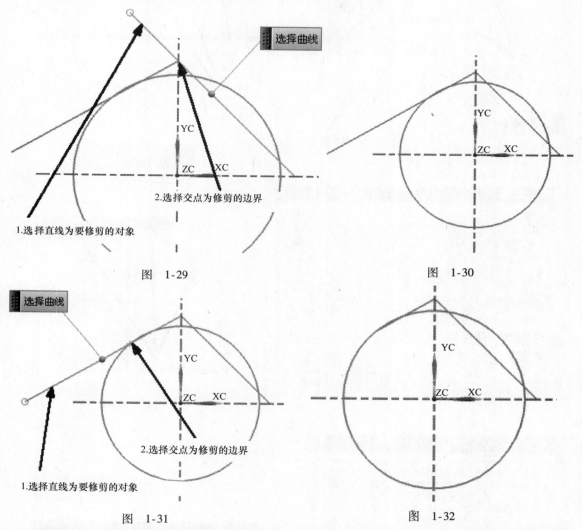

图 1-29

图 1-30

图 1-31

图 1-32

继续修剪曲线。在图形中选择图 1-33 所示的圆为要修剪的对象，然后在主界面捕捉点工具条中仅选择【插入】（交点）选项，选择图 1-33 所示的交点为修剪的边界一，然后在主界面捕捉点工具条中仅选择【插入】（交点）选项，选择图 1-33 所示的交点为修剪的边界二，在【修剪曲线】对话框中单击 应用 按钮，完成修剪曲线，如图 1-34 所示。

11. 镜像曲线

在【标准】工具条中选择 ✐（变换）图标，出现【变换】类选择对话框，如图 1-35 所示。在图形中选择图 1-36 所示的圆弧及两条直线，然后在【变换】类选择对话框中单击 确定 按钮，出现【变换】对话框，如图 1-37 所示。单击【通过一直线镜像】按钮，系统出现【变换】选择镜像对称线选项对话框，如图 1-38 所示。单击【现有的直线】按钮，系统出现【变换】选择镜像对称线对话框，如图 1-39 所示。

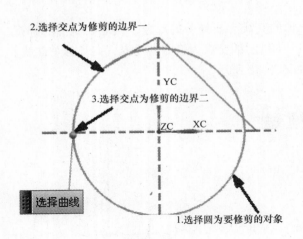

图　1-33

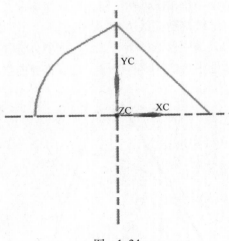

图　1-34

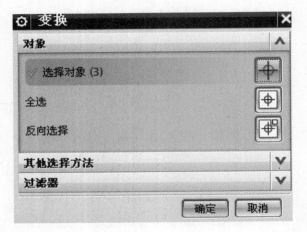

图　1-35

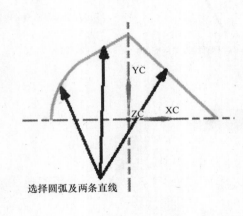

图　1-36

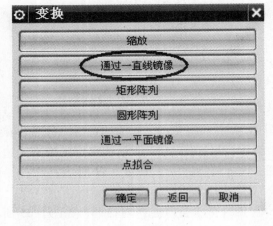

图　1-37

图　1-38

　　然后在图形中选择图 1-40 所示的中心线为对称线，系统出现【变换】操作选项对话框，如图 1-41 所示。单击 复制 按钮，最后单击 取消 按钮，完成镜像曲线，如图 1-42

所示。

12. 绘制圆

选择菜单中的【插入】/【曲线】/【基本曲线】命令，或在【曲线】工具条中选择 (基本曲线) 图标，出现【基本曲线】对话框，如图 1-43 所示。选择 (圆) 图标，在【点方法】下拉框中选择【 (圆弧中心/椭圆中心/球心)】。然后在图形中选择图 1-44 所示的圆弧，接着在下方【跟踪条】里的 (半径) 栏输入【10】，如图 1-45 所示。最后按回车键，完成创建圆，如图 1-46 所示。

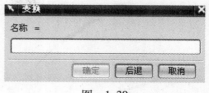

图　1-39

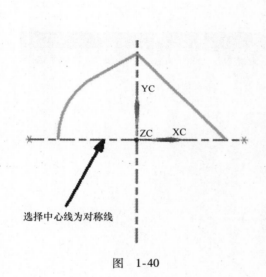

选择中心线为对称线

图　1-40

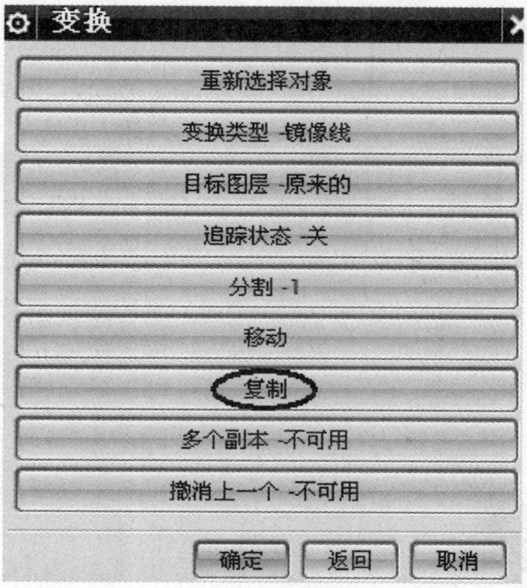

图　1-41

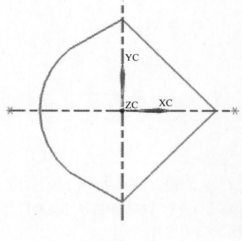

图　1-42

图　1-43

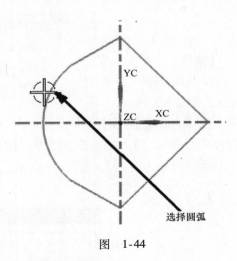

选择圆弧

图　1-44

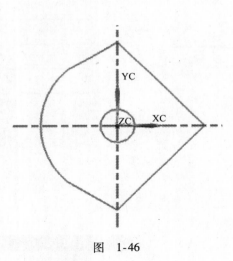

图　1-45

图　1-46

实例二

实例图形及尺寸如图 1-47 所示。

1. 新建文件

选择菜单中的【文件】/【新建】命令，或选择 ☐（新建）图标，出现【新建】文件对话框，如图 1-48 所示。在【名称】栏中输入【2w－2】，在【单位】下拉框中选择【毫米】选项，单击 确定 按钮，建立文件名为 "2w－2. prt"、单位为毫米的文件。

2. 对象预设置

选择菜单中的【首选项】/【对象】命令，出现【对象首选项】对话框，如图 1-49 所示。在【类型】下拉框中选择【直线】，在【颜色】栏中单击颜色区，出现【颜色】选择框，如图 1-50 所示。选择图 1-50 所示的颜色，然后单击 确定 按钮，系统返回【对象首选项】对话框。在【线型】下拉框中选择—·—·—（中心线）选项，最后单击 确定 按钮，完成预设置。

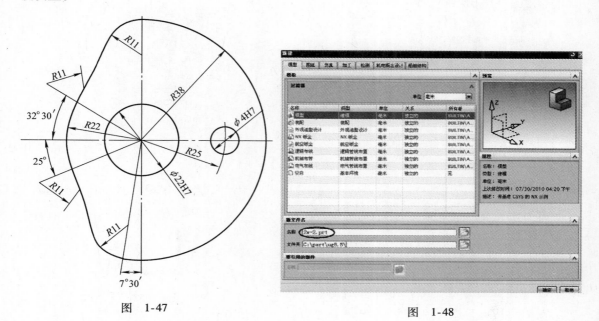

图 1-47　　　　　　　　　　　　　　　　　　图 1-48

图 1-49　　　　　　　　　　　　　　　　　　图 1-50

3. 取消跟踪设置

如果用户已经设置取消跟踪，可以跳过这一步。选择菜单中的【首选项】/【用户界面】命令，出现【用户界面首选项】对话框，如图 1-51 所示。取消 在跟踪条中跟踪光标位置 选项，然后单击 确定 按钮，完成取消跟踪设置。

4. 旋转视图方向

在【视图】工具条中选择图 1-52 所示的 （定向视图下拉菜单）图标。在出现的各种视图里选择 （俯视图）图标，如图 1-52 所示。图形中坐标已经转成如图 1-53 所示的形式。

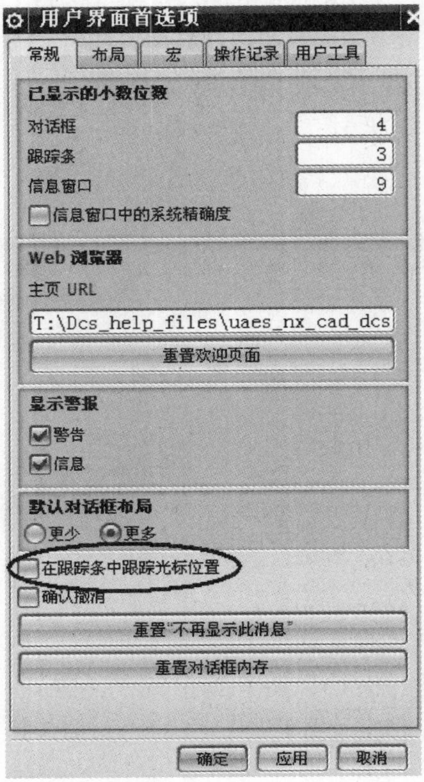

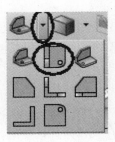

图　1-51

图　1-52

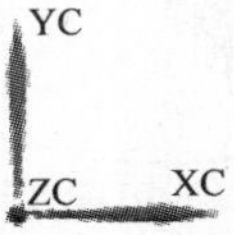

图　1-53

5. 绘制水平中心线

选择菜单中的【插入】／【曲线】／【基本曲线】命令，或在【曲线】工具条中选择 ┛（基本曲线）图标，出现【基本曲线】对话框。选择 ╱（直线）图标，取消 ☐线串模式 选项，如图 1-54 所示。在下方【跟踪条】里的【XC】、【YC】、【ZC】栏输入【-50】、【0】、【0】，如图 1-55 所示。然后按回车键，接着继续在【跟踪条】里的【XC】、【YC】、【ZC】栏输入【50】、【0】、【0】，如图 1-56 所示。最后按回车键，画出一条水平中心线，如图1-57所示。

6. 绘制竖直中心线

在下方【跟踪条】里的【XC】、【YC】、【ZC】栏输入【0】、【-50】、【0】，如图 1-58 所示。然后按回车键，接着继续在【跟踪条】里的【XC】、【YC】、【ZC】栏输入【0】、【50】、【0】，如图 1-59 所示。然后按

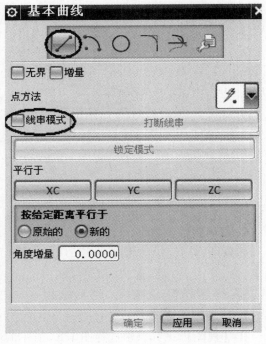

图　1-54

回车键，画出一条竖直中心线。在【基本曲线】对话框中单击 取消 按钮，完成效果如图
1-60 所示。

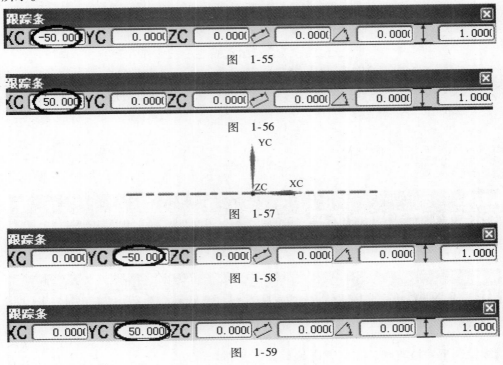

图 1-55

图 1-56

图 1-57

图 1-58

图 1-59

7. 绘制辅助直线

在下方【跟踪条】里的【XC】、【YC】、【ZC】栏输入【0】、【0】、【0】，如图 1-61 所示。按回车键，接着继续在【跟踪条】里的✐（长度）栏输入【50】，△（角度）栏输入【147.5】，如图 1-62 所示。最后按回车键，画出一条辅助线，完成效果如图 1-63 所示。

继续绘制下一段直线。在下方【跟踪条】里的【XC】、【YC】、【ZC】栏输入【0】、【0】、【0】，如图 1-64 所示。按回车键，接着在下方【跟踪条】里的✐（长度）栏输入【50】，△（角度）栏输入【205】，如图1-65所示。最后按回车键，画出一条直线，完成效果如图 1-66 所示。

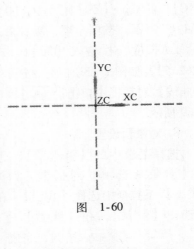

图 1-60

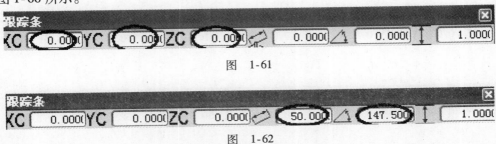

图 1-61

图 1-62

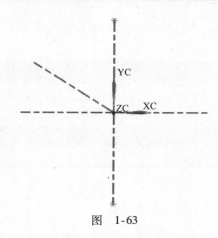

图　1-63

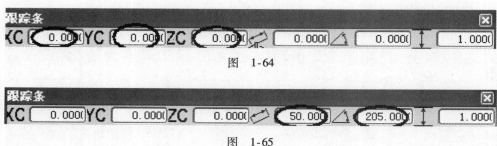

图　1-64

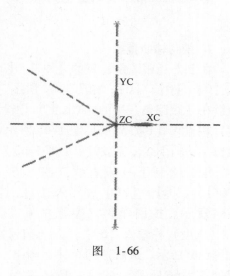

图　1-66

继续绘制下一段直线。在下方【跟踪条】里的
【XC】、【YC】、【ZC】栏输入【0】、【0】、【0】，如
图 1-67 所示。按回车键，接着在下方【跟踪条】里
的◢（长度）栏输入【50】，◹（角度）栏输入
【262.5】，如图 1-68 所示。按回车键，最后在【基
本曲线】对话框中单击 取消 按钮，完成效果如图
1-69 所示。

8. 对象预设置

选择菜单中的【首选项】/【对象】命令，出
现【对象首选项】对话框，如图 1-70 所示。在
【类型】下拉框中选择【直线】，在【颜色】下拉框
中选择【默认】，在【线型】下拉框中选择【默
认】，然后单击 确定 按钮，完成预设置。

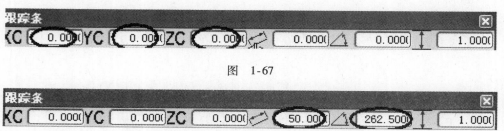

图　1-67

图　1-68

9. 绘制圆

选择菜单中的【插入】/【曲线】/
【基本曲线】命令，或在【曲线】工具条中
选择 ⌀（基本曲线）图标，出现【基本曲
线】对话框，选择 ○（圆）图标，如图1-71
所示。在下方【跟踪条】里的【XC】、
【YC】、【ZC】栏输入【0】、【0】、【0】，如
图1-72所示。按回车键，接着在下方【跟
踪条】里的 ⟋（半径）栏输入【22】，然后
按回车键，如图1-73所示。完成创建圆，如
图1-74所示。

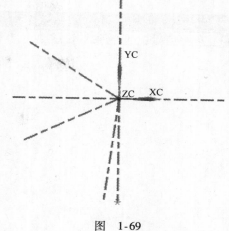

图 1-69

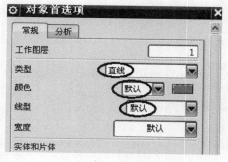

图 1-70

图 1-71

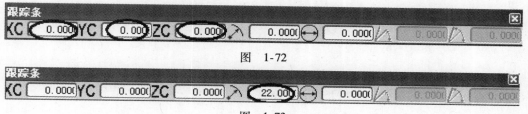

图 1-72

图 1-73

按照上述方法，选择 ○（圆）图标，在下方【跟踪
条】里的【XC】、【YC】、【ZC】栏输入【0】、【0】、
【0】，按回车键，接着在下方【跟踪条】里的 ⟋（半径）
栏输入【38】，然后按回车键，如图1-75所示。完成创
建圆，如图1-76所示。

10. 绘制点

选择菜单中的【插入】/【基准/点】/【点】命令，
或在【特征】工具条选择 ＋（点）图标，出现【点】构
造器对话框，如图1-77所示。然后在【类型】下拉框
中选择 ⟋ 终点选项，在图形中选择图1-78所示的直线
端点。

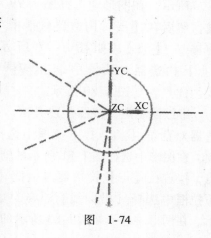

图 1-74

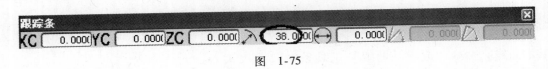

图　1-75

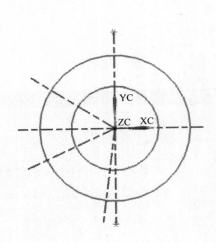

图　1-76

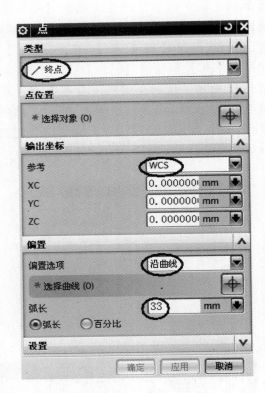

图　1-77

接着在【点】构造器对话框【偏置选项】下拉框中选择【沿曲线】选项，如图1-77所示。在图形中选择图 1-79 所示的辅助线，然后在【点】构造器对话框【弧长】栏中输入【33】，如图 1-77 所示。最后在【点】构造器对话框中单击 应用 按钮，完成创建点，如图 1-80 所示。

继续绘制点，按照上述方法，在【点】构造器对话框【类型】下拉框中选择 终点选项，在图形中选择图 1-81 所示的辅助线的右端点，接着在【点】构造器对话框【偏置选项】下拉框中选择【沿曲线】选项，如图 1-82 所

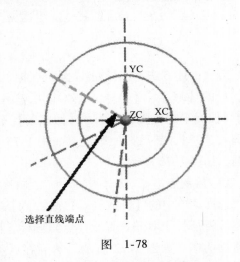

选择直线端点

图　1-78

示。在图形中选择如图 1-83 所示的辅助线，然后在【点】构造器对话框【弧长】栏输入【33】，如图 1-82 所示。最后在【点】构造器对话框中单击 应用 按钮，完成创建点，如

图 1-84 所示。

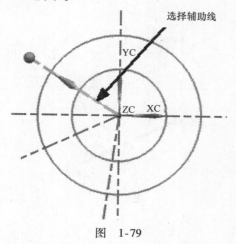

图　1-79

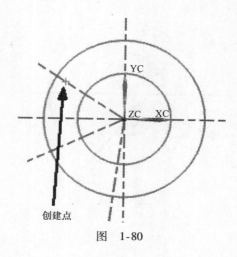

图　1-80

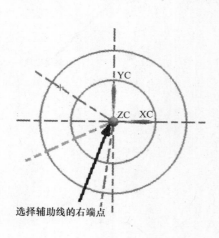

图　1-81

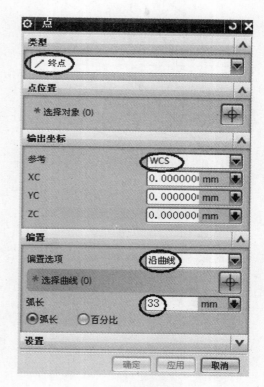

图　1-82

　　继续绘制点，按照上述方法，在【点】构造器对话框【类型】下拉框中选择✐终点选项，在图形中选择图 1-85 所示的辅助线的右端点，接着在【点】构造器对话框【偏置选项】下拉框中选择【沿曲线】选项，在图形中选择图 1-86 所示的辅助线，然后在【点】构造器对话框【弧长】栏输入【27】，如图 1-87 所示。最后在【点】构造器对话框中单击 应用 按钮，完成创建点，如图 1-88 所示。

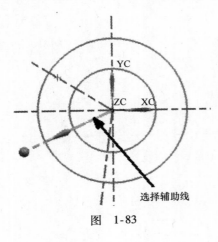

选择辅助线

图　1-83

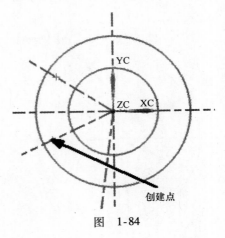

创建点

图　1-84

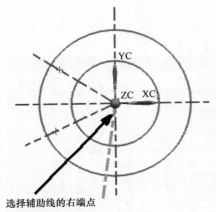

选择辅助线的右端点

图　1-85

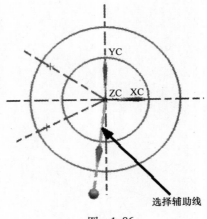

选择辅助线

图　1-86

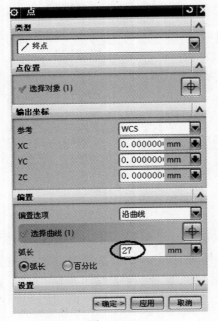

图　1-87

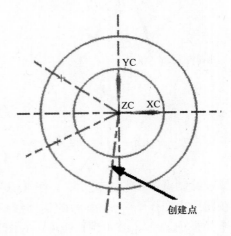

创建点

图　1-88

11. 绘制圆

选择菜单中的【插入】/【曲线】/【基本曲线】命令，或在【曲线】工具条中选择 (基本曲线) 图标，出现【基本曲线】对话框，如图 1-89 所示。选择 (圆) 图标，在【点方法】下拉框中选择 ＋ (现有点) 选项，然后在图形中选择图 1-90 所示的现有点，接着在下方【跟踪条】里的 (半径) 栏输入【11】，如图 1-91 所示。然后按回车键，完成创建圆，如图 1-92 所示。

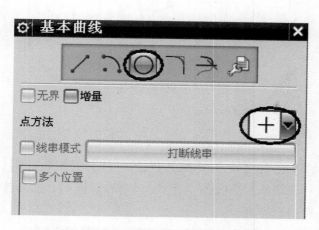

图 1-89

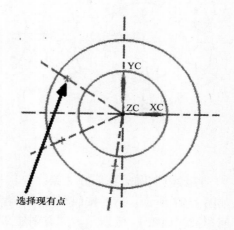

图 1-90

图 1-91

继续绘制圆。在【基本曲线】对话框【点方法】下拉框中选择＋(现有点) 选项，然后在图形中选择图 1-93 所示的现有点，接着在下方【跟踪条】里的 (半径) 栏输入【11】，然后按回车键，完成创建圆，如图 1-94 所示。

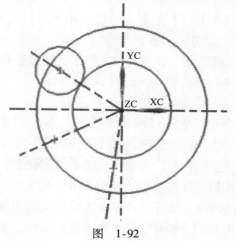

图 1-92

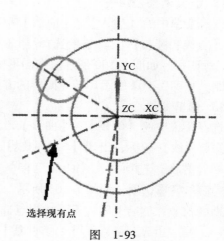

图 1-93

继续绘制圆。在【基本曲线】对话框【点方法】下拉框中选择＋（现有点）选项，然后在图形中选择图 1-95 所示的现有点，接着在下方【跟踪条】里的 ↗（半径）栏输入【11】，然后按回车键，完成创建圆，如图 1-96 所示。

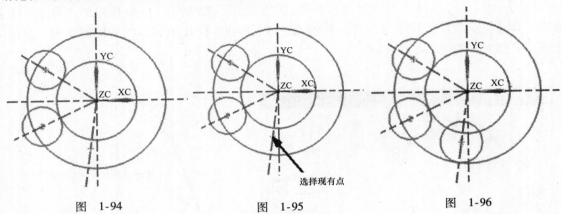

图　1-94　　　　　　　图　1-95　　　　　　　图　1-96

继续绘制圆。在下方【跟踪条】里的【XC】、【YC】、【ZC】栏输入【0】、【27】、【0】，如图 1-97 所示。然后按回车键，接着在【跟踪条】里的 ↗（半径）栏输入【11】，然后按回车键，如图 1-98 所示。完成创建圆，如图 1-99 所示。

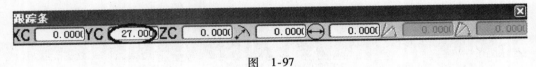

图　1-97

图　1-98

12. 绘制两条公切线

选择菜单中的【插入】/【曲线】/【直线和圆弧】/【直线（相切–相切）】命令，或在【直线和圆弧】工具条中选择 （直线相切–相切）图标，出现【直线（相切–相切）】对话框，如图 1-100 所示。在图形中依次选择两个圆，如图 1-101 所示。完成公切线的绘制，如图 1-102 所示。按照同样的方法绘制另外一条公切线，如图 1-102 所示。

13. 修剪曲线

选择菜单中的【编辑】/【曲线】/【修剪】命令，或在【编辑曲线】工具条中选择 （修剪曲线）图标，出现【修剪曲线】对话框，取消 □关联 选项，在【输入曲线】下拉框中选择【替换】选项，在【曲线延伸】下拉框中选择【无】选项，取消 □修剪边界对象、□保持选定边界对象 选项，如图 1-103 所示。首先放大图形，在图形中选择图 1-104 所示的圆为要修剪的对象，然后关闭主界面捕捉点选项，在图形中选择图 1-104 所示的切线及圆为修剪的第一、第二边界，最后在【修剪曲线】对话框中单击 应用 按钮，完成修剪曲线，如图 1-105 所示。

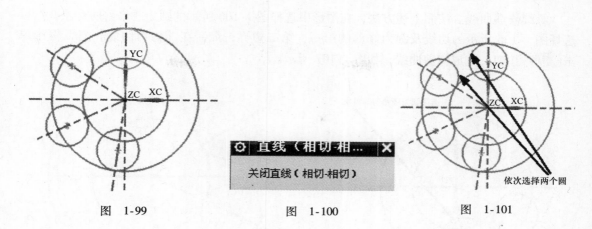

图　1-99　　　　　　　图　1-100　　　　　　　图　1-101

依次选择两个圆

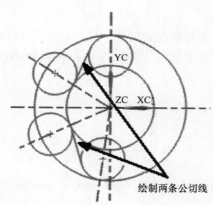
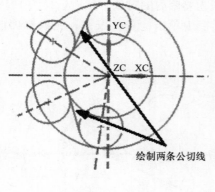

绘制两条公切线

图　1-102

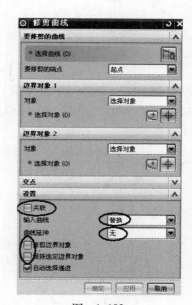

图　1-103

1.选择圆为要修剪的对象

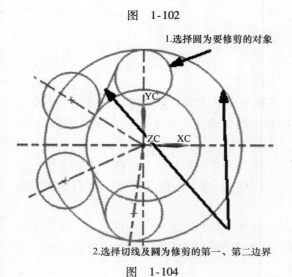

2.选择切线及圆为修剪的第一、第二边界

图　1-104

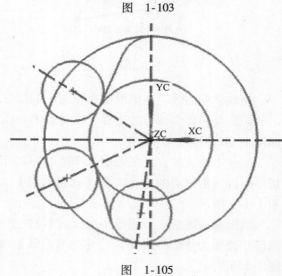

图　1-105

继续修剪曲线。按照上述方法，在图形中选择图 1-106 所示的圆为要修剪的对象，然后选择图 1-106 所示的切线及圆为修剪的第一、第二边界，最后在【修剪曲线】对话框中单击 [应用] 按钮，完成修剪曲线，如图 1-107 所示。

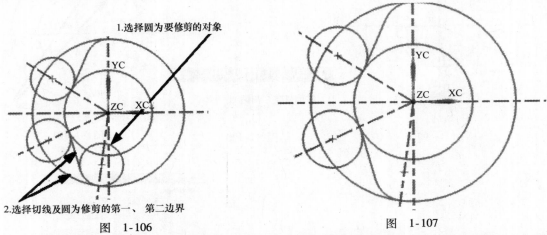

图　1-106

图　1-107

继续修剪曲线。在图形中选择图 1-108 所示的圆为要修剪的对象，然后选择图 1-108 所示的两段圆弧为修剪的边界，在【修剪曲线】对话框中单击 [应用] 按钮，完成修剪曲线，如图 1-109 所示。

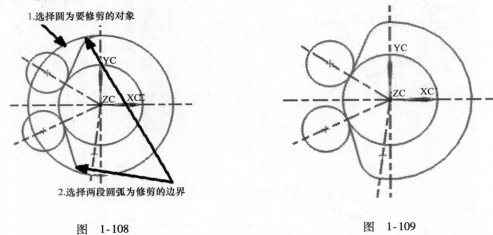

图　1-108

图　1-109

继续修剪曲线。在图形中选择图 1-110 所示的圆为要修剪的对象，然后选择图 1-110 所示的切线及圆弧为修剪的边界，在【修剪曲线】对话框中单击 [应用] 按钮，完成修剪曲线，如图 1-111 所示。

按照上述方法，在图形中选择图 1-112 所示的圆为要修剪的对象，选择图 1-112 所示的切线及圆弧为修剪的边界，在【修剪曲线】对话框中单击 [应用] 按钮，完成修剪曲线，如图 1-113 所示。

继续修剪曲线。在图形中选择图 1-114 所示的圆为要修剪的对象，选择图 1-114 所示的两段小圆弧为修剪的边界，在【修剪曲线】对话框中单击 [应用] 按钮，完成修剪曲线，如图 1-115 所示。

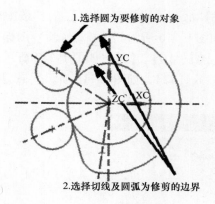

图 1-110

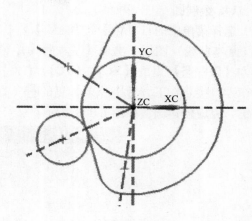

图 1-111

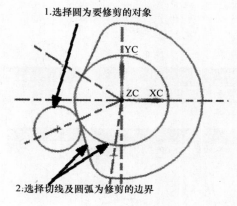

图 1-112

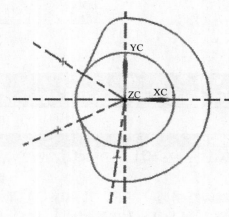

图 1-113

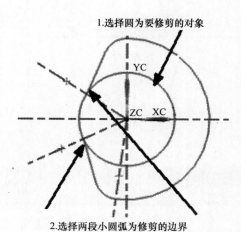

图 1-114

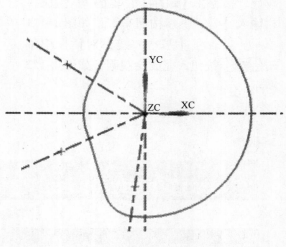

图 1-115

14. 绘制圆

选择菜单中的【插入】／【曲线】／【基本曲线】命令，或在【曲线】工具条中选择 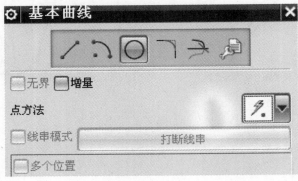（基本曲线）图标，出现【基本曲线】对话框，如图 1-116 所示。选择 ◯（圆）图标，在下方【跟踪条】里的【XC】、【YC】、【ZC】栏输入【0】、【0】、【0】，如图 1-117 所示。按回车键，接着在下方【跟踪条】里的 ⊖（直径）栏输入【22】，如图 1-118 所示。最后按回车键，完成创建圆，如图 1-119 所示。

图　1-116

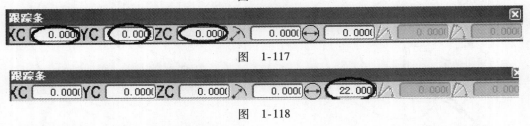

图　1-117

图　1-118

继续绘制圆。在下方【跟踪条】里的【XC】、【YC】、【ZC】栏输入【25】、【0】、【0】，如图 1-120 所示。然后按回车键，接着在【跟踪条】里的 ⊖（直径）栏输入【4】，然后按回车键，如图 1-121 所示。最后在【基本曲线】对话框中单击 取消 按钮，完成绘制圆，如图 1-122 所示。

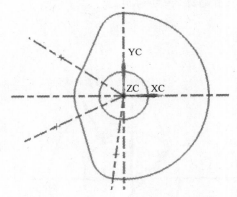

图　1-119

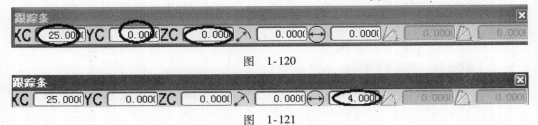

图　1-120

图　1-121

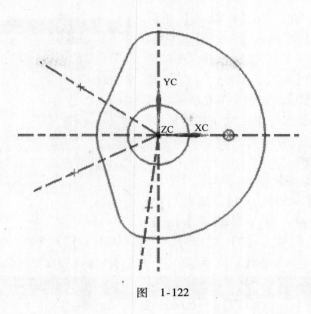

图 1-122

实例三

实例图形及尺寸如图 1-123 所示。

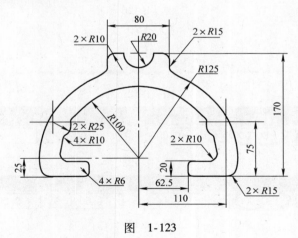

图 1-123

1. 新建文件

选择菜单中的【文件】/【新建】命令，或选择 🗋（新建）图标，出现【新建】文件对话框，在【名称】栏中输入【2w－3】，在【单位】下拉框中选择【毫米】选项，单击 确定 按钮，建立文件名为"2w－3. prt"、单位为毫米的文件。

2. 对象预设置、取消跟踪设置、旋转视图（步骤略，详见前面实例）。

3. 绘制水平中心线

选择菜单中的【插入】/【曲线】/【基本曲线】命令，或在【曲线】工具条中选择 ◌（基本曲线）图标，出现【基本曲线】对话框，选择 ╱（直线）图标，取消 线串模式 选

项，如图1-124所示。在下方【跟踪条】里的
【XC】、【YC】、【ZC】栏输入【-150】、【0】、
【0】，如图1-125所示。然后按回车键，接着继
续在【跟踪条】里的【XC】、【YC】、【ZC】栏
输入【150】、【0】、【0】，如图1-126所示。最
后按回车键，画出一条水平中心线，如图1-127
所示。

图　1-124

4. 绘制竖直中心线

继续在下方【跟踪条】里的【XC】、【YC】、
【ZC】栏输入【0】、【-50】、【0】，如图1-128
所示。然后按回车键，在【跟踪条】里的
【XC】、【YC】、【ZC】栏输入【0】、【180】、【0】，如图1-129所示。然后按回车键，画出
一条竖直中心线，在【基本曲线】对话框单击 取消 按钮，完成效果如图1-130所示。

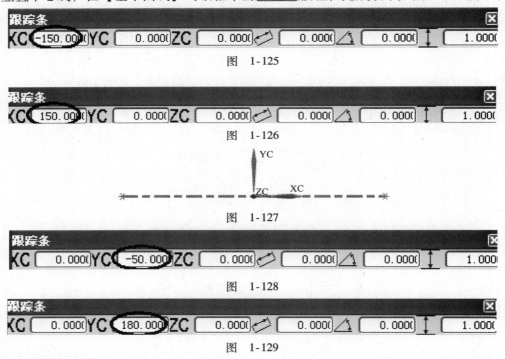

图　1-125

图　1-126

图　1-127

图　1-128

图　1-129

5. 创建偏置曲线

选择菜单中的【插入】/【来自曲线集的曲线】/【偏置】命令，或在【曲线】工具条
中选择 （偏置曲线）图标，出现【偏置曲线】对话框，如图1-131所示。根据提示在图形
中选择图1-132所示的要偏置的曲线，然后在【指定点】区域选择 （自动判断的点）图
标，在图形中所选曲线的左侧任意选择一点，出现偏置方向箭头，如图1-133所示。

在【偏置曲线】对话框中的【距离】栏输入【110】，取消 关联选项，在【输入曲线】
下拉框中选择【保留】选项，如图1-131所示。最后单击 确定 按钮，完成创建偏置曲线，
如图1-134所示。

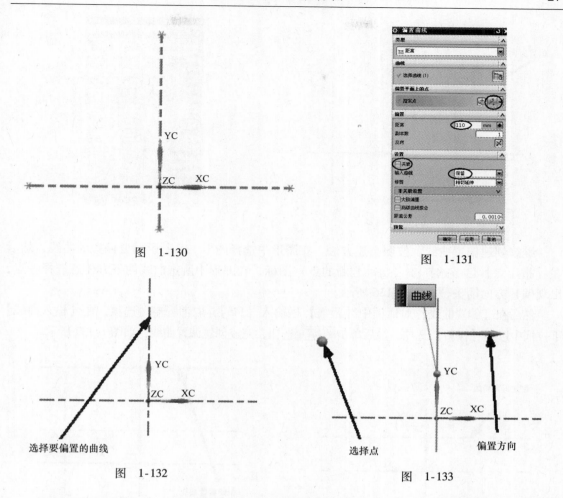

图 1-130

图 1-131

图 1-132

选择要偏置的曲线

图 1-133

选择点　　　偏置方向

继续创建偏置曲线。按照上述方法，在图形中选择图 1-135 所示的要偏置的曲线，然后在【指定点】区域选择　（自动判断的点）图标，在图形中所选曲线的下方任意选择一点，出现偏置方向箭头，如图 1-136 所示。

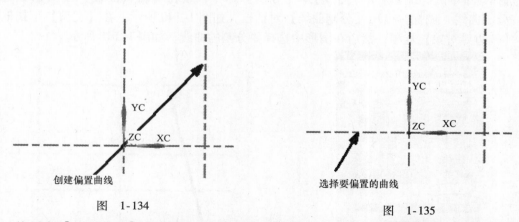

创建偏置曲线

图 1-134

选择要偏置的曲线

图 1-135

然后在【偏置曲线】对话框中【距离】栏输入【50】，取消　关联选项，在【输入曲线】下拉框中选择【保留】选项，如图 1-137 所示。最后单击　确定　按钮，完成创建偏置曲线，如图 1-138 所示。

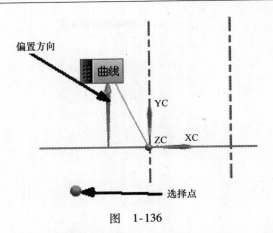

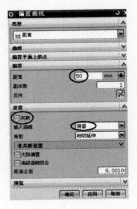

图　1-136　　　　　　　　　　　　　　　　图　1-137

继续创建偏置曲线。按照上述方法，在图形中选择图 1-135 所示的要偏置的曲线，然后在【指定点】区域选择 （自动判断的点）图标，在图形中所选曲线的下方任意选择一点，出现偏置方向箭头，如图 1-136 所示。

然后在【偏置曲线】对话框中【距离】栏输入【145】，取消 关联 选项，在【输入曲线】下拉框中选择【保留】选项，最后单击 确定 按钮，完成创建偏置曲线，如图 1-139 所示。

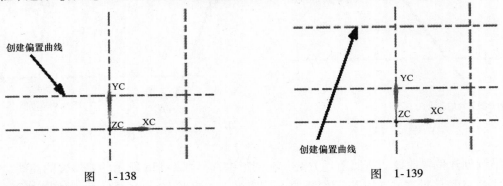

图　1-138　　　　　　　　　　　　　　　　图　1-139

6. 分割曲线

选择菜单中的【编辑】/【曲线】/【分割】命令，或在【编辑曲线】工具条中选择 （分割曲线）图标，出现【分割曲线】对话框，如图 1-140 所示。在【类型】下拉框中选择【按边界对象】选项，然后在图形中选择要分割的曲线，如图 1-141 所示。

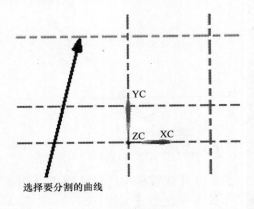

图　1-140　　　　　　　　　　　　　　　　图　1-141

接着在【分割曲线】对话框【对象】下拉框中选择【投影点】选项，然后在主界面捕捉点工具条中仅选择✓（点在曲线上）选项，在图形中选择图1-142所示的曲线上的两个点，单击 [应用] 按钮，完成分割曲线，如图1-143所示。

继续进行分割曲线。按照上述方法，依次选择图1-144所示的两个点来分割右边竖直中心线。

继续进行分割曲线。按照上述方法，依次选择图1-145所示的两个点来分割中间水平中心线。

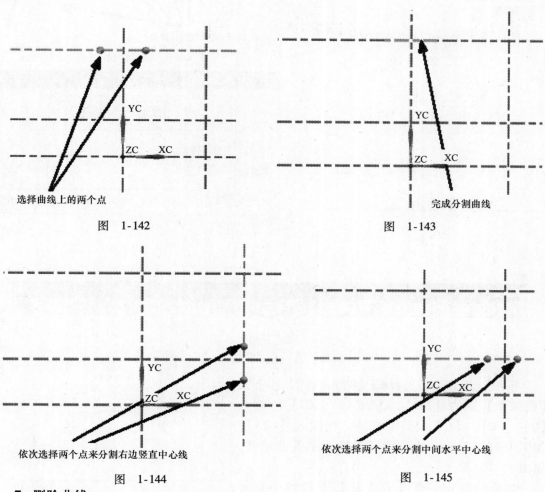

选择曲线上的两个点

图　1-142

完成分割曲线

图　1-143

依次选择两个点来分割右边竖直中心线

图　1-144

依次选择两个点来分割中间水平中心线

图　1-145

7. 删除曲线

选择菜单中的【编辑】/【删除】命令，或在【标准】工具条中选择✕（删除）图标，出现【类选择】对话框，如图1-146所示。在图形中选择图1-147所示的6段曲线进行删除，最后在【类选择】对话框中单击 [确定] 按钮，完成删除曲线，如图1-148所示。

8. 绘制圆

选择菜单中的【插入】/【曲线】/【基本曲线】命令，或在【曲线】工具条中选择✏（基本曲线）图标，出现【基本曲线】对话框，选择◯（圆）图标，如图1-149所示。在下方【跟踪条】里的【XC】、【YC】、【ZC】栏输入【0】、【0】、【0】，↗（半径）栏输入【100】，如图1-150所示。然后按回车键，完成创建圆，如图1-151所示。

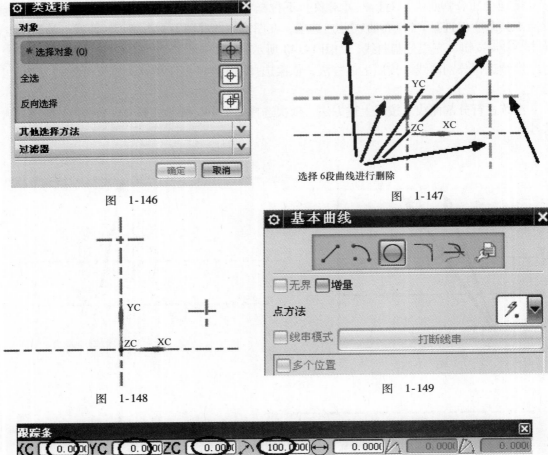

图　1-146

图　1-147

选择 6 段曲线进行删除

图　1-148

图　1-149

图　1-150

按照上述方法，选择 ⬤（圆）图标，在下方【跟踪条】里的【XC】、【YC】、【ZC】栏输入【0】、【0】、【0】，↗（半径）栏输入【125】，如图 1-152 所示。然后按回车键，完成创建圆，如图 1-153 所示。

继续绘制圆。在【点方法】下拉框中选择 ✝（交点）选项，然后在图形中选择图 1-154 所示的两条中心线，接着在下方【跟踪条】里的 ↗（半径）栏输入【25】，如图 1-155 所示。然后按回车键，完成创建圆，如图 1-156 所示。

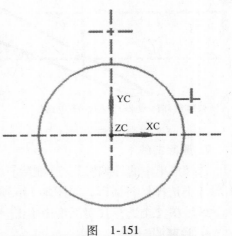

图　1-151

图　1-152

继续绘制圆。在图形中选择图 1-157 所示的两条中心线，接着在下方【跟踪条】里的 ↗ （半径）栏输入【20】，如图 1-158 所示。然后按回车键，完成创建圆，如图 1-159 所示。

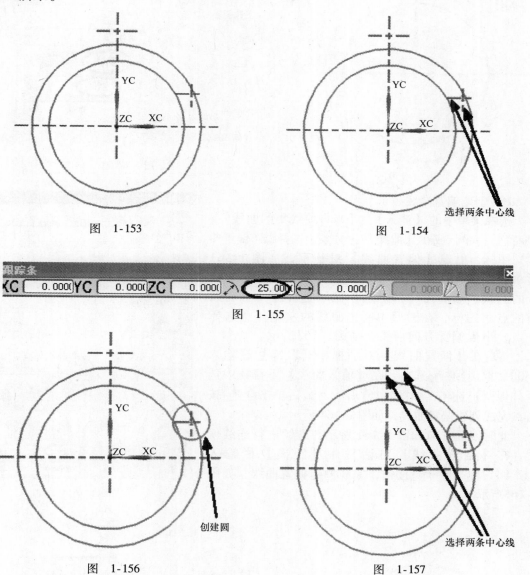

图 1-153

图 1-154

选择两条中心线

图 1-155

图 1-156

图 1-157

创建圆

选择两条中心线

图 1-158

9. 对象预设置

选择菜单中的【首选项】/【对象】命令，出现【对象首选项】对话框，如图 1-160 所示。在【类型】下拉框中选择【直线】选项，在【颜色】下拉框中选择【默认】选项，在【线型】下拉框中选择【默认】选项，然后单击 确定 按钮，完成预设置。

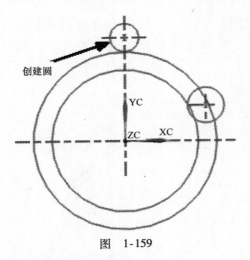

创建圆

图　1-159

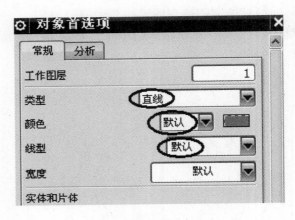

图　1-160

10. 创建偏置曲线

选择菜单中的【插入】/【来自曲线集的曲线】/【偏置】命令，或在【曲线】工具条中选择 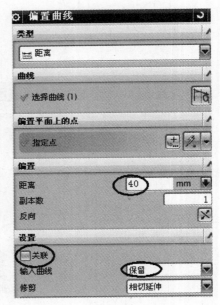（偏置曲线）图标，出现【偏置曲线】对话框，如图 1-161 所示。根据提示在图形中选择图 1-162 所示的要偏置的曲线，然后在【指定点】区域选择 （自动判断的点）图标，在图形中所选曲线的左侧任意选择一点，出现偏置方向箭头，如图1-163所示。

然后在【偏置曲线】对话框中【距离】栏输入【40】，取消 关联 选项，在【输入曲线】下拉框中选择【保留】选项，如图 1-161 所示。最后单击 应用 按钮，完成创建偏置曲线，如图 1-164 所示。

此时偏置方向如图 1-164 所示。继续进行连续偏置，在【偏置曲线】对话框中【距离】栏输入【22.5】，单击 确定 按钮，完成创建偏置曲线，如图 1-165所示。

图　1-161

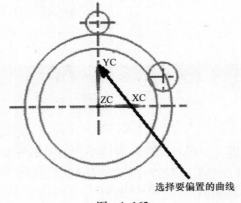

选择要偏置的曲线

图　1-162

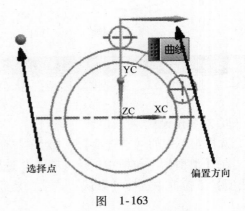

选择点

偏置方向

图　1-163

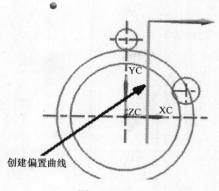

图 1-164

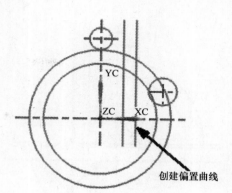

图 1-165

继续创建偏置曲线，按照上述方法，在图形中选择图 1-166 所示的要偏置的曲线，然后在【指定点】区域选择（自动判断的点）图标，在图形中所选曲线的上方任意选择一点，出现偏置方向箭头，如图 1-166 所示。

然后在【偏置曲线】对话框中【距离】栏输入【5】，取消 □关联 选项，在【输入曲线】下拉框中选择【保留】选项，最后单击 应用 按钮，完成创建偏置曲线，如图 1-167 所示。

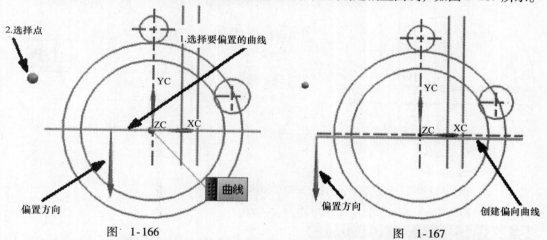

图 1-166

图 1-167

此时偏置方向如图 1-167 所示。继续进行连续偏置。在【偏置曲线】对话框中【距离】栏输入【20】，单击 确定 按钮，完成创建偏置曲线，如图 1-168 所示。

继续创建偏置曲线。按照上述方法，在图形中选择图 1-169 所示的要偏置的曲线，然后在【指定点】区域选择 （自动判断的点）图标，在图形中所选曲线的下方任意选择一点，出现偏置方向箭头，如图 1-169 所示。

在【偏置曲线】对话框中【距离】栏输入【145】，取消 □关联 选项，在【输入曲线】下拉框中选择【保留】选项，最后单击 应用 按钮，完成创建偏置曲线，如图 1-170 所示。

11. 创建曲线倒圆

选择菜单中的【插入】／【曲线】／【基本曲线】命令，或在【曲线】工具条中选择 （基本曲线）图标，出现【基本曲线】对话框，如图 1-171 所示。选择 （圆角）图标，出现【曲线倒圆】对话框，如图 1-172 所示。选择 （2 曲线圆角）图标，在【半径】栏输入【6】，并勾选 修剪第一条曲线 、 修剪第二条曲线 选项，然后在图形中依次选择图 1-173 所示的曲线，最后在圆角圆心附近单击鼠标左键，完成倒圆角，如图 1-174 所示。

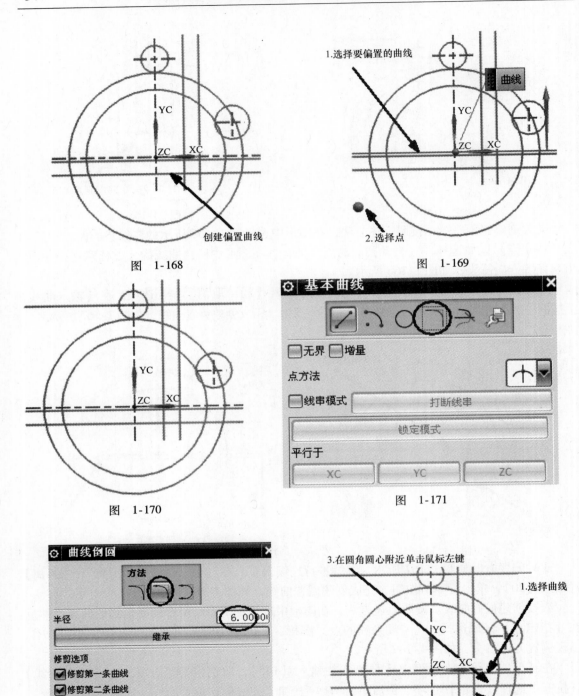

图　1-168

图　1-169

图　1-170

图　1-171

图　1-172

图　1-173

按照上述方法，对下方的曲线进行倒圆角，完成结果如图 1-175 所示。

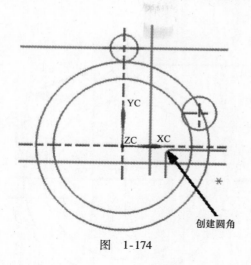

图 1-174

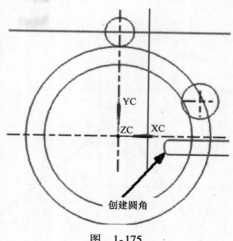

图 1-175

继续进行曲线倒圆。在【曲线倒圆】对话框【半径】栏输入【10】，并勾选 ☑修剪第一条曲线 、☐修剪第二条曲线 选项，然后在图形中依次选择图 1-176 所示的曲线，最后在圆角圆心附近单击鼠标左键，完成倒圆角，如图 1-177 所示。

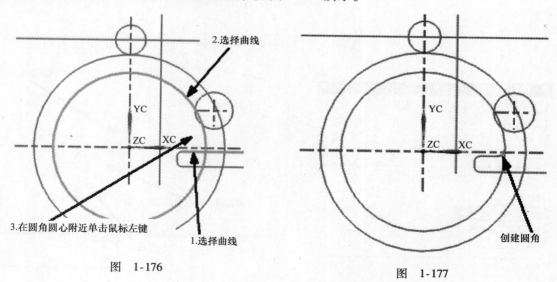

图 1-176

图 1-177

继续进行曲线倒圆。在【曲线倒圆】对话框【半径】栏输入【10】，并勾选 ☑修剪第一条曲线 、☐修剪第二条曲线 选项，然后在图形中依次选择图 1-178 所示的曲线，最后在圆角圆心附近单击鼠标左键，完成倒圆角，如图 1-179 所示。

继续进行曲线倒圆。在【曲线倒圆】对话框【半径】栏输入【10】，并勾选 ☑修剪第一条曲线 选项，取消 修剪第二条曲线 选项，如图 1-180 所示，然后在图形中依次选择图1-181 所示的曲线，最后在圆角圆心附近单击鼠标左键，完成倒圆角，如图 1-182 所示。

继续进行曲线倒圆。在【曲线倒圆】对话框【半径】栏输入【10】，并勾选 ☑修剪第二条曲线 选项，取消 ☐修剪第一条曲线 选项，如图 1-183 所示，然后在图形中依次选择图 1-184所示的曲线，最后在圆角圆心附近单击鼠标左键，完成倒圆角，如图1-185所示。

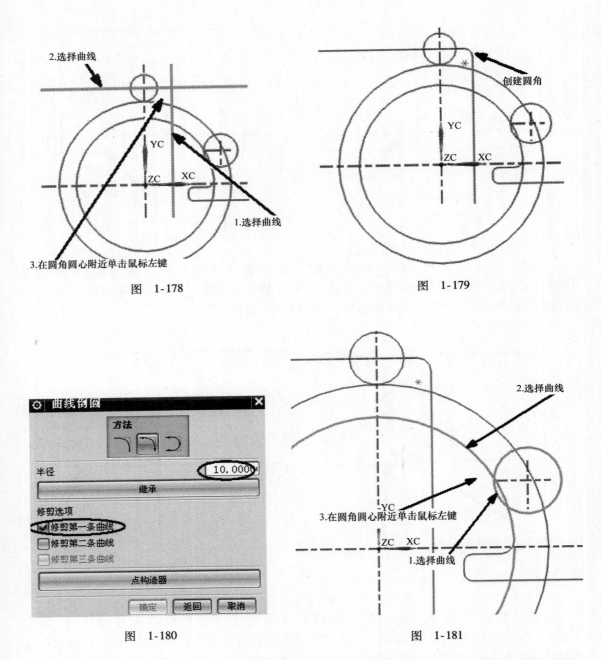

图　1-178

图　1-179

图　1-180

图　1-181

继续进行曲线倒圆。在【曲线倒圆】对话框【半径】栏输入【15】，并勾选 ☑修剪第一条曲线 选项，取消 □修剪第二条曲线 选项，如图 1-186 所示。然后在图形中依次选择图 1-187 所示的曲线，最后在圆角圆心附近单击鼠标左键，完成倒圆角，如图 1-188 所示。

继续进行曲线倒圆。在【曲线倒圆】对话框【半径】栏输入【15】，并勾选 ☑修剪第二条曲线 选项，取消 □修剪第一条曲线 选项，然后在图形中依次选择图 1-189 所示的曲线，最后在圆角圆心附近单击鼠标左键，完成倒圆角，如图 1-190 所示。

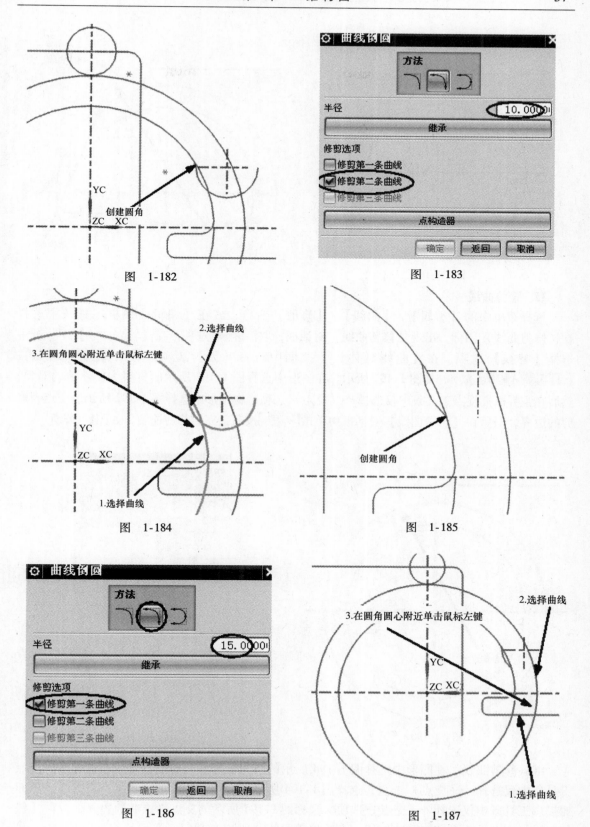

图 1-182

图 1-183

图 1-184

图 1-185

图 1-186

图 1-187

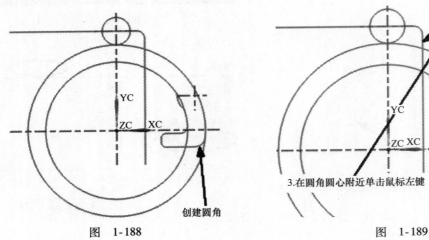

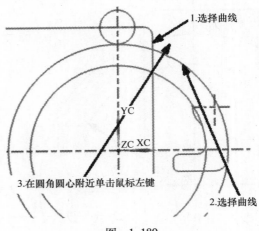

图　1-188　　　　　　　　　　　　　　　　图　1-189

12. 修剪曲线

选择菜单中的【编辑】／【曲线】／【修剪】命令，或在【编辑曲线】工具条中选择
（修剪曲线）图标，出现【修剪曲线】对话框，取消□关联 选项，在【输入曲线】下拉框中
选择【替换】选项，在【曲线延伸】下拉框中选择【无】选项，取消 □修剪边界对象 、
□保持选定边界对象 选项，如图 1-191 所示。在图形中选择图 1-192 所示的直线为要修剪的对象，
然后在主界面捕捉点工具条中仅选择 十（交点）选项，在图形中选择图 1-192 所示的交点为修
剪的边界，最后在【修剪曲线】对话框中单击 应用 按钮，完成修剪曲线，如图1-193所示。

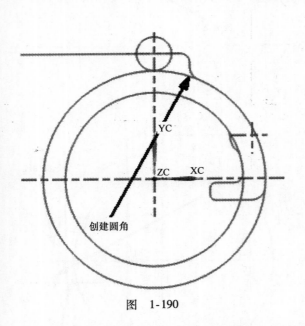

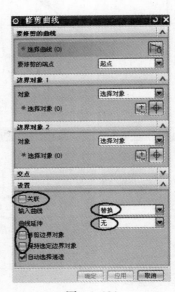

图　1-190　　　　　　　　　　　　　　　　图　1-191

　　继续修剪曲线。在图形中选择图 1-194 所示的圆为要修剪的对象，然后在主界面捕捉点
工具条中仅选择 十（交点）选项，选择图 1-194 所示的交点为修剪的边界一，然后在主界面
捕捉点工具条中仅选择 十（交点）选项，选择图 1-194 所示的交点为修剪的边界二，在【修
剪曲线】对话框中单击 应用 按钮，完成修剪曲线，如图 1-195 所示。

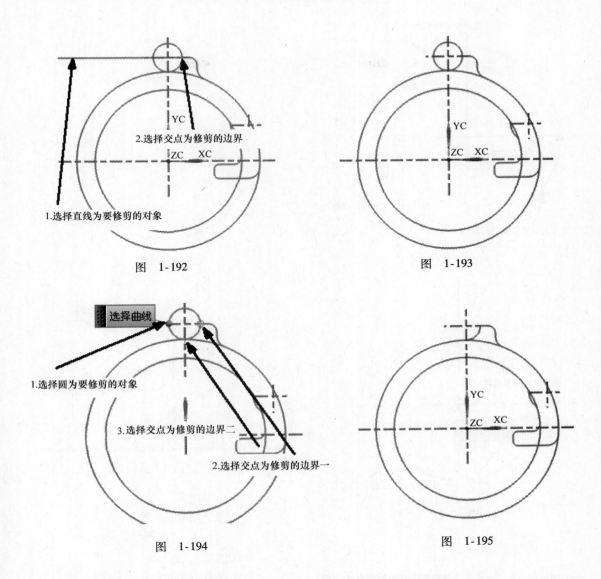

图 1-192

图 1-193

图 1-194

图 1-195

　　继续修剪曲线。在图形中选择图1-196所示的圆为要修剪的对象，然后在主界面捕捉点工具条中仅选择╋（交点）选项，选择图1-196所示的交点为修剪的边界一，然后在主界面捕捉点工具条中仅选择╋（交点）选项，选择图1-196所示的交点为修剪的边界二，在【修剪曲线】对话框中单击 应用 按钮，完成修剪曲线，如图1-197所示。

　　继续修剪曲线。在图形中选择图1-198所示的圆为要修剪的对象，然后在主界面捕捉点工具条中仅选择╋（交点）选项，选择图1-198所示的交点为修剪的边界，在【修剪曲线】对话框中单击 应用 按钮，完成修剪曲线，如图1-199所示。

　　继续修剪曲线。在图形中选择图1-200所示的圆弧为要修剪的对象，然后在主界面捕捉点工具条中仅选择╋（交点）选项，选择图1-200所示的交点为修剪的边界一，然后在主界面捕捉点工具条中仅选择╋（交点）选项，选择图1-200所示的交点为修剪的边界二，在【修剪曲线】对话框中单击 应用 按钮，完成修剪曲线，如图1-201所示。

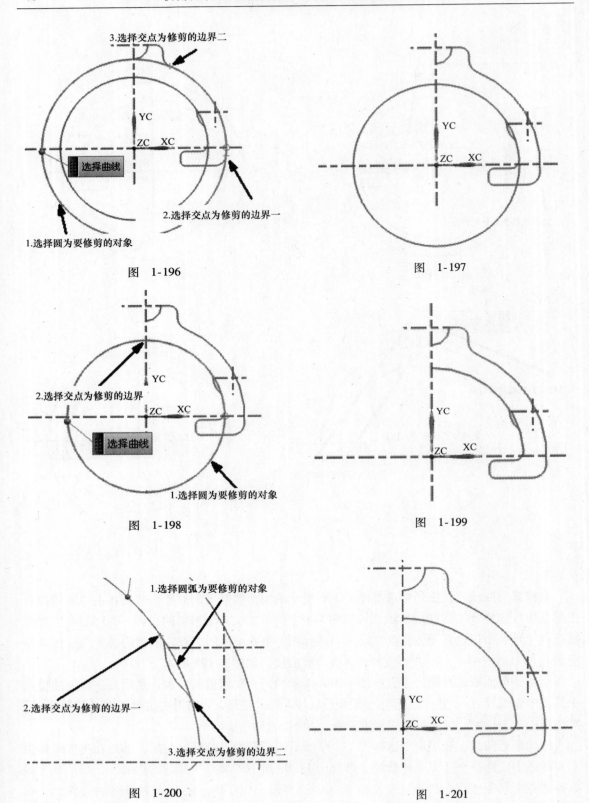

3.选择交点为修剪的边界二

YC

ZC　XC

选择曲线

2.选择交点为修剪的边界一

1.选择圆为要修剪的对象

图　1-196

YC

ZC　XC

图　1-197

2.选择交点为修剪的边界

YC

ZC　XC

选择曲线

1.选择圆为要修剪的对象

图　1-198

YC

ZC　XC

图　1-199

1.选择圆弧为要修剪的对象

2.选择交点为修剪的边界一

3.选择交点为修剪的边界二

图　1-200

YC

ZC　XC

图　1-201

13. 镜像曲线

在【标准】工具条中选择　（变换）图标，出现【变换】类选择对话框，如图 1-202 所示。在图形中框选如图 1-203 所示的曲线，然后在【变换】类选择对话框中单击 确定 按钮，出现【变换】对话框，如图 1-204 所示。单击【通过一直线镜像】按钮，系统出现【变换】选择镜像对称线选项对话框，如图 1-205 所示。单击【现有的直线】按钮，系统出现【变换】选择镜像对称线对话框，如图 1-206 所示。然后在图形中选择图 1-207 所示的中心线为对称线，系统出现【变换】操作选项对话框，如图 1-208 所示。单击【复制】按钮，最后单击 取消 按钮，完成镜像曲线，如图1-209所示。

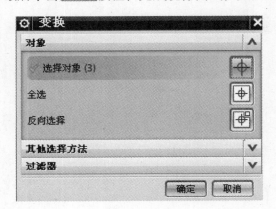

图　1-202

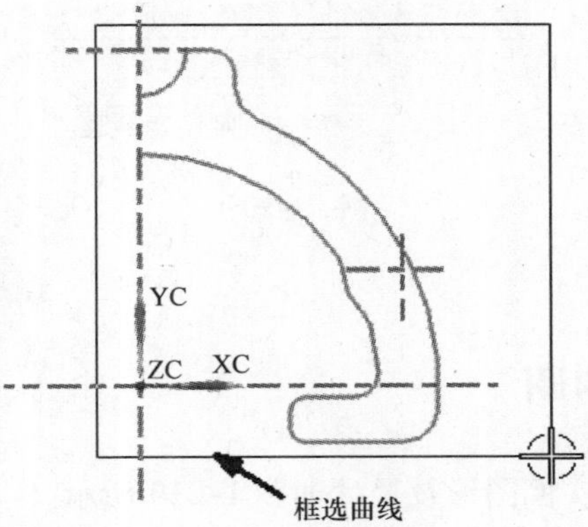

图　1-203

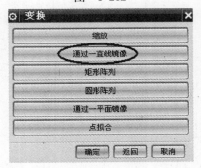

图　1-204

图　1-205

图　1-206

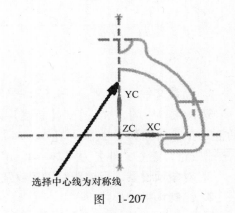

图　1-207

图　1-208

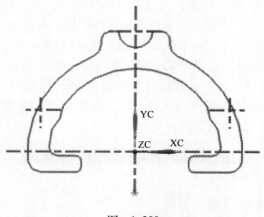

图　1-209

实例四

实例图形及尺寸如图 1-210 所示。

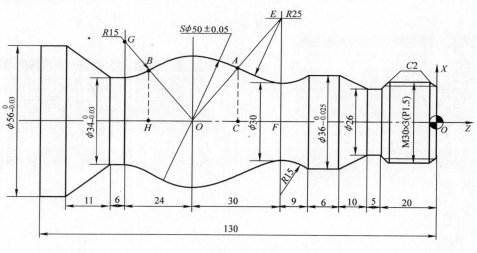

图　1-210

1. 新建文件

选择菜单中的【文件】/【新建】命令，或选择 📄（新建）图标，出现【新建】文件对话框，在【名称】栏中输入【2w－4】，在【单位】下拉框中选择【毫米】选项，单击 [确定] 按钮，建立文件名为"2w－4. prt"、单位为毫米的文件。

2. 对象预设置、取消跟踪设置以及旋转视图（步骤略，详见前面实例）。

3. 绘制水平中心线

选择菜单中的【插入】/【曲线】/【基本曲线】命令，或在【曲线】工具条中选

择 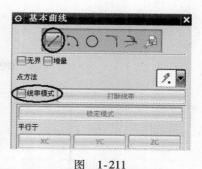（基本曲线）图标，出现【基本曲线】对话框，选择 ╱（直线）图标，取消 □线串模式 选项，如图1-211所示。在下方【跟踪条】里的【XC】、【YC】、【ZC】栏输入【-80】、【0】、【0】，如图1-212所示。然后按回车键，接着继续在【跟踪条】里的【XC】、【YC】、【ZC】栏输入【80】、【0】、【0】，如图1-213所示。最后按回车键，画出一条水平中心线，如图1-214所示。

图 1-211

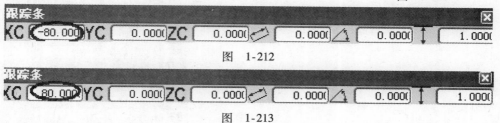

图 1-212

图 1-213

4. 绘制竖直中心线

在下方【跟踪条】里的【XC】、【YC】、【ZC】栏输入【0】、【-50】、【0】，如图1-215所示。然后按回车键，接着继续在【跟踪条】里的【XC】、【YC】、【ZC】栏输入【0】、【50】、【0】，如图1-216所示。最后按回车键，画出一条竖直中心线，在【基本曲线】对话框中单击 取消 按钮，完成效果如图1-217所示。

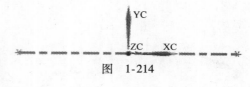

图 1-214

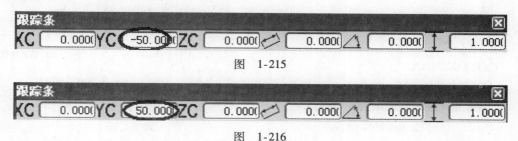

图 1-215

图 1-216

5. 创建偏置曲线

选择菜单中的【插入】/【来自曲线集的曲线】/【偏置】命令，或在【曲线】工具条中选择 ◎（偏置曲线）图标，出现【偏置曲线】对话框，如图1-218所示。根据提示在图形中选择图1-219所示的要偏置的曲线，然后在【指定点】区域选择 ╱（自动判断的点）图标，在图形中所选曲线的左侧任意选择一点，出现偏置方向箭头，如图1-219所示。

在【偏置曲线】对话框中【距离】栏输入【30】，取消 □关联 选项，在【输入曲线】下拉框中选择【保留】选项，如图1-218所示。最后单击 应用 按钮，完成创建偏置曲线，如图1-220所示。

继续进行偏置。此时偏置方向箭头已经移至偏置出的曲线，如图1-220所示，在【偏置曲线】对话框中单击 ⊠（反向）按钮，如图1-221所示。图形中偏置方向箭头已反向，如图1-222所示。

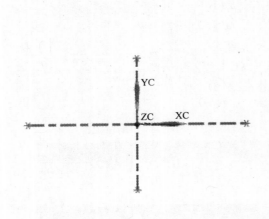

图 1-217

图 1-218

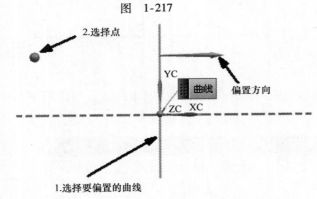

图 1-219

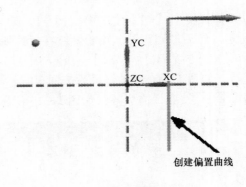

图 1-220

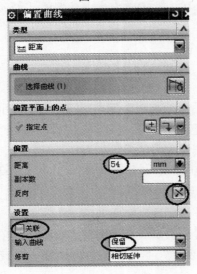

图 1-221

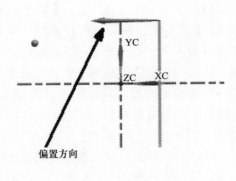

图 1-222

在【偏置曲线】对话框中【距离】栏输入【54】，取消□关联选项，在【输入曲线】下拉框中选择【保留】选项，如图 1-221 所示。最后单击 确定 按钮，完成创建偏置曲线，如图 1-223 所示。

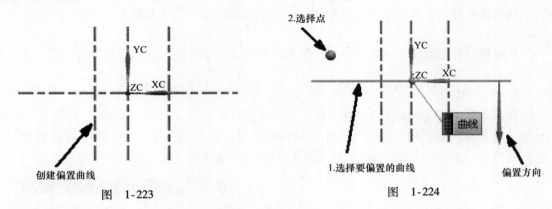

图 1-223

图 1-224

继续创建偏置曲线。按照上述方法，在图形中选择图 1-224 所示的要偏置的曲线，然后在【指定点】区域选择（自动判断的点）图标，在图形中所选曲线的上方任意选择一点，出现偏置方向箭头，如图 1-224 所示。

然后在【偏置曲线】对话框中【距离】栏输入【30】，取消□关联选项，在【输入曲线】下拉框中选择【保留】选项，最后单击 应用 按钮，完成创建偏置曲线，如图 1-225 所示。

继续进行偏置。此时偏置方向箭头已经移至偏置出的曲线，如图 1-225 所示，然后在【偏置曲线】对话框中【距离】栏输入【2】，取消□关联选项，在【输入曲线】下拉框中选择【保留】选项，最后单击 应用 按钮，完成创建偏置曲线，如图 1-226 所示。

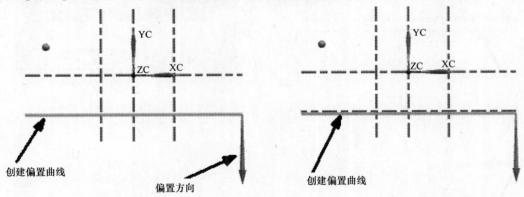

图 1-225

图 1-226

继续进行偏置，此时偏置方向箭头已经移至偏置出的曲线，如图 1-226 所示，然后在【偏置曲线】对话框中【距离】栏输入【8】，取消□关联选项，在【输入曲线】下拉框中选择【保留】选项，最后单击 应用 按钮，完成创建偏置曲线，如图 1-227 所示。

6. 分割曲线

选择菜单中的【编辑】/【曲线】/【分割】命令，或在【编辑曲线】工具条中选择（分割曲线）图标，出现【分割曲线】对话框，如图 1-228 所示。在【类型】下拉框中选择【按边界对象】选项，然后在图形中选择要分割的曲线，如图 1-229 所示。

接着在【分割曲线】对话框【对象】下拉框中选择【投影点】选项，然后在主界面捕捉点工具条中选择 ╱（点在曲线上）选项，在图形中选择图 1-229 所示的曲线上的两个点，单击 应用 按钮，完成分割曲线，如图 1-230 所示。

继续进行分割曲线。按照上述方法，依次选择图 1-231 所示的两个点来分割第二条水平中心线。

继续进行分割曲线。按照上述方法，依次选择图 1-232 所示的两个点来分割第三条水平中心线。

7. 删除曲线

选择菜单中的【编辑】/【删除】命令，或在【标准】工具条中选择 ✕（删除）图标，出现【类选择】对话框，如图 1-233 所示。在图形中选择图 1-234 所示的 6 段曲线进行删除，最后在【类选择】对话框中单击 确定 按钮，完成删除曲线，如图 1-235 所示。

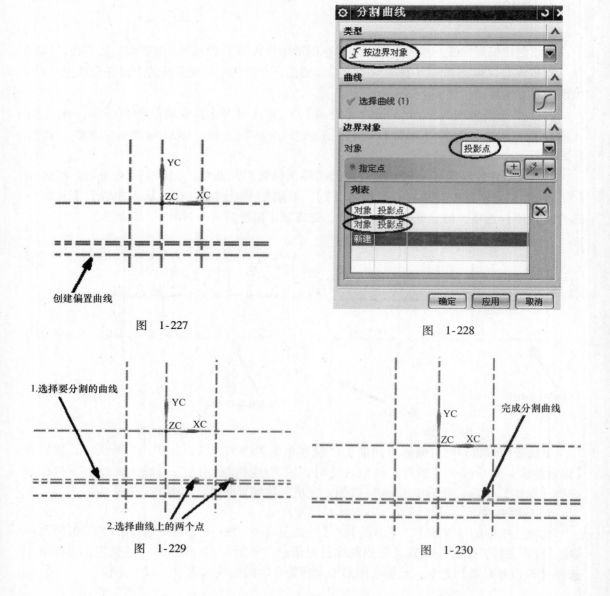

创建偏置曲线

图 1-227

图 1-228

1.选择要分割的曲线

2.选择曲线上的两个点

图 1-229

完成分割曲线

图 1-230

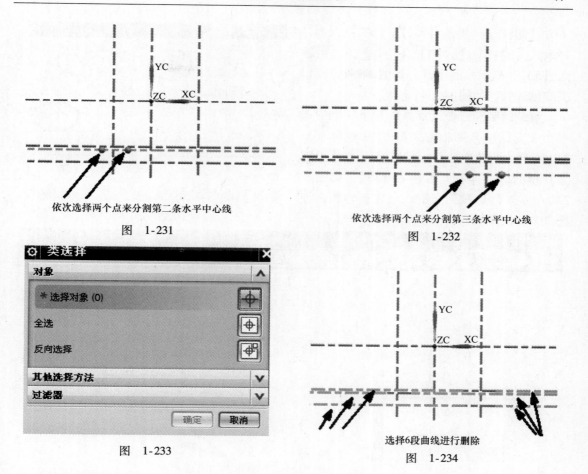

依次选择两个点来分割第二条水平中心线

图 1-231

依次选择两个点来分割第三条水平中心线

图 1-232

图 1-233

选择6段曲线进行删除

图 1-234

8. 对象预设置

选择菜单中的【首选项】/【对象】命令，出现【对象首选项】对话框，如图1-236所示。在【类型】下拉框中选择【直线】选项，在【颜色】下拉框中选择【默认】选项，在【线型】下拉框中选择【默认】选项，然后单击 确定 按钮，完成预设置。

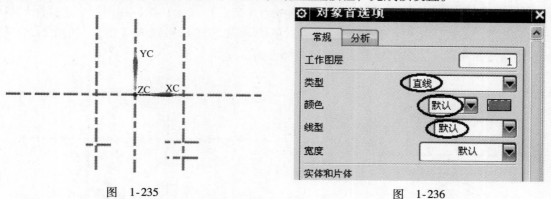

图 1-235

图 1-236

9. 绘制圆

选择菜单中的【插入】/【曲线】/【基本曲线】命令，或在【曲线】工具条中选择 （基本曲线）图标，出现【基本曲线】对话框，选择 （圆）图标，如图1-237所示。在下方【跟踪条】里的【XC】、【YC】、【ZC】栏输入【0】、【0】、【0】，⊖（直径）栏输入【50】，然后按回车键，如图 1-238 所示。完成创建圆，如图 1-239 所示。

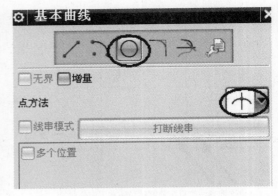

图　1-237

继续绘制圆。在【点方法】下拉框中选择卝（交点）选项，然后在图形中选择图 1-240 所示的两条中心线，接着在下方【跟踪条】里的╲（半径）栏输入【15】，如图 1-241 所示。然后按回车键，完成创建圆，如图 1-242 所示。

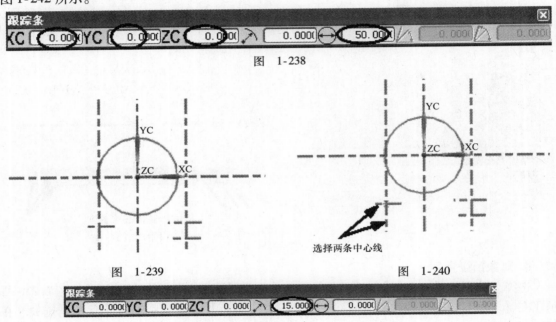

图　1-238

图　1-239　　　　　　　　　　　　　　图　1-240

图　1-241

继续绘制圆。在【点方法】下拉框中选择卝（交点）选项，然后在图形中选择图 1-243 所示的两条中心线，接着在下方【跟踪条】里的╲（半径）栏输入【15】，如图 1-244 所示。然后按回车键，完成创建圆，如图 1-245 所示。

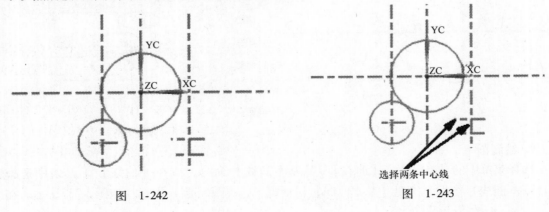

图　1-242　　　　　　　　　　　　　　图　1-243

图 1-244

继续绘制圆。在【点方法】下拉框中选择┼（交点）选项，然后在图形中选择图1-246所示的两条中心线，接着在下方【跟踪条】里的 ↗（半径）栏输入【25】，如图1-247所示。然后按回车键，完成创建圆，如图1-248所示。

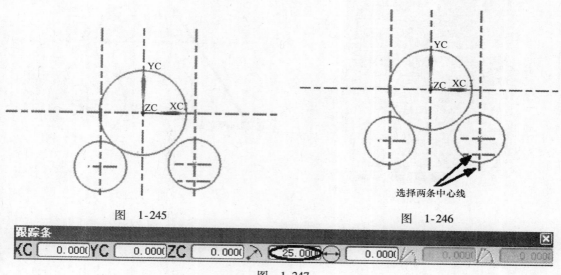

图 1-245

图 1-246

选择两条中心线

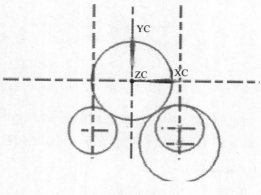

图 1-247

10. 向左创建偏置曲线

选择菜单中的【插入】/【来自曲线集的曲线】/【偏置】命令，或在【曲线】工具条中选择 ☁（偏置曲线）图标，出现【偏置曲线】对话框，如图1-249所示。根据提示在图形中选择图1-250所示的要偏置的曲线，然后在【指定点】区域选择 ↗（自动判断的点）图标，在图形中所选曲线的右侧任意选择一点，出现偏置方向箭头，如图1-250所示。

然后在【偏置曲线】对话框中【距离】栏输入【0】，取消 □关联 选项，在【输入曲线】下拉框中选择【保留】选项，如图1-249所示。最后单击 应用 按钮，完成创建偏置直线，如图1-251所示。

图 1-248

此时偏置方向如图1-251所示，继续进行连续偏置。在【偏置曲线】对话框中【距离】栏输入【5】，单击 应用 按钮，完成创建偏置曲线，如图1-252所示。

此时偏置方向如图1-252所示，继续进行连续偏置。在【偏置曲线】对话框中【距离】栏输入【15】，单击 应用 按钮，完成创建偏置曲线，如图1-253所示。

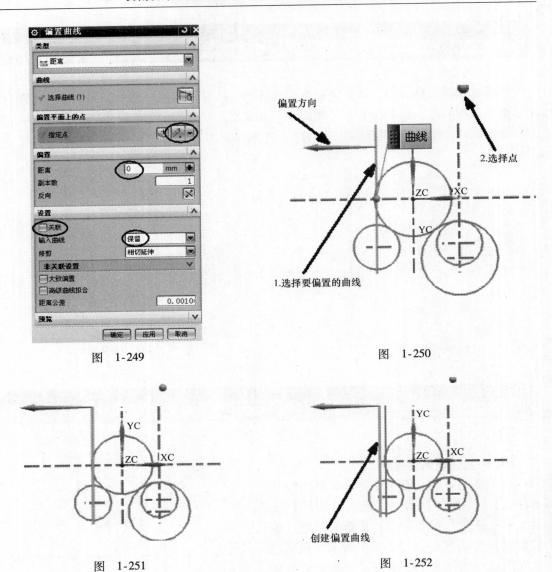

图 1-249　　　　　　　　　　　　　图 1-250

图 1-251　　　　　　　　　　　　　图 1-252

此时偏置方向如图 1-253 所示，继续进行连续偏置。在【偏置曲线】对话框中【距离】栏输入【10】，单击 确定 按钮，完成创建偏置曲线，如图 1-254 所示。

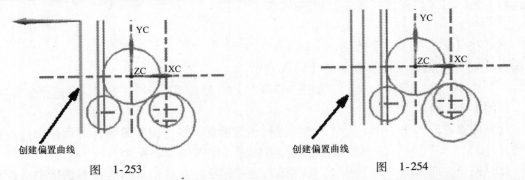

图 1-253　　　　　　　　　　　　　图 1-254

继续创建偏置曲线。按照上述方法，在图形中选择图 1-255 所示的要偏置的曲线，然后在【指定点】区域选择 图标，在图形中所选曲线的上方任意选择一点，出现偏置方向箭头，如图 1-255 所示。

然后在【偏置曲线】对话框中【距离】栏输入【17】，取消 □关联 选项，在【输入曲线】下拉框中选择【保留】选项，最后单击 应用 按钮，完成创建偏置曲线，如图 1-256 所示。

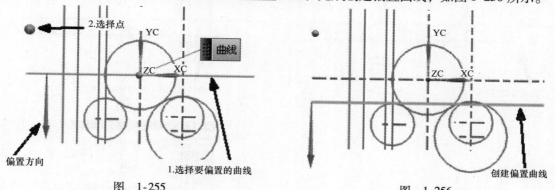

图　1-255　　　　　　　　　　　　　　　　图　1-256

此时偏置方向如图 1-256 所示，继续进行连续偏置。在【偏置曲线】对话框中【距离】栏输入【11】，单击 确定 按钮，完成创建偏置曲线，如图 1-257 所示。

11. 修剪拐角

选择菜单中的【编辑】/【曲线】/【修剪角】命令，或在【编辑曲线】工具条中选择 图标，出现【修剪拐角】对话框，如图 1-258 所示。在图形中选择图 1-259 所示的位置，单击鼠标左键，完成修剪角，如图 1-260 所示。

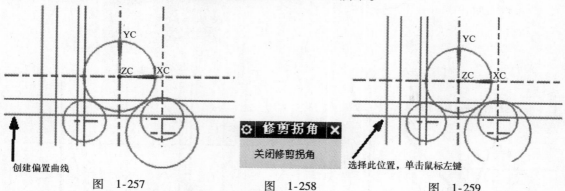

图　1-257　　　　　　　　　图　1-258　　　　　　　　　图　1-259

继续修剪角。在图形中选择图 1-261 所示的位置，单击鼠标左键，完成修剪角，如图 1-262所示。

12. 修剪曲线

选择菜单中的【编辑】/【曲线】/【修剪】命令，或在【编辑曲线】工具条中选择 图标，出现【修剪曲线】对话框。取消 □关联 选项，在【输入曲线】下拉框中选择【替换】选项，在【曲线延伸】下拉框中选择【无】选项，取消 □修剪边界对象 、□保持选定边界对象 选项，如图 1-263 所示。在图形中选择图 1-264 所示的直线为要修剪的对象，然后在主界面捕捉点工具条中仅选择 ∧（交点）选项，在图形中选择图 1-264 所示的两个交点为修剪的第一、第二边界，最后在【修剪曲线】对话框中单击 应用 按钮，完成修剪曲线，如图 1-265 所示。

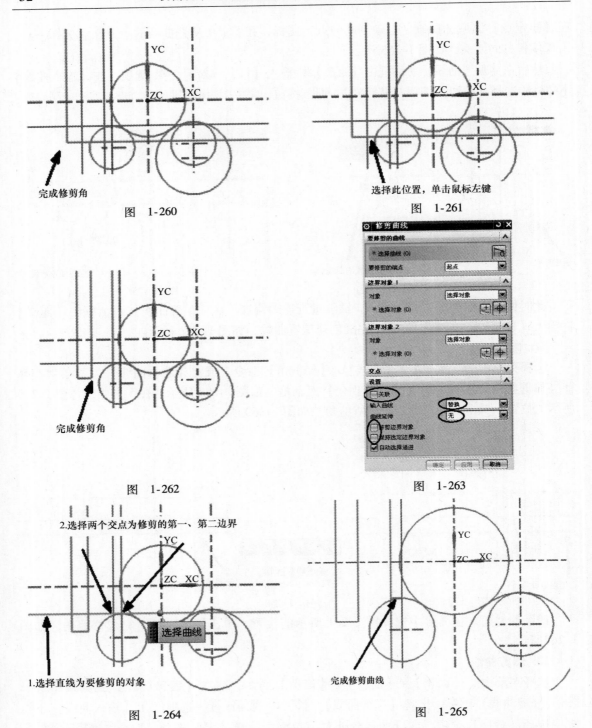

图 1-260

图 1-261

图 1-262

图 1-263

图 1-264

图 1-265

继续修剪曲线。按照上述方法，在图形中选择图 1-266 所示的圆为要修剪的对象，选择图 1-266 所示的两个交点为修剪的第一、第二边界，最后在【修剪曲线】对话框中单击 应用 按钮，完成修剪曲线，如图 1-267 所示。

继续修剪曲线。按照上述方法，在图形中选择图 1-268 所示的圆为要修剪的对象，选择图 1-268 所示的两个交点为修剪的第一、第二边界，最后在【修剪曲线】对话框中单击按钮，完成修剪曲线，如图 1-269 所示。

　　继续修剪曲线。按照上述方法，在图形中选择图 1-270 所示的圆为要修剪的对象，选择图 1-270 所示的两个交点为修剪的第一、第二边界，最后在【修剪曲线】对话框中单击 按钮，完成修剪曲线，如图 1-271 所示。

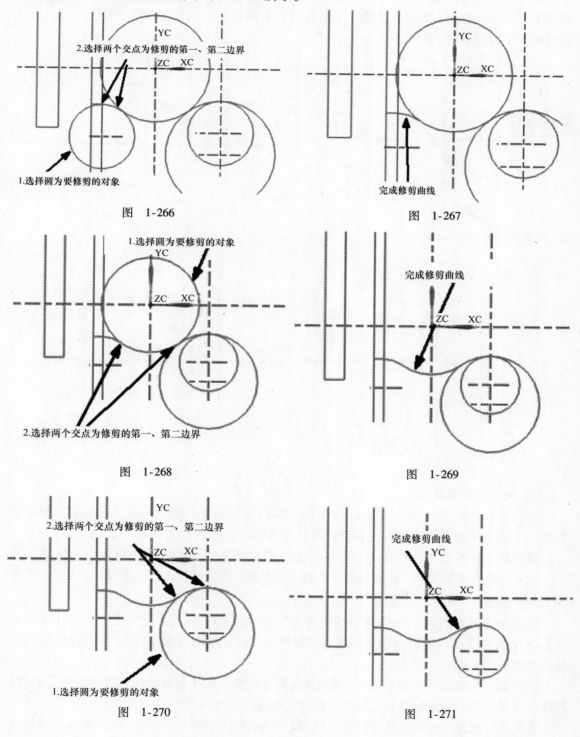

图　1-266

图　1-267

图　1-268

图　1-269

图　1-270

图　1-271

　　继续修剪曲线。按照上述方法，在图形中选择图 1-272 所示的直线为要修剪的对象，选择图 1-272 所示的交点为修剪边界，最后在【修剪曲线】对话框中单击 应用 按钮，完成修剪曲线，如图 1-273 所示。

　　继续修剪曲线。按照上述方法，在图形中选择图 1-274 所示的直线为要修剪的对象，选择图 1-274 所示的交点为修剪边界，最后在【修剪曲线】对话框中单击 应用 按钮，完成修剪曲线，如图 1-275 所示。

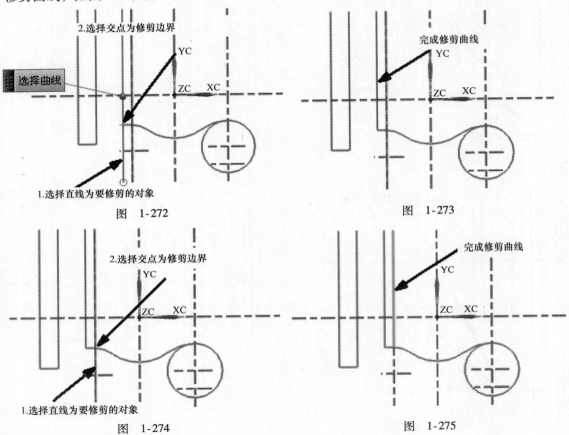

图　1-272

图　1-273

图　1-274

图　1-275

13. 向右创建偏置曲线

　　选择菜单中的【插入】/【来自曲线集的曲线】/【偏置】命令或在【曲线】工具条选择 （偏置曲线）图标，出现【偏置曲线】对话框，如图 1-276 所示。

　　根据提示在图形中选择图 1-277 所示的要偏置的曲线，然后在【指定点】区域选择 （自动判断的点）图标，在图形中所选曲线的左侧任意选择一点，出现偏置方向箭头，如图 1-277 所示。

　　然后在【偏置曲线】对话框中【距离】栏输入【9】，取消 关联 选项，在【输入曲线】下拉框选择【保留】选项，如图 1-276 所示。最后单击 应用 按钮，完成创建偏置曲线，如图 1-278 所示。

　　此时偏置方向如图 1-278 所示，继续进行连续偏置。在【偏置曲线】对话框中【距离】栏输入【10】，单击 应用 按钮，完成创建偏置曲线，如图 1-279 所示。

　　继续进行偏置。此时偏置方向箭头已经移至偏置出的曲线，如图 1-279 所示。然后在

【偏置曲线】对话框中【距离】栏输入【10】，单击 应用 按钮，完成创建偏置曲线，如图1-280 所示。

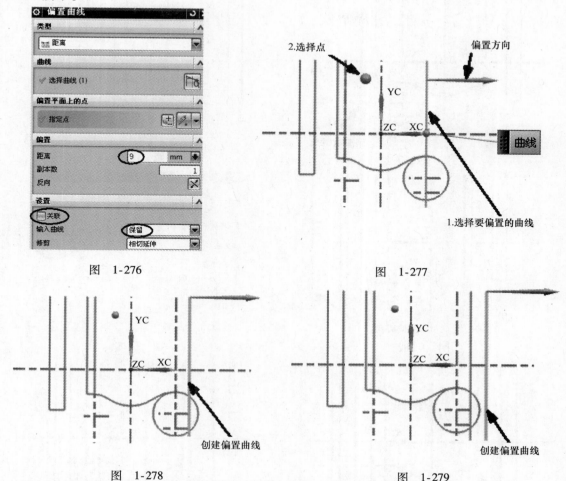

图 1-276　　　　　　　　　　　　图 1-277

图 1-278　　　　　　　　　　　　图 1-279

　　继续进行偏置。此时偏置方向箭头已经移至偏置出的曲线，如图1-280 所示。在【偏置曲线】对话框中【距离】栏输入【5】，单击 应用 按钮，完成创建偏置曲线，如图1-281 所示。

　　继续进行偏置。此时偏置方向箭头已经移至偏置出的曲线，如图1-281 所示。然后在【偏置曲线】对话框中【距离】栏输入【20】，单击 确定 按钮，完成创建偏置曲线，如图1-282 所示。

14. 绘制直线

　　选择菜单中的【插入】/【曲线】/【基本曲线】命令，或在【曲线】工具条中选择 ◇ （基本曲线）图标，出现【基本曲线】对话框。选择 ／（直线）图标，取消 □线串模式 选项，在【点方法】下拉框中选择 ／（端点）选项，如图1-283 所示。然后在图形中依次选择图1-284 所示的两个端点，完成绘制直线，如图1-285 所示。

　　继续绘制直线。在【基本曲线】对话框中勾选 ☑增量、☑线串模式 选项，在【点方法】下拉框中选择 ↑（交点）选项，如图1-286 所示。在图形中选择图1-287 所示直线与圆弧的交点，然后在下方【跟踪条】里【XC】、【YC】、【ZC】栏输入【10】、【0】、【0】，如图1-288 所示。最后按回车键，画出一条直线，完成效果如图 1-289 所示。

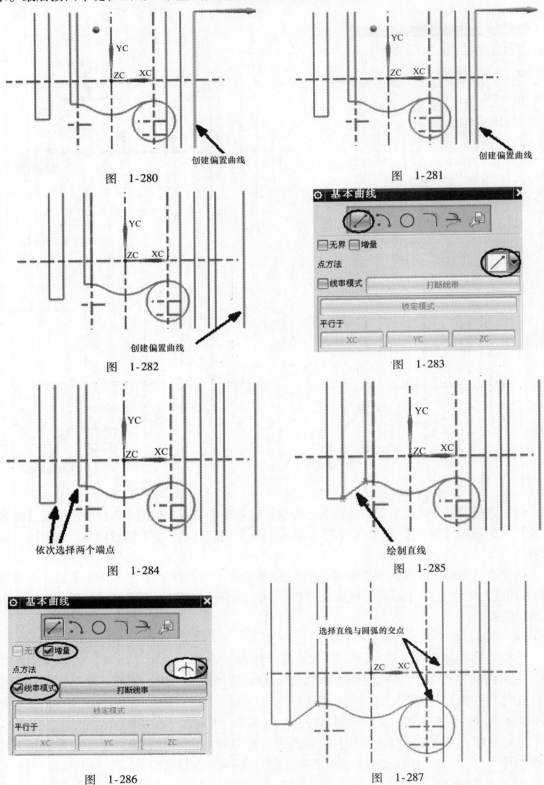

图　1-280

图　1-281

图　1-282

图　1-283

图　1-284

图　1-285

图　1-286

图　1-287

继续绘制直线。在下方【跟踪条】里【XC】、【YC】、【ZC】栏输入【10】、【5】、【0】，如图 1-290 所示。然后按回车键，画出一条斜直线，完成效果如图 1-291 所示。

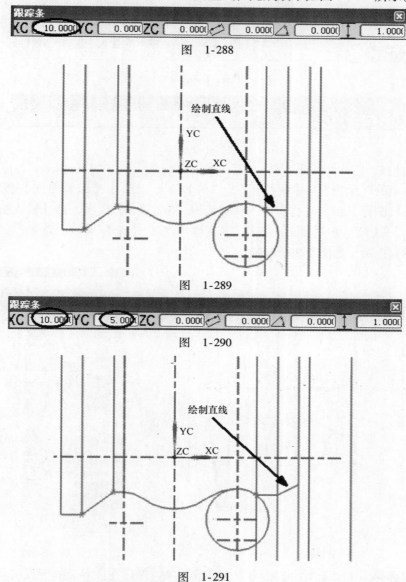

图 1-288

图 1-289

图 1-290

绘制直线

图 1-291

继续绘制直线。在下方【跟踪条】里【XC】、【YC】、【ZC】栏输入【5】、【0】、【0】，如图 1-292 所示。然后按回车键，画出一条直线，接着在下方【跟踪条】里【XC】、【YC】、【ZC】栏输入【2】、【-2】、【0】，按回车键，如图 1-293 所示。接着在下方【跟踪条】里【XC】、【YC】、【ZC】栏输入【16】、【0】、【0】，按回车键，如图 1-294 所示。接着在下方【跟踪条】里【XC】、【YC】、【ZC】栏输入【2】、【2】、【0】，按回车键，如图 1-295 所示。最后在【基本曲线】对话框中单击 取消 按钮，完成绘制直线，如图 1-296 所示。

图 1-292

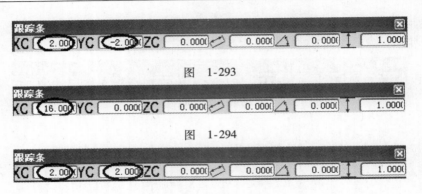

图　1-293

图　1-294

图　1-295

15. 修剪曲线

选择菜单中的【编辑】/【曲线】/【修剪】命令，或在【编辑曲线】工具条中选择 （修剪曲线）图标，出现【修剪曲线】对话框，取消 □关联 选项，在【输入曲线】下拉框中选择【替换】选项，在【曲线延伸】下拉框中选择【无】选项，取消 □修剪边界对象 、□保持选定边界对象 选项，如图 1-297 所示。

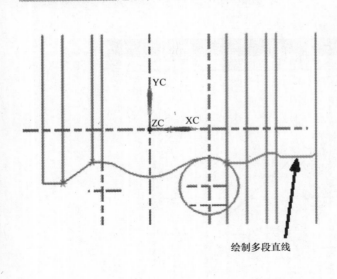

绘制多段直线

图　1-296

图　1-297

在图形中选择图 1-298 所示的圆为要修剪的对象，然后在主界面捕捉点工具条中仅选择 （交点）选项，在图形中选择图 1-298 所示的两个交点为修剪的第一、第二边界，最后在【修剪曲线】对话框中单击 应用 按钮，完成修剪曲线，如图 1-299 所示。

继续修剪曲线。按照上述方法，在图形中选择图 1-300 所示的直线为要修剪的对象，选择图 1-300 所示的交点为修剪边界，最后在【修剪曲线】对话框中单击 应用 按钮，完成修剪曲线，如图 1-301 所示。

继续修剪曲线。按照上述方法，修剪右侧四条直线，完成效果如图 1-302 所示。

继续修剪曲线。在图形中选择图 1-303 所示的直线为要修剪的对象，选择图 1-303 所示的直线为修剪的边界，然后在【修剪曲线】对话框中勾选 ☑保持选定边界对象 选项，如图 1-304 所示。最后单击 应用 按钮，完成修剪曲线，如图 1-305 所示。

继续修剪曲线。在图形中依次选择图 1-306 所示的曲线，完成修剪，如图 1-307 所示。

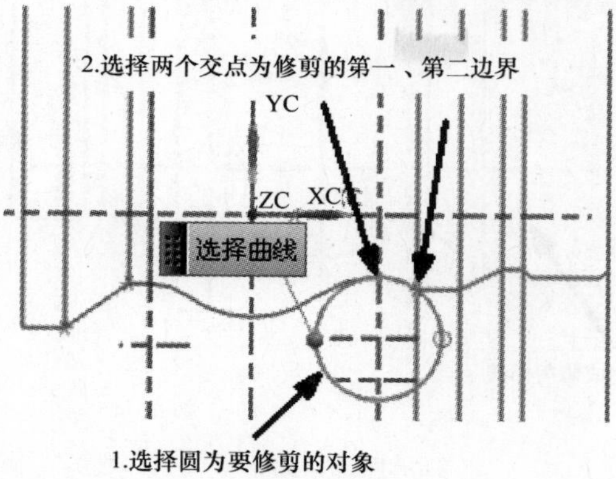
2.选择两个交点为修剪的第一、第二边界
YC
ZC
XC
选择曲线
1.选择圆为要修剪的对象

图　1-298

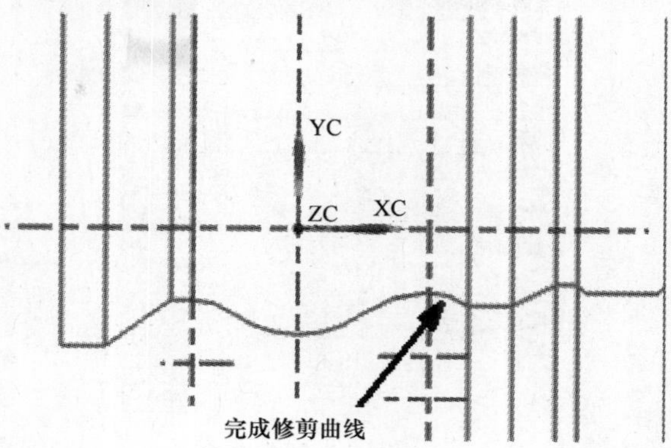
YC
ZC
XC
完成修剪曲线

图　1-299

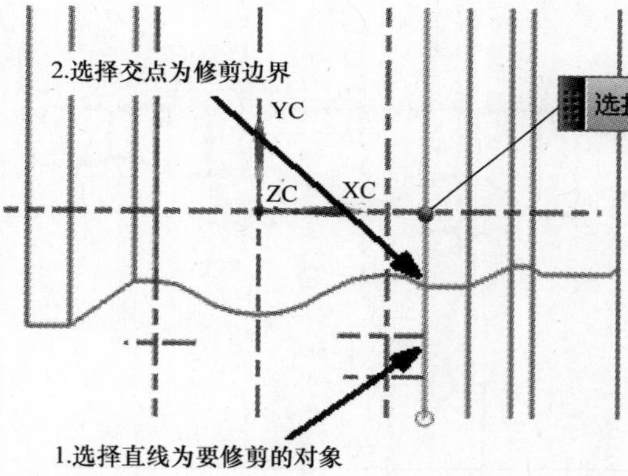
2.选择交点为修剪边界
YC
ZC
XC
选择曲线
1.选择直线为要修剪的对象

图　1-300

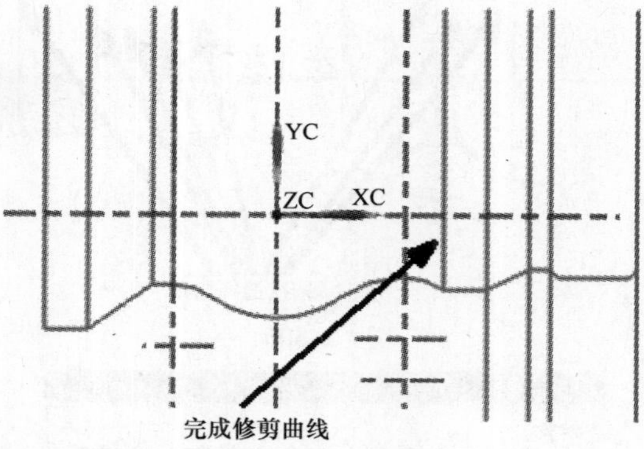
YC
ZC
XC
完成修剪曲线

图　1-301

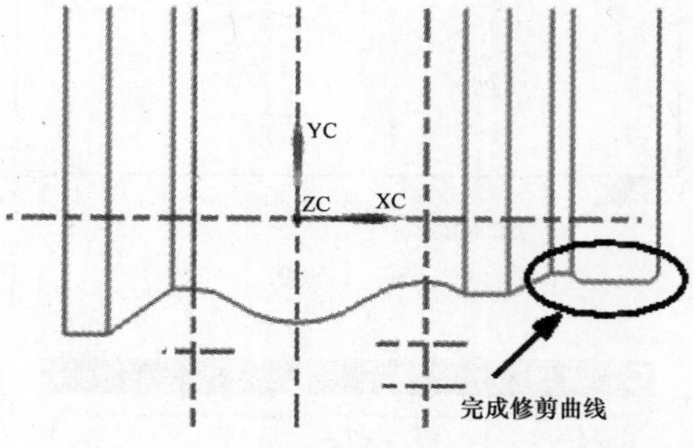
YC
ZC
XC
完成修剪曲线

图　1-302

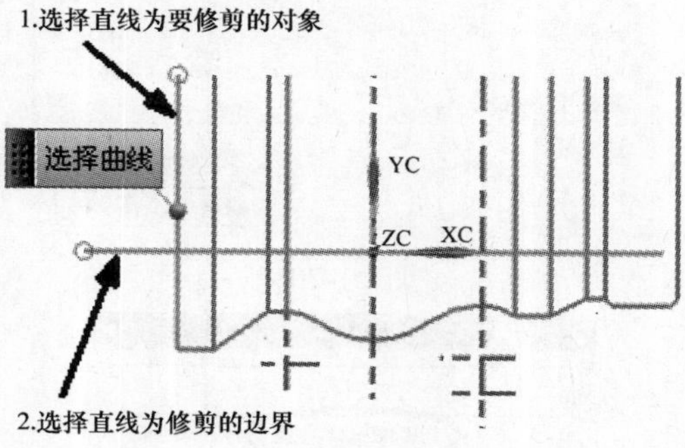
1.选择直线为要修剪的对象
选择曲线
YC
ZC
XC
2.选择直线为修剪的边界

图　1-303

16. 镜像曲线

在【标准】工具条中选择（变换）图标，出现【变换】类选择对话框，如图 1-308 所示。在图形中框选如图 1-309 所示的曲线，然后在【变换】类选择对话框中单击确定按钮，出现【变换】对话框，如图 1-310 所示。单击【通过一直线镜像】按钮，系统出现【变换】选择镜像对称线选项对话框，如图 1-311 所示。单击【现有的直线】按钮，系统出现【变换】选择镜像对称线对话框，如图 1-312 所示。

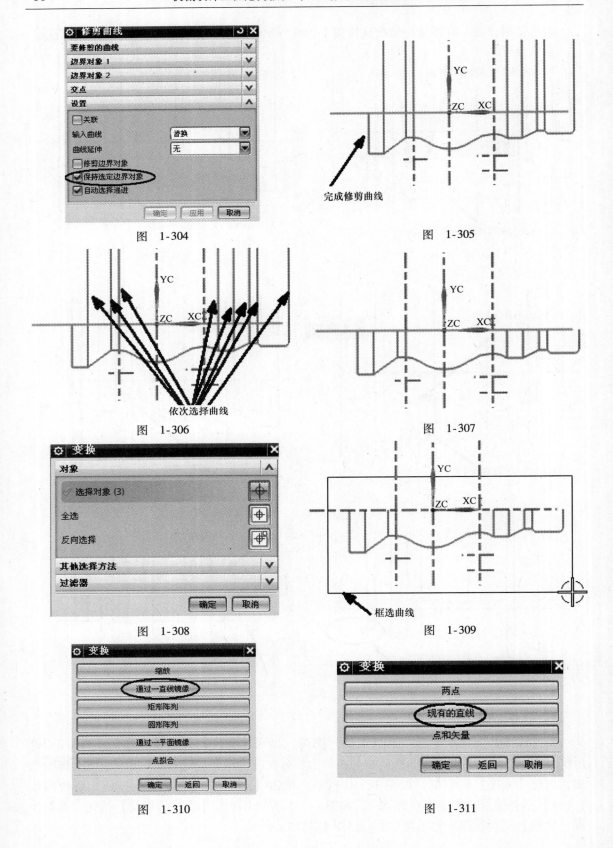

图　1-304

图　1-305

完成修剪曲线

依次选择曲线

图　1-306

图　1-307

图　1-308

框选曲线

图　1-309

图　1-310

图　1-311

然后在图形中选择图 1-313 所示的中心线为对称线，系统出现【变换】操作选项对话框，如图 1-314 所示。单击【复制】按钮，最后单击 取消 按钮，完成镜像曲线，如图 1-315 所示。

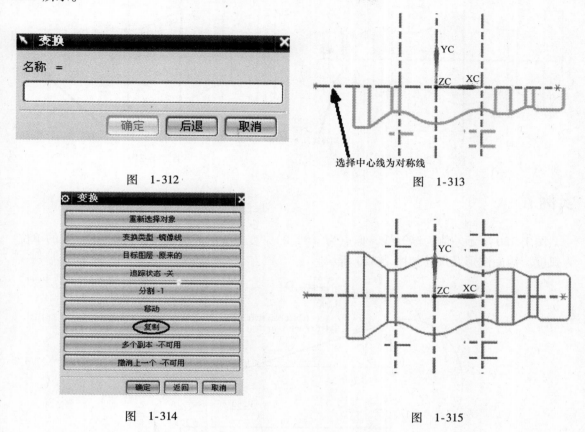

图　1-312

图　1-313

图　1-314

图　1-315

17. 绘制直线

选择菜单中的【插入】/【曲线】/【基本曲线】命令，或在【曲线】工具条中选择 （基本曲线）图标，出现【基本曲线】对话框。选择 （直线）图标，取消 线串模式 选项，在【点方法】下拉框中选择 （端点）选项，如图 1-316 所示。然后在图形中依次选择图 1-317 所示的两个端点，完成绘制直线，如图 1-318 所示。

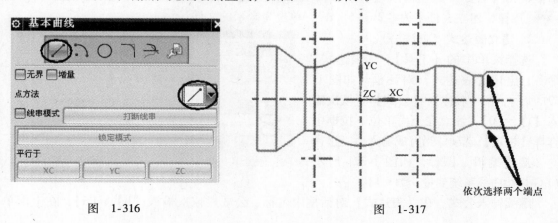

图　1-316

图　1-317

按照上述方法，绘制右侧的直线，完成效果如图 1-319 所示。

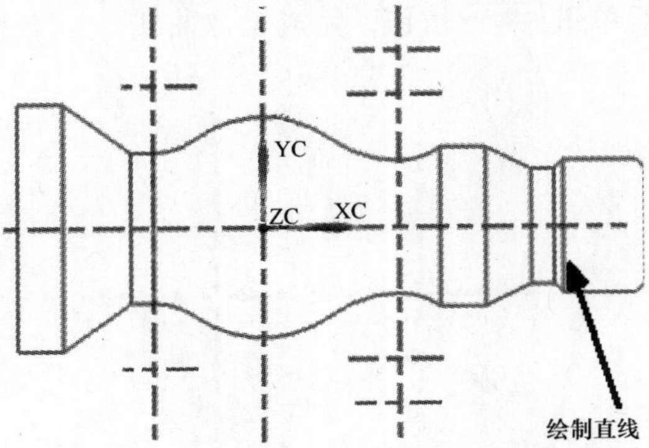

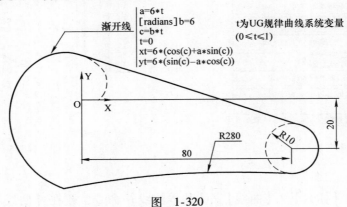

图 1-318 绘制直线

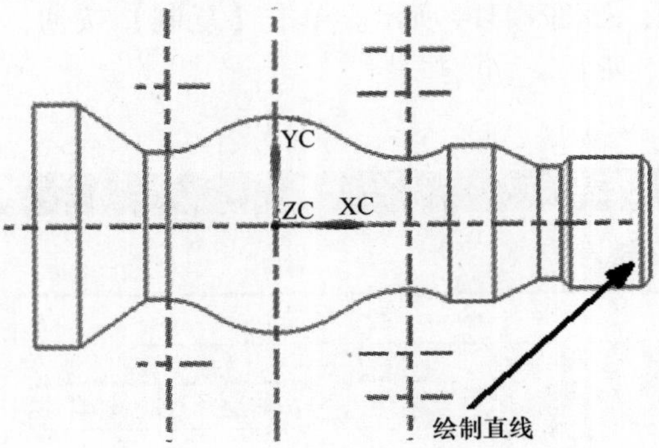

图 1-319 绘制直线

实例五

图 1-320 所示左侧为渐开线，原点为（0，0），变量 a 的起终值范围（0，6），b 的单位为弧度。截面图形及尺寸如图 1-320 所示。

渐开线

a=6*t
[radians]b=6
c=b*t
t=0
xt=6*(cos(c)+a*sin(c))
yt=6*(sin(c)-a*cos(c))

t 为 UG 规律曲线系统变量
(0≤t≤1)

图 1-320

1. 新建文件

选择菜单中的【文件】/【新建】命令，或选择 📄（新建）图标，出现【新建】文件对话框，在【名称】栏中输入【2w－5】，在【单位】下拉框中选择【毫米】选项，单击 【确定】 按钮，建立文件名为 "2w－5. prt"、单位为毫米的文件。

2. 建立表达式（方法一）

选择菜单中的【工具】/【表达式】命令，出现【表达式】对话框，如图 1-321 所示。在【名称】、【公式】栏依次输入【t】、【0】，注意在上面单位下拉框中选择【恒定】选项，当完成输入后，选择 ☑（接受编辑）图标，如图 1-321 所示（UG 规律曲线系统变量 0≤t≤1）。

图 1-321

继续输入公式。在【表达式】对话框中名称、公式栏依次输入【b】、【6】，在上面单位下拉框中选择【角度】选项，然后在下面单位名称下拉框中选择【radians】（弧度）选项，当完成输入后，选择☑（接受编辑）图标，如图 1-322 所示。

图 1-322

按照相同的方法输入 a、c、xt、yt、zt 表达式，注意在单位下拉框中选择【恒定】选项，具体如下（完成输入如图 1-323 所示）：

图 1-323

$t = 0$　　　系统变量（$0 \leqslant t \leqslant 1$）

$b = 6$　　　/单位要更改为角度，且为【radians】（弧度）

$a = 6 * t$

$c = b * t$　　临时变量

$xt = 6 * (\cos (c) + a * \sin (c))$

$yt = 6 * (\sin (c) - a * \cos (c))$

$zt = 0$

本题也可以用（degrees）角度来建立表达式。由于 360°相当于 2π，那么 6 弧度相当于 $180 * 6/\pi$。因此渐开线表达式也可表示如下：

$t = 0$　　　　　　　系统变量

$a = 6 * t$

$c = 180 * 6/\text{pi} () * t$　临时变量/单位要更改为角度，且为【degrees】（度）

$xt = 6 * (\cos (c) + a * \sin (c))$

$yt = 6 * (\sin (c) - a * \cos (c))$

$zt = 0$

完成表达式输入，如图 1-324 所示。最后单击 确定 按钮。

图 1-324

3. 建立表达式（方法二）

1）用记事本建立表达式，先打开 Windows 附件程序中的记事本，将下列表达式输入记事本，每行一个参数，其中 t 仍为 UG

规律曲线系统变量（0≤t≤1），c 为临时变量，输入完毕后保存为后缀名为 exp 的文件。变量为弧度的文件如图 1-325 所示，变量为度的文件如图 1-326 所示，读者可以比较一下其中的区别。

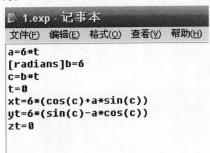

图　1-325

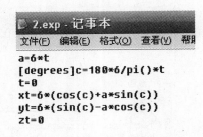

图　1-326

2）导入表达式，选择菜单中的【工具】/【表达式】，出现【表达式】对话框，如图 1-327 所示。在对话框右上方选择（从文件导入表达式）图标，出现【导入表达式文件】对话框，用浏览文件夹的方式选择已编辑好的 exp 文件，如图 1-328 所示。在【导入表达式文件】对话框中单击 OK 按钮。

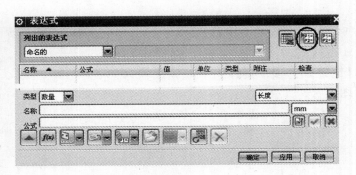

图　1-327

表达式导入系统，如图 1-329 所示。最后在【表达式】对话框中单击 确定 按钮，完成表达式的创建。

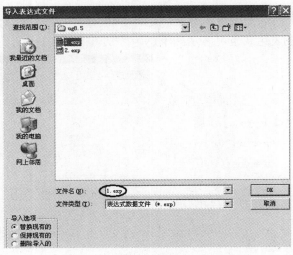

图　1-328

4. 绘制渐开线

选择菜单中的【插入】/【曲线】/【规律曲线】命令，或在【曲线】工具栏选择
⌇ （规律曲线）图标，出现【规律曲线】对话框，如图 1-330 所示。单击 确定 按钮，完成
创建渐开线，如图 1-331 所示。

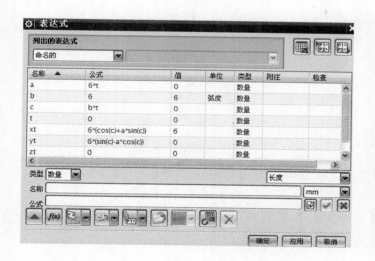

图　1-329

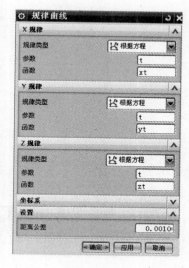

图　1-330

5. 绘制圆

选择菜单中的【插入】/【曲线】/【基本曲线】命令，或在
【曲线】工具条中选择 （基本曲线）图标，出现【基本曲线】对
话框，选择 （圆）图标，如图 1-332 所示。在下方【跟踪条】里
的【XC】、【YC】、【ZC】栏以及 （半径）栏分别输入【80】、
【-20】、【0】、【10】，如图 1-333 所示。按回车键，完成创建圆，
如图 1-334 所示。

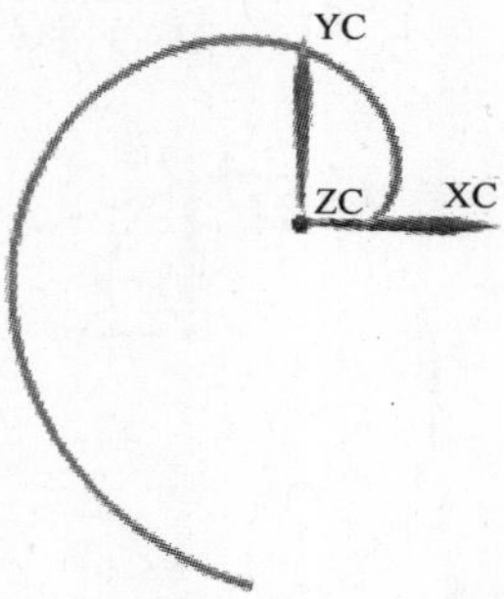

6. 绘制公切线

选择菜单中的【插入】/【曲线】/【直线和圆弧】/【直线
（相切-相切）】命令，或在【直线和圆弧】工具条
中选择 （直线相切-相切）图标，出现【直线
（相切-相切）】对话框，如图 1-335 所示。在图形
中依次选择渐开线和圆，如图 1-336 所示。完成公
切线的绘制，如图 1-337 所示。

图　1-331

7. 创建曲线倒圆

选择菜单中的【插入】/【曲线】/【基本曲
线】命令，或在【曲线】工具条中选择 （基本曲

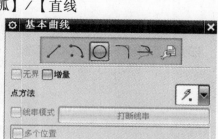

图　1-332

线）图标，出现【基本曲线】对话框，如图 1-338 所示。选择 （圆角）图标，出现【曲
线倒圆】对话框，如图 1-339 所示。选择 （两曲线圆角）图标，在【半径】栏输入
【280】，并勾选 修剪第二条曲线选项，取消 修剪第一条曲线选项。

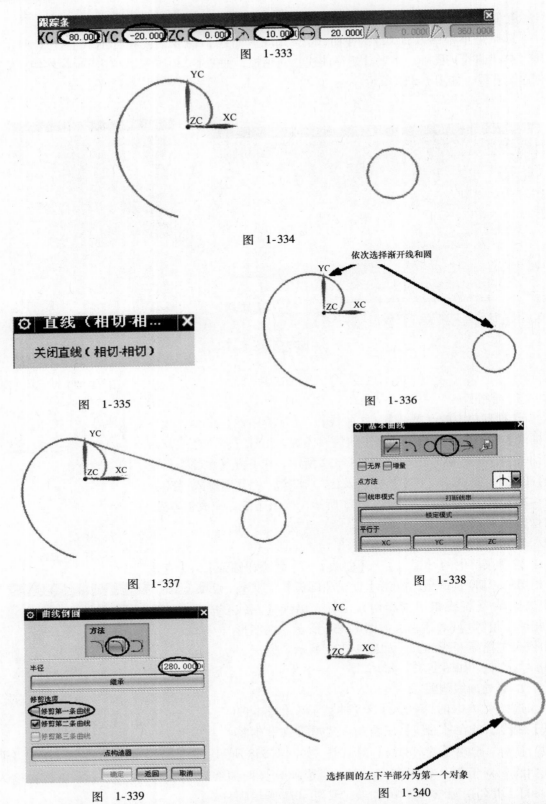

图　1-333

图　1-334

图　1-335

依次选择渐开线和圆

图　1-336

图　1-337

图　1-338

图　1-339

选择圆的左下半部分为第一个对象

图　1-340

然后在图形中选择圆的左下半部分为第一个对象，如图 1-340 所示。接着在【曲线倒圆】对话框中单击【点构造器】按钮，如图 1-341 所示。系统出现【点】构造器对话框，如图 1-342 所示。

然后在【点】构造器对话框下拉框中选择／终点选项，在图形中选择图 1-343 所示的渐开线端点为第二个对象，接着在如图 1-343 所示的位置点选圆角中心点，尽量点选靠左位置，否则会倒到圆的上方。最后在【曲线倒圆】对话框中单击 取消 按钮，完成曲线倒圆，如图 1-344 所示。

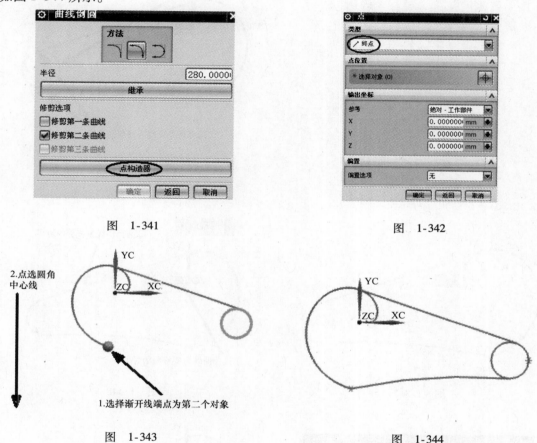

图 1-341

图 1-342

图 1-343

图 1-344

8. 修剪曲线

选择菜单中的【编辑】/【曲线】/【修剪】命令，或在【编辑曲线】工具条选择
（修剪曲线）图标，出现【修剪曲线】对话框，取消□关联选项，在【输入曲线】下拉框中选择【替换】选项，在【曲线延伸】下拉框中选择【无】选项，取消□修剪边界对象、□保持选定边界对象选项，如图 1-345 所示。在图形中选择图 1-346 所示的圆为要修剪的对象，然后在主界面捕捉点工具条中仅选择个（交点）选项，在图形中选择图 1-346 所示的两个交点为修剪的边界，最后在【修剪曲线】对话框中单击 应用 按钮，完成修剪曲线，如图 1-347 所示。

继续修剪曲线。在图形中选择图 1-348 所示的曲线为要修剪的对象，选择图 1-348 所示的切线为修剪的边界，在【修剪曲线】对话框中单击 确定 按钮，系统出现【修剪曲线】参数确认对话框，如图 1-349 所示。单击 是(Y) 按钮，完成修剪曲线，如图 1-350 所示。

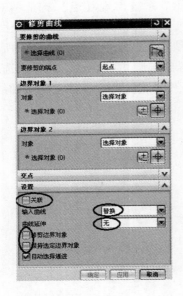

图　1-345

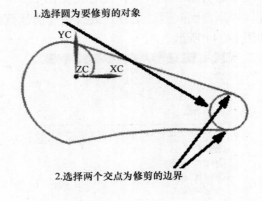

1.选择圆为要修剪的对象

2.选择两个交点为修剪的边界

图　1-346

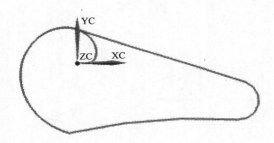

图　1-347

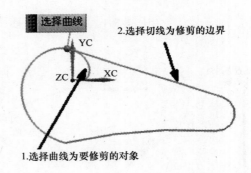

选择曲线

2.选择切线为修剪的边界

1.选择曲线为要修剪的对象

图　1-348

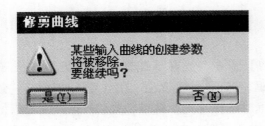

图　1-349

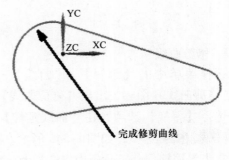

完成修剪曲线

图　1-350

习　　题

根据以下图样尺寸绘制二维图形：

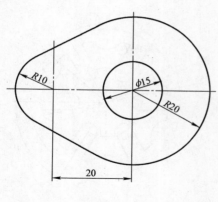

习题 1-1

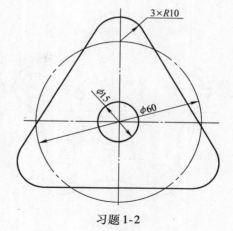

习题 1-2

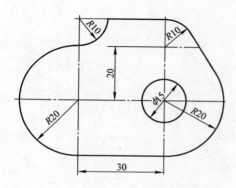

习题 1-3

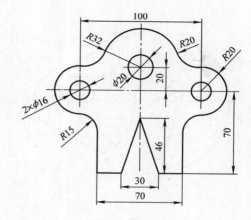

习题 1-4

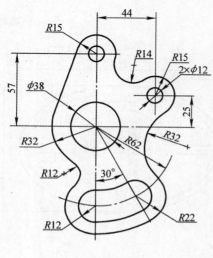

习题 1-5

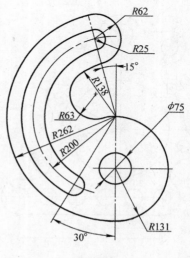

习题 1-6

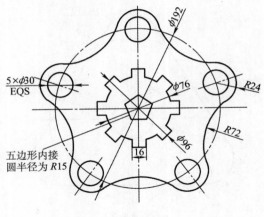

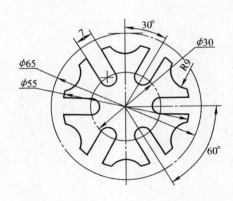

习题 1-7

习题 1-8

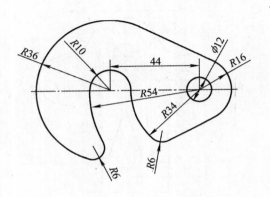

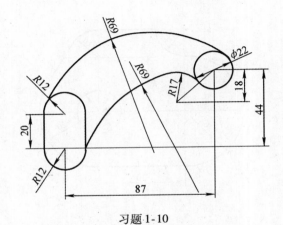

习题 1-9

习题 1-10

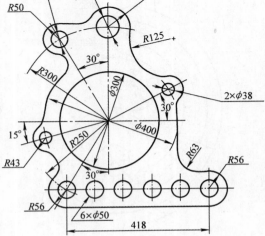

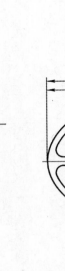

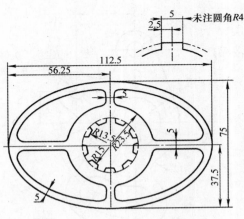

习题 1-11

习题 1-12

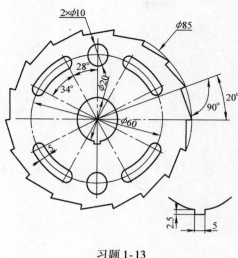

习题 1-13

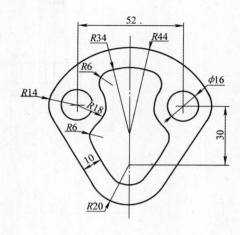

习题 1-14

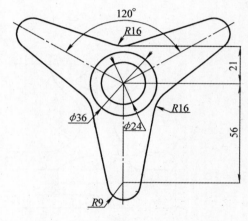

习题 1-15

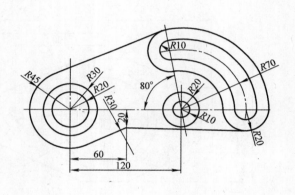

习题 1-16

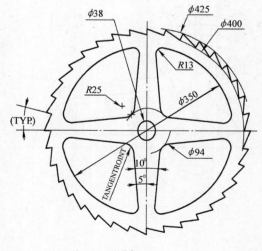

习题 1-17

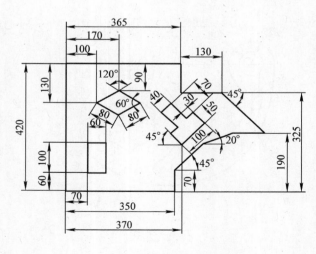

习题 1-18

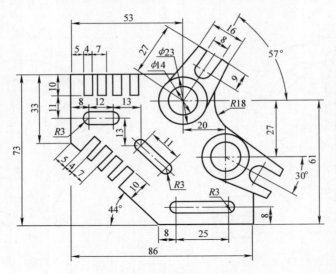

习题 1-19

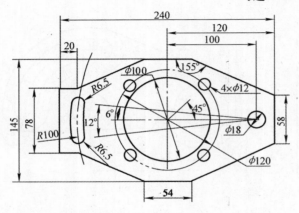

习题 1-20

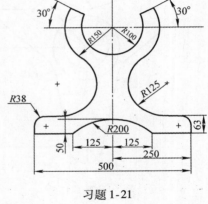

习题 1-21

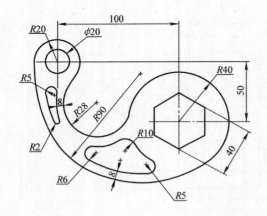

习题 1-22

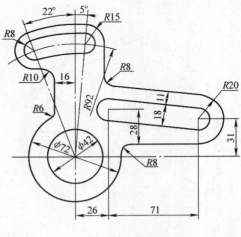

习题 1-23

第二章
草图构图

实例说明

本章主要讲述草图曲线的构建。其构建思路为：首先分析图形的组成，采用草图曲线工具绘制主要曲线，再加上相关约束，然后标注尺寸，最后生成草图。

学习目标

通过本章实例的练习，读者能熟练掌握草图曲线的轮廓曲线绘制、修剪、偏置、阵列、镜像功能，以及如何约束曲线、标注尺寸等，开拓构建思路，提高草图曲线创建的基本技巧。

实例一

实例图形及尺寸如图 2-1 所示。

1. 新建文件

选择菜单中的【文件】／【新建】命令，或选择 （新建）图标，出现【新建】文件对话框，在【名称】栏中输入【ct‑1】，在【单位】下拉框中选择【毫米】选项，单击 确定 按钮，建立文件名为"ct‑1.prt"、单位为毫米的文件。

2. 关闭连续自动标注尺寸

选择菜单中的【首选项】／【草图】命令，出现【草图首选项】对话框，如图 2-2 所示。取消 连续自动标注尺寸 选项，单击 确定 按钮，完成关闭连续自动标注尺寸。

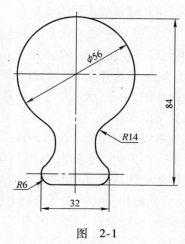

图　2-1

3. 草绘截面

选择菜单中的【插入】／【草图】，或在【直接草图】工具条选择 （草图）图标，出现【创建草图】对话框，如图 2-3 所示。系统默认 XC‑YC 平面为草图平面，单击 <确定> 按钮，出现草图绘制区。

绘图步骤如下：

1）在【直接草图】工具条中选择 （轮廓）图标，出现【轮廓】对话框，如图 2-4

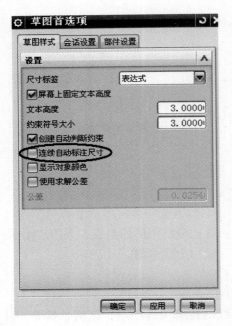

图 2-2

图 2-3

所示。在主界面捕捉点工具条中仅选择＋（现有点）选项，选择从坐标原点出发，按照图 2-5 所示绘制一条直线 12（注意尺寸要和图样相近）。然后在【轮廓】对话框中选择 ⌒（圆弧）图标，绘制一条与直线 12 相切的圆弧 23。然后在【轮廓】对话框中选择 ⌒（圆弧）图标，绘制圆弧 34。再在【轮廓】对话框中选择 ⌒（圆弧）图标，绘制圆弧 45，如图 2-5 所示。注意圆弧与相邻圆弧相切。

2）加上约束。在【直接草图】工具条中选择 ⫠（几何约束）图标，出现【几何约束】对话框，选择 ⊥（点在曲线上）图标，在【设置】区域勾选 ☑自动选择递进 选项，如图 2-6 所示。在图中选择 Y 轴，再选择圆弧 45 的端点 5，如图 2-7 所示。约束点在曲线上，约束的结果如图 2-8 所示。在【直接草图】工具条中选择 ⧨（显示草图约束）图标，使图形中的约束显示出来。

继续进行约束。在图中选择 Y 轴，再选择圆弧 45 的圆心，如图 2-9 所示。约束点在曲线上，约束的结果如图 2-10 所示。在【直接草图】工具条中选择 ⧨（显示草图约束）图标，使图形中的约束显示出来。

3）标注尺寸。在【直接草图】工具条中选择 ⊭（自动判断尺寸）图标，按照图 2-11 所示的尺寸进行标注，p0 = 16，Rp1 = 6，Rp2 = 14，Rp3 = 28，p4 = 84。此时草图曲线已经转换成绿色，表示已经完全约束。

4）镜像曲线，在【直接草图】工具栏中选择 ⑤（镜像曲线）图标，出现【镜像曲线】对话框，如图 2-12 所示。在主界面曲线规则下拉框中选择【相连曲线】选项，在图形中选择如图 2-13 所示的要镜像的曲线，然后在【镜像曲线】对话框中【选择中心线】区域选择 ⊕（中心线）图标，再选择如图 2-13 所示的 Y 轴为镜像中心线，最后单击 ＜确定＞ 按钮，完成镜像曲线，如图 2-14 所示。

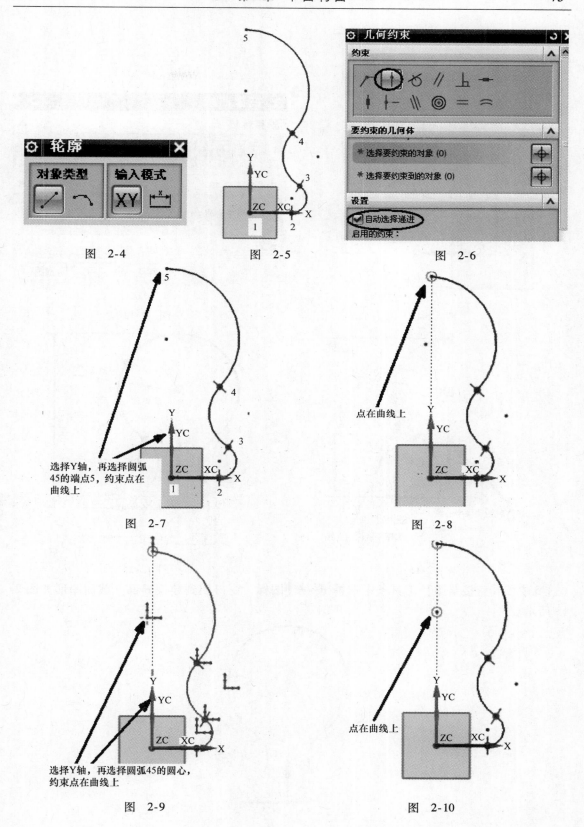

图 2-4

图 2-5

图 2-6

选择Y轴，再选择圆弧45的端点5，约束点在曲线上

图 2-7

点在曲线上

图 2-8

选择Y轴，再选择圆弧45的圆心，约束点在曲线上

图 2-9

点在曲线上

图 2-10

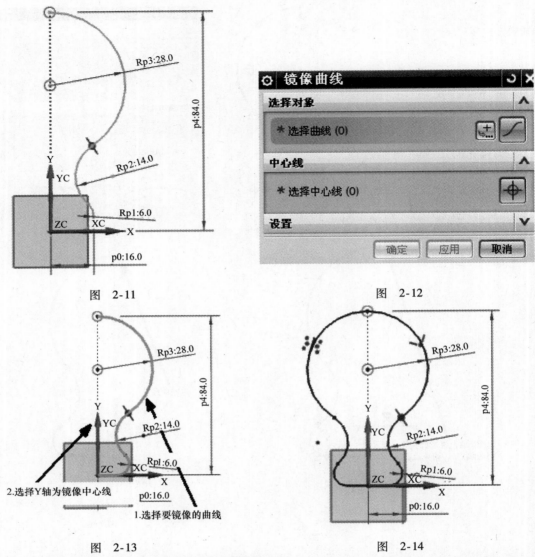

图　2-11

图　2-12

图　2-13

图　2-14

5）在【直接草图】工具条中选择 　完成草图 图标，窗口回到建模界面。截面图形如图 2-15 所示。

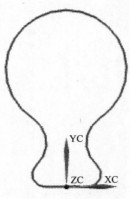

图　2-15

实例二

实例图形及尺寸如图 2-16 所示。

1. 新建文件

选择菜单中的【文件】／【新建】命令，或选择 ▢（新建）图标，出现【新建】文件对话框，在【名称】栏中输入【ct‑2】，在【单位】下拉框中选择【毫米】选项，单击 ▣确定 按钮，建立文件名为"ct‑2. prt"、单位为毫米的文件。

2. 草绘截面

选择菜单中的【插入】／【草图】，或在【直接草图】工具条中选择 ▣（草图）图标，出现【创建草图】对话框，如图 2-17 所示。系统默认 XC‑YC 平面为草图平面，单击 ◄ 确定 ► 按钮，出现草图绘制区。

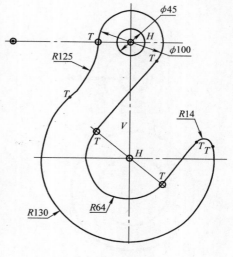

图　2-16

绘图步骤如下：

1）在【直接草图】工具条中选择 ◯（圆）图标，出现【圆】对话框，选择 ⊙（圆心和直径定圆）图标，如图 2-18 所示。在主界面捕捉点工具条中仅选择＋（现有点）选项，按照图 2-19 所示选择坐标原点，绘制两个圆，在下方适当位置再绘制两个圆。注意：上下方各为两个同心圆且半径与图样尺寸相近。

图　2-17

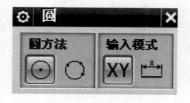

图　2-18

2）加上约束。在【直接草图】工具条中选择 ◤（几何约束）图标，出现【几何约束】对话框，选择 ◉（同心）图标，如图 2-20 所示。在图中选择两个圆，如图 2-21 所示。约束同心，约束的结果如图 2-22 所示。在【直接草图】工具条中选择 ◢（显示草图约束）图标，使图形中的约束显示出来。

继续进行约束。在图中选择两个圆，如图 2-23 所示。约束同心，约束的结果如图 2-24 所示。在【直接草图】工具条中选择 ◢（显示草图约束）图标，使图形中的约束显示出来。

继续进行约束。在【几何约束】对话框中选择 ▣（点在曲线上）图标，如图 2-25 所示。

在图中选择 Y 轴，再选择下方两个圆的圆心，如图 2-26 所示。约束点在曲线上，约束的结果如图 2-27 所示。在【直接草图】工具条中选择 ✒（显示草图约束）图标，使图形中的约束显示出来。

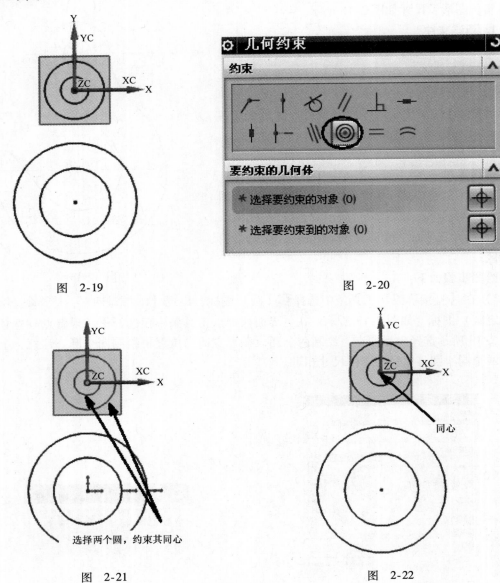

图　2-19

图　2-20

图　2-21

图　2-22

3）在【直接草图】工具栏中选择 ▭（圆角）图标，出现【圆角】对话框，选择 ◥（修剪）图标，如图 2-28 所示。在图形中依次选择两个圆弧，如图 2-29 所示。然后将选择球放在如图 2-29 所示的位置，单击鼠标左键，创建圆角如图 2-30 所示。

4）绘制直线。在【直接草图】工具栏中选择 ╱（直线）图标，在主界面捕捉点工具条中选择 ╱（点在曲线上）图标，然后选择两段圆弧大致切点附近，按照图 2-31 所示绘制一条切线。继续选择另一条圆弧的切点，当出现平行标记时，单击鼠标左键，绘制一条切线，如图 2-32 所示。

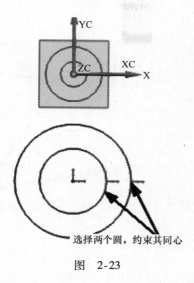

YC
XC
ZC
X
选择两个圆，约束其同心

图　2-23

YC
XC
ZC
X
同心

图　2-24

几何约束
约束

图　2-25

YC
XC
ZC
X
选择Y轴及下方两个圆的圆心，
约束其点在曲线上

图　2-26

Y
YC
XC
ZC
X
点在曲线上

图　2-27

圆角
圆角方法
选项

图　2-28

Y
YC
XC
ZC
X
2.选择圆弧
3.点选此处进行倒圆
1.选择圆弧

图　2-29

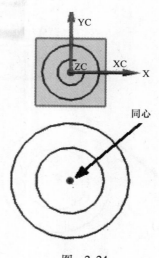

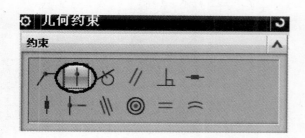

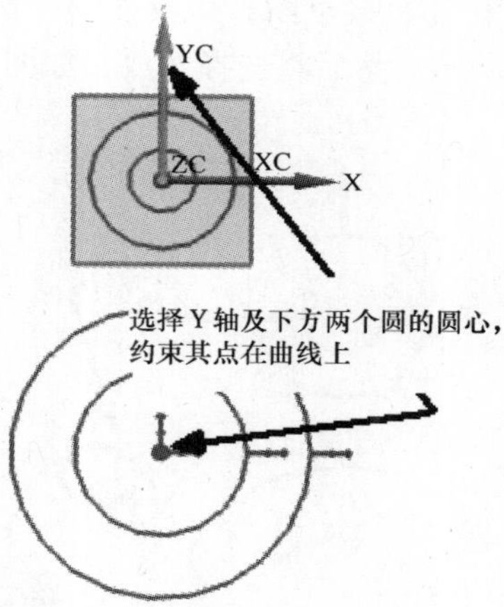

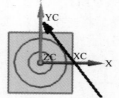

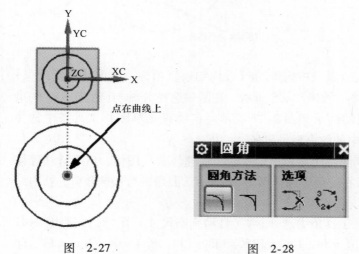

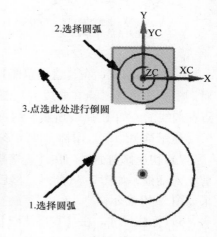

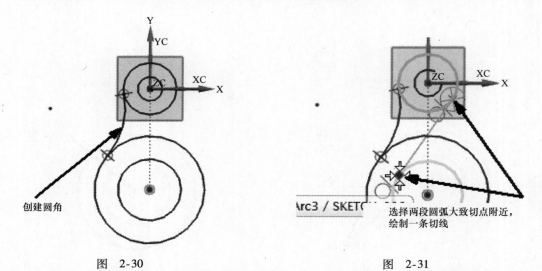

图　2-30　　　　　　　　　　　　　图　2-31

5）在【直接草图】工具栏中选择 （圆角）图标，在图形中依次选择圆弧、直线，如图 2-33 所示。然后将选择球放在如图 2-33 所示的位置，单击鼠标左键，创建圆角如图 2-34 所示。

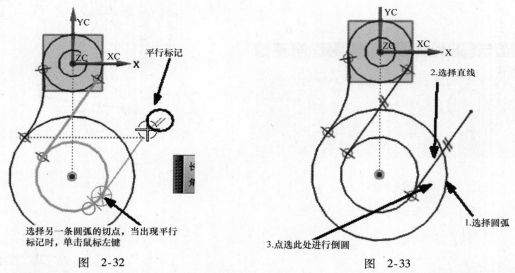

图　2-32　　　　　　　　　　　　　图　2-33

6）加上约束。在【直接草图】工具条中选择 （几何约束）图标，出现【几何约束】对话框，选择 （点在曲线上）图标，如图 2-35 所示。在图中选择 X 轴与圆弧圆心，约束点在曲线上，如图 2-36 所示。约束的结果如图 2-37 所示。在【直接草图】工具条中选择 （显示草图约束）图标，使图形中的约束显示出来。

7）快速修剪曲线。在【直接草图】工具栏中选择 （快速修剪）图标，出现【快速修剪】对话框，如图 2-38 所示。然后在图形中选择图 2-39 所示的曲线进行快速修剪，修剪结果如图 2-40 所示。

8）标注尺寸。在【直接草图】工具条中选择 （自动判断尺寸）图标，按照图 2-41 所示的尺寸进行标注，$\phi p0 = 45$，$Rp1 = 50$，$Rp2 = 125$，$Rp3 = 130$，$Rp4 = 64$，$Rp5 = 14$。此时草图曲线已经转换成绿色，表示已经完全约束。

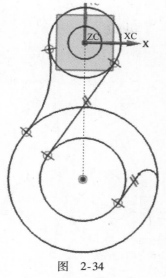

图 2-34

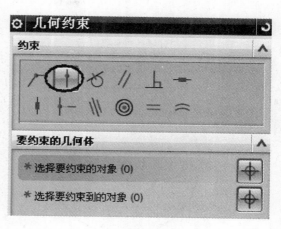

图 2-35

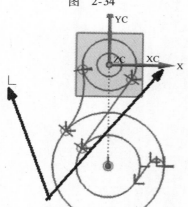

选择X轴与圆弧圆心，约束点在曲线上

图 2-36

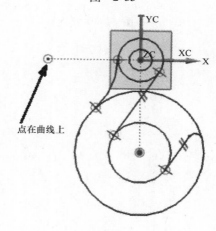

点在曲线上

图 2-37

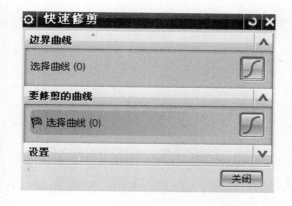

图 2-38

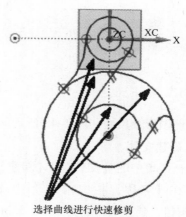

选择曲线进行快速修剪

图 2-39

9）在【直接草图】工具条中选择 完成草图 图标，窗口回到建模界面。截面如图2-42 所示。

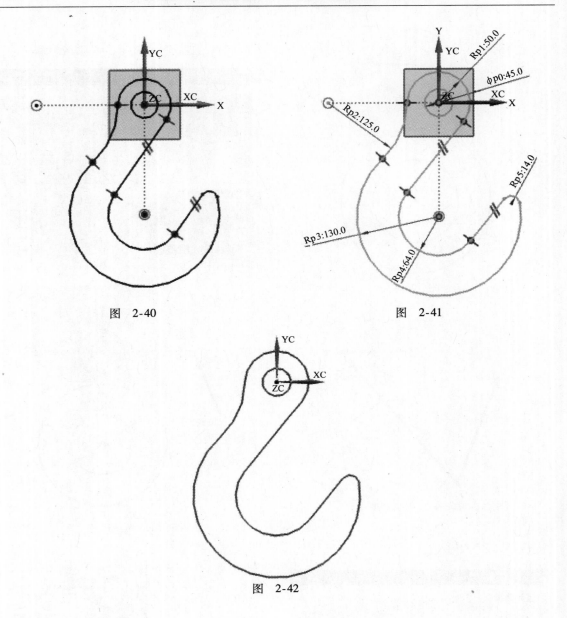

图   2-40   图   2-41

图   2-42

实例三

实例图形及尺寸如图 2-43 所示。

1. 新建文件

选择菜单中的【文件】/【新建】命令，或选择 🗋（新建）图标，出现【新建】文件对话框，在【名称】栏中输入【ct－3】，在【单位】下拉框中选择【毫米】选项，单击 [确定] 按钮，建立文件名为"ct－3. prt"、单位为毫米的文件。

2. 草绘截面

选择菜单中的【插入】/【草图】，或在【直接草图】工具条中选择 🖾（草图）图标，出现【创建草图】对话框，如图 2-44 所示。系统默认 XC－YC 平面为草图平面，单击按钮，出现草图绘制区。

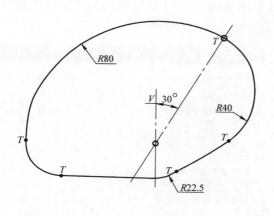

图 2-43

图 2-44

绘图步骤如下：

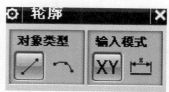

图 2-45

1）在【直接草图】工具条中选择 （轮廓）图标，出现【轮廓】对话框，如图 2-45 所示。按照图 2-46 所示绘制一条直线 12，然后在【轮廓】对话框中选择 （圆弧）图标，绘制一条与直线 12 相切的圆弧 23。然后在【轮廓】对话框中选择 （直线）图标，绘制直线 34，且与圆弧 23 相切。再在【轮廓】对话框中选择 （圆弧）图标，绘制圆弧 45。继续在【轮廓】对话框中选择 （圆弧）图标，绘制圆弧 56。继续在【轮廓】对话框中选择 （圆弧）图标，在主界面捕捉点工具条中仅选择 （端点）选项，选择端点 1，绘制圆弧 61，如图 2-46 所示。注意：圆弧与相邻圆弧相切。

2）绘制直线。在【直接草图】工具栏中选择 （直线）图标，在主界面捕捉点工具条中仅选择 （现有点）选项，然后选择坐标原点，在主界面捕捉点工具条中仅选择 （端点）选项，然后选择圆弧端点，按照图 2-47 所示绘制一条直线。

3）标注尺寸。在【直接草图】工具条中选择 （自动判断尺寸）图标，按照图 2-48 所示的尺寸进行标注，p0 =30。

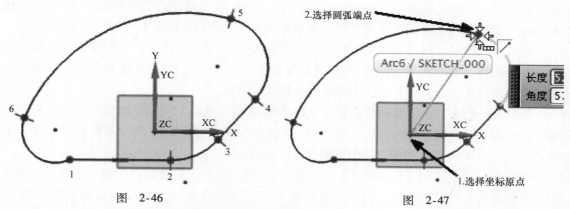

图 2-46

图 2-47

4）加上约束。在【直接草图】工具条中选择 （几何约束）图标，出现【几何约束】

对话框，选择▥（点在曲线上）图标，如图 2-49 所示。在图中选择直线与圆弧圆心，约束点在曲线上，如图 2-50 所示。约束的结果如图 2-51 所示。在【直接草图】工具条中选择✐（显示草图约束）图标，使图形中的约束显示出来。

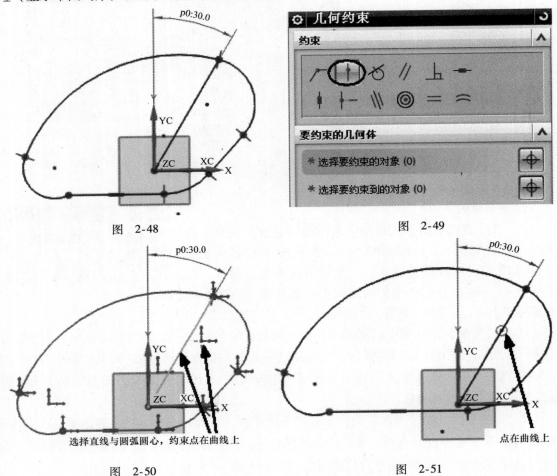

图 2-48　　　　　　　　　　　　图 2-49

图 2-50　　　　　　　　　　　　图 2-51

继续进行约束。在【几何约束】对话框中选择▥（点在曲线上）图标，在图中选择 X 轴，再选择左下侧圆弧圆心，约束点在曲线上，如图 2-52 所示。约束的结果如图 2-53 所示。在【直接草图】工具条中选择✐（显示草图约束）图标，使图形中的约束显示出来。

继续进行约束。在【几何约束】对话框中选择▧（相切）图标，在图中选择直线与圆弧，约束相切，如图 2-54 所示。约束的结果如图 2-55 所示。在【直接草图】工具条中选择✐（显示草图约束）图标，使图形中的约束显示出来。

继续进行约束。在【几何约束】对话框中选择◎（同心）图标，在图中选择圆弧与圆弧，约束同心，如图 2-56 所示。约束的结果如图 2-57 所示。在【直接草图】工具条中选择✐（显示草图约束）图标，使图形中的约束显示出来。

继续进行约束。在【几何约束】对话框中选择▥（点在曲线上）图标，在图中选择 Y 轴，再选择右下侧圆弧圆心，约束点在曲线上，如图 2-58 所示。约束的结果如图 2-59 所示。在【直接草图】工具条中选择✐（显示草图约束）图标，使图形中的约束显示出来。

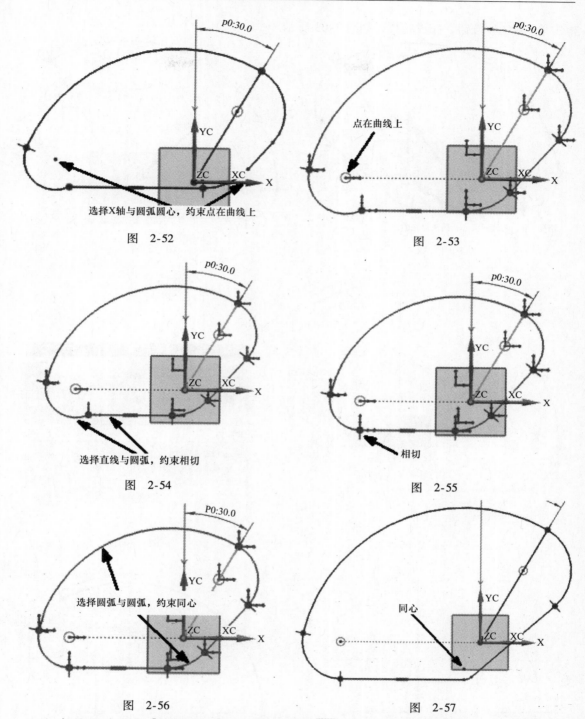

图 2-52

图 2-53

图 2-54

图 2-55

图 2-56

图 2-57

5）标注尺寸。在【直接草图】工具条中选择 ⬚（自动判断尺寸）图标，按照图 2-60 所示的尺寸进行标注，Rp1 = 22.5，Rp2 = 40，Rp3 = 80。当标注完上述尺寸后，此时草图曲线已经转换成绿色，在窗口状态栏出现草图已完全约束提示。

6）在【直接草图】工具栏中选择 ⬚（转换至/自参考对象）图标，出现【转换至/自参考对象】对话框，如图 2-61 所示。在草图中选择图 2-62 所示的直线，当完成选择后在对话

框中单击 确定 按钮，完成转换，如图 2-63 所示。

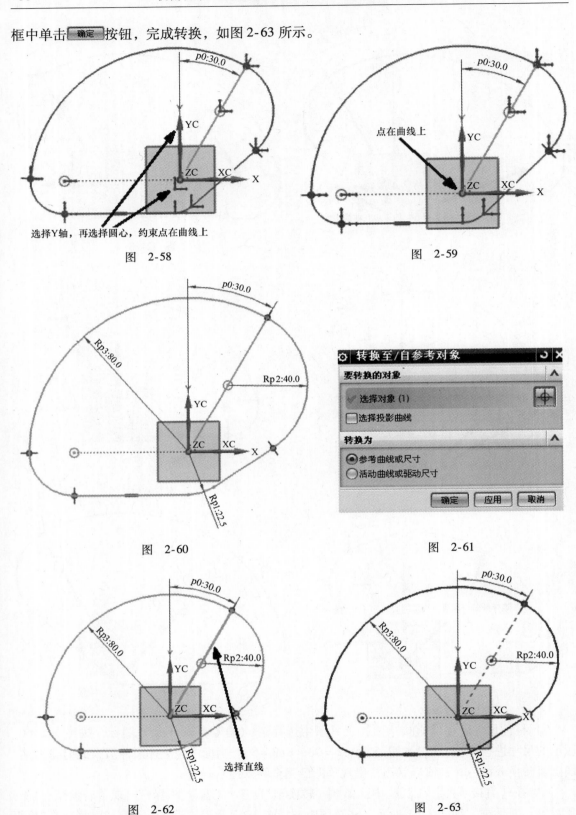

选择Y轴，再选择圆心，约束点在曲线上

图   2-58

点在曲线上

图   2-59

图   2-60

图   2-61

选择直线

图   2-62

图   2-63

7) 在【直接草图】工具条中选择 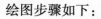 图标，窗口回到建模界面。截面如图 2-64 所示。

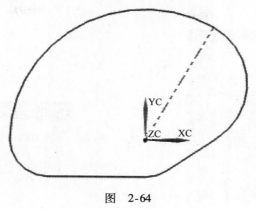

图　2-64

实例四

实例图形及尺寸如图 2-65 所示。

1. 新建文件

选择菜单中的【文件】／【新建】命令，或选择 □（新建）图标，出现【新建】文件对话框，在【名称】栏中输入【ct‐4】，在【单位】下拉框中选择【毫米】选项，单击 确定 按钮，建立文件名为 "ct‐4. prt"、单位为毫米的文件。

2. 草绘截面

选择菜单中的【插入】／【草图】，或在【直接草图】工具条中选择 ☑（草图）图标，出现【创建草图】对话框，如图 2-66 所示。系统默认 XC‐YC 平面为草图平面，单击 < 确定 > 按钮，出现草图绘制区。

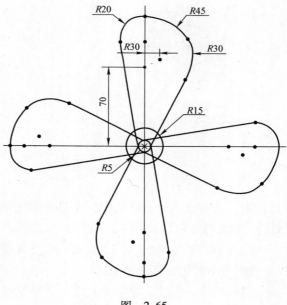

图　2-65

绘图步骤如下：

1) 在【直接草图】工具条中选择 ○（圆）图标，出现【圆】对话框，选择 ⊙（圆心和直径定圆）图标，如图 2-67 所示。在主界面捕捉点工具条中仅选择 ＋（现有点）选项，按照图 2-68 所示选择坐标原点，绘制 1 个圆，半径与图样尺寸相近。

2) 在【直接草图】工具条中选择 ↰（轮廓）图标，出现【轮廓】对话框，在主界面捕捉点工具条中选择 ／（点在曲线上）图标，选择圆弧上的点，按照图 2-69 所示绘制一条直线 12。然后在【轮廓】对话框选择 ⌒（圆弧）图标，绘制一条与直线 12 相切的圆弧 23。然后在【轮廓】对话框选择 ⌒（圆弧）图标，绘制圆弧 34。再在【轮廓】对话框中

选择 ⌒（圆弧）图标，绘制圆弧 45。继续在【轮廓】对话框中选择 ╱（直线）图标，在主界面捕捉点工具条中选择 ╱（点在曲线上）图标，选择圆上点 6，绘制直线 56，如图 2-69 所示。

图   2-66

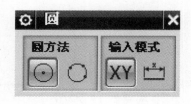

图   2-67

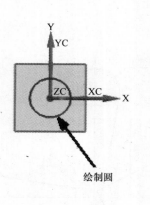

图   2-68

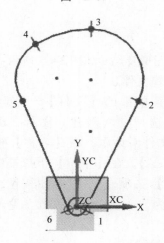

图   2-69

3）加上约束。在【直接草图】工具条中选择 ⊥（几何约束）图标，出现【几何约束】对话框，选择 ○（相切）图标，如图 2-70 所示。在图中选择直线与圆弧，约束相切，如图 2-71 所示。约束的结果如图 2-72 所示。在【直接草图】工具条中选择 ⁄（显示草图约束）图标，使图形中的约束显示出来。

4）标注尺寸。在【直接草图】工具条中选择 ⊢（自动判断尺寸）图标，按照图 2-73 所示的尺寸进行标注，p0 = 12。

5）加上约束。在【直接草图】工具条中选择 ⊥（几何约束）图标，出现【几何约束】对话框，选择 ╽（点在曲线上）图标，如图 2-74 所示。在图中选择 Y 轴与圆弧圆心，约束点在曲线上，如图 2-75 所示。约束的结果如图 2-76 所示。在【直接草图】工具条中选择 ⁄（显示草图约束）图标，使图形中的约束显示出来。

继续进行约束。在图中选择 Y 轴与圆弧圆心，约束点在曲线上，如图 2-77 所示。约束的结果如图 2-78 所示。在【直接草图】工具条中选择 ⁄（显示草图约束）图标，使图形中的约束显示出来。

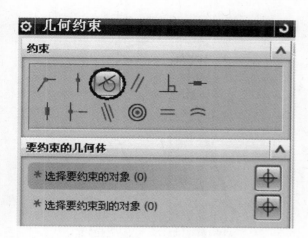

图 2-70

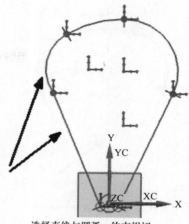

选择直线与圆弧，约束相切

图 2-71

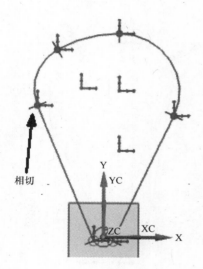

图 2-72

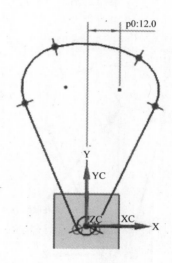

图 2-73

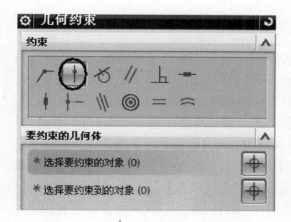

图 2-74

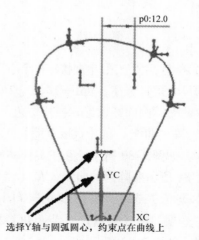

选择Y轴与圆弧圆心，约束点在曲线上

图 2-75

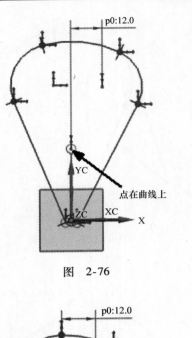

图　2-76

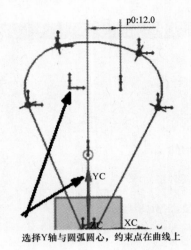

图　2-77

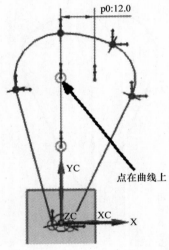

图　2-78

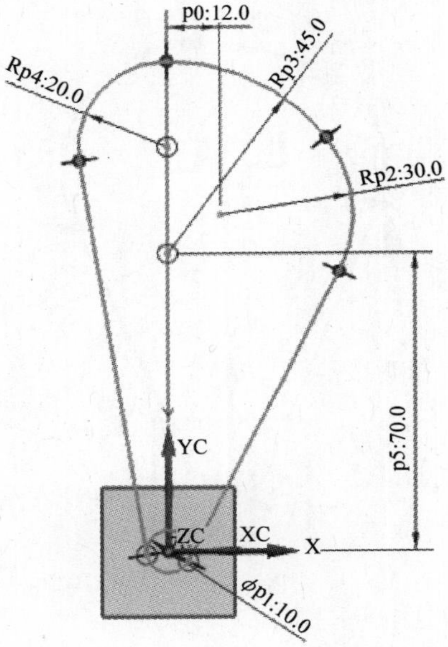

图　2-79

6）标注尺寸。在【直接草图】工具条中选择 ⬚（自动判断尺寸）图标，按照图 2-79 所示的尺寸进行标注，$\phi p1 = 10$，$Rp2 = 30$，$Rp3 = 45$，$Rp4 = 20$，$p5 = 70$。当标注完上述尺寸后，此时草图曲线已经转换成绿色，在窗口状态栏出现草图已完全约束提示。

7）阵列曲线。在【直接草图】工具条中选择 ⬚（阵列曲线）图标，出现【阵列曲线】对话框，如图 2-80 所示。在主界面曲线规则下拉框中选择【相连曲线】选项，在图形中选择图 2-81 所示要阵列的曲线，在【旋转点】/【指定点】下拉框中选择 ⬚（圆弧中心/椭圆中心/球心）选项，在图形中选择图 2-81 所示的圆，在【间距】下拉框中选择【数量和节距】选项，在【数量】、【节距角】栏输入【4】、【90】，单击 < 确定 > 按钮，完成创建阵列曲线，如图 2-82 所示。

8）在【直接草图】工具条中选择 ⬚（圆）图标，出现【圆】对话框，选择 ⬚（圆心和直径定圆）图标，在主界面捕捉点工具条中仅选择＋（现有点）选项，按照图 2-83 所示选择坐标原点，绘制 1 个圆。

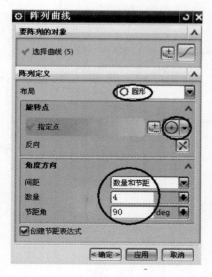

图 2-80

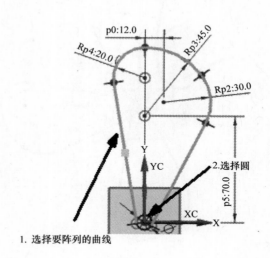

图 2-81

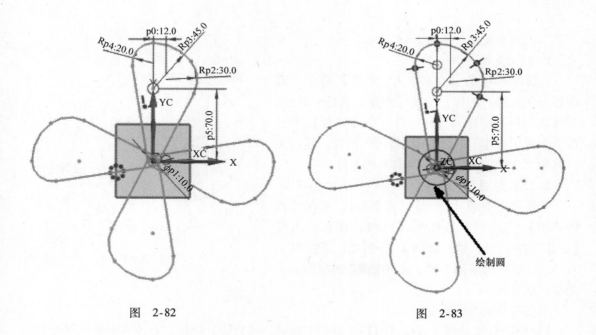

图 2-82

图 2-83

9）标注尺寸。在【直接草图】工具条中选择 ⬚（自动判断尺寸）图标，按照图 2-84 所示的尺寸进行标注，Rp＝14。此时草图曲线已经转换成绿色，表示已经完全约束。

10）在【直接草图】工具条中选择 ⬚ 完成草图 图标，窗口回到建模界面。截面如图 2-85 所示。

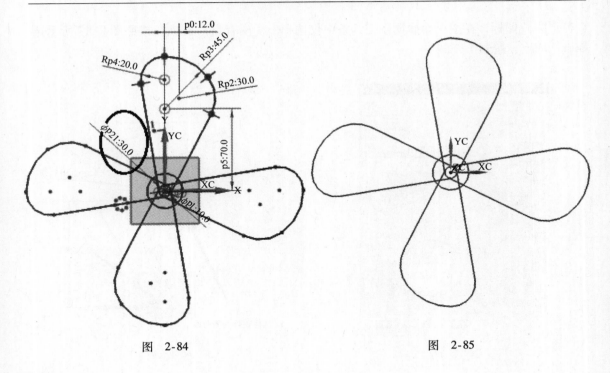

图　2-84

图　2-85

实例五

实例图形及尺寸如图 2-86 所示。

1. 新建文件

选择菜单中的【文件】/【新建】命令，或选择 ▯（新建）图标，出现【新建】文件对话框，在【名称】栏中输入【ct－5】，在【单位】下拉框中选择【毫米】选项，单击 ▭ 按钮，建立文件名为 "ct－5. prt"、单位为毫米的文件。

2. 草绘截面

选择菜单中的【插入】/【草图】，或在【直接草图】工具条中选择 ▦（草图）图标，出现【创建草图】对话框，如图 2-87 所示。系统默认 XC－YC 平面为草图平面，单击 ▭确定 ▭ 按钮，出现草图绘制区。

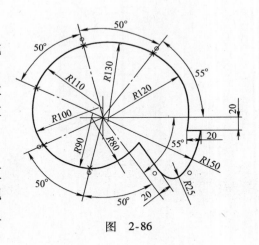

图　2-86

绘图步骤如下：

1）绘制直线。在【直接草图】工具栏中选择 ╱（直线）图标，在主界面捕捉点工具条中仅选择 ＋（现有点）选项，分别选择坐标原点为起点，按照图 2-88 所示绘制 6 条直线。

注意：直线长度须大于 150mm，且不与其他直线有约束关系。

2）标注尺寸。在【直接草图】工具条中选择 ▨（自动判断尺寸）图标，按照图 2-89 所示的尺寸进行标注，p0 = 55、p1 = 50、p2 = 50、p3 = 55、p4 = 50、p5 = 50。

3）派生直线。在【直接草图】工具栏中选择 ▨（派生直线）图标，选择图 2-90 所示的直线，移动至适当位置，单击鼠标左键，产生派生直线如图 2-91 所示。最后单击鼠标中键，结束派生直线操作。

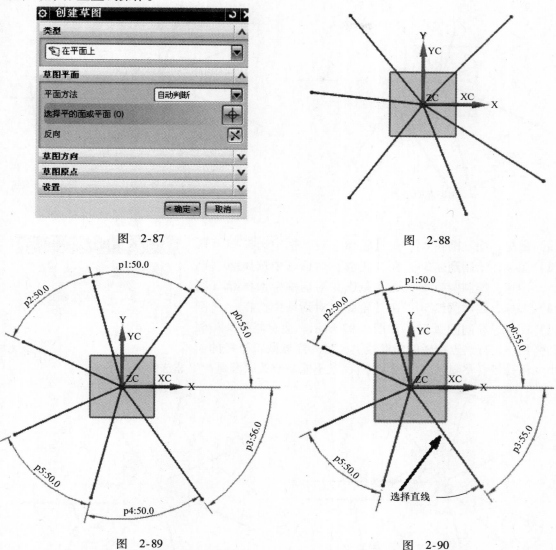

图 2-87　　　　　　　　　　　　　　　　　图 2-88

图 2-89　　　　　　　　　　　　　　　　　图 2-90

4）绘制直线。在【直接草图】工具栏中选择╱（直线）图标，按照图 2-92 所示绘制一条水平直线。

5）绘制圆弧。在【直接草图】工具条中选择⌐（圆弧）图标，在【圆弧】对话框中选择（中心和端点定圆弧）图标，如图 2-93 所示。在主界面捕捉点工具条中仅选择╱（端点）选项，然后选择图 2-94 所示的直线端点为圆心，在主界面捕捉点工具条中仅选择╱（点在曲线上）图标，依次在直线上选择圆弧的起点与终点，如图 2-94 所示。完成绘制圆弧，如图 2-95 所示。

注意：圆弧半径控制在 150mm 左右。

6）在【直接草图】工具条中选择（轮廓）图标，出现【轮廓】对话框，选择（圆弧）图标，如图 2-96 所示。在主界面捕捉点工具条中仅选择╱（点在曲线上）选项，选择直线上的点为起点，按照图 2-97 所示绘制圆弧 12，然后在【轮廓】对话框中选择（圆

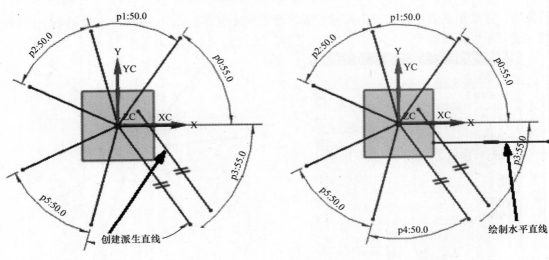

图 2-91   图 2-92

弧）图标，绘制圆弧 23；在【轮廓】对话框中选择 （圆弧）图标，绘制圆弧 34；在【轮廓】对话框中选择 （圆弧）图标，绘制圆弧 45；在【轮廓】对话框中选择 （圆弧）图标，绘制圆弧 56；在【轮廓】对话框中选择 （圆弧）图标，绘制圆弧 67，如图 2-97 所示。注意圆弧与相邻

图 2-93

圆弧相切，且终点在辅助角度线上，另外注意圆弧半径的大小变化趋势（尽量接近图样尺寸），且不能和非关联圆弧产生非法约束。

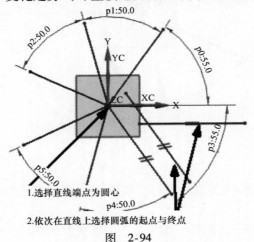

图 2-94   图 2-95

7）在【直接草图】工具栏中选择 （圆角）图标，在图形中依次选择直线、圆弧，如图 2-98 所示。然后将选择球放在如图 2-98 所示的位置，单击鼠标左键，创建圆角，如图 2-99 所示。

8）快速修剪曲线。在【直接草图】工具栏中选择 （快速修剪）图标，出现【快速修剪】对话框，如图 2-100 所示。然后在图形中选择图 2-101 所示的曲线进行快速修剪，修剪结果如图 2-102 所示。

图 2-96

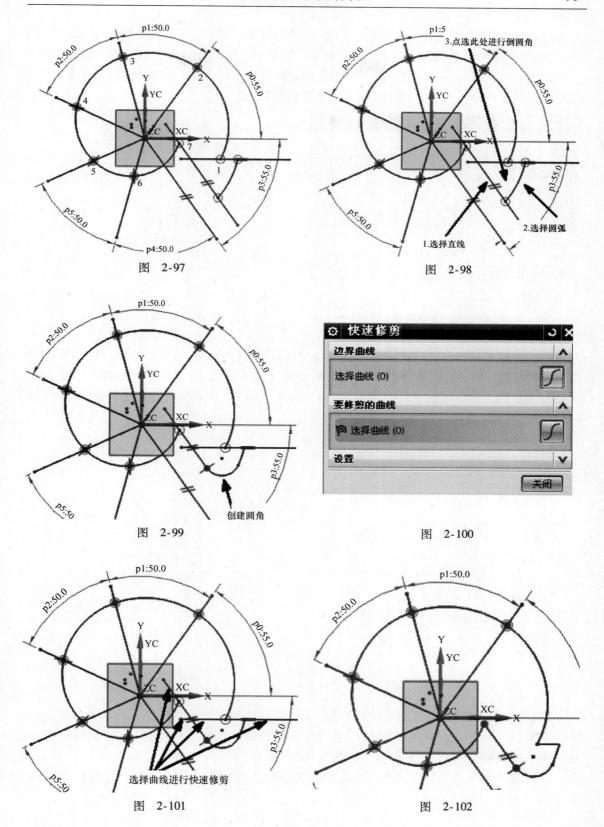

图　2-97

图　2-98

3.点选此处进行倒圆角

1.选择直线

2.选择圆弧

图　2-99

创建圆角

图　2-100

快速修剪

边界曲线

选择曲线 (0)

要修剪的曲线

选择曲线 (0)

设置

关闭

图　2-101

选择曲线进行快速修剪

图　2-102

9）加上约束。在【直接草图】工具条中选择 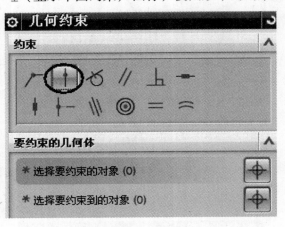（几何约束）图标，出现【几何约束】对话框，选择 （点在曲线上）图标，如图 2-103 所示。在图中选择 X 轴与圆弧圆心，约束点在曲线上，如图 2-104 所示。约束的结果如图 2-105 所示。在【直接草图】工具条中选择 （显示草图约束）图标，使图形中的约束显示出来。

图　2-103

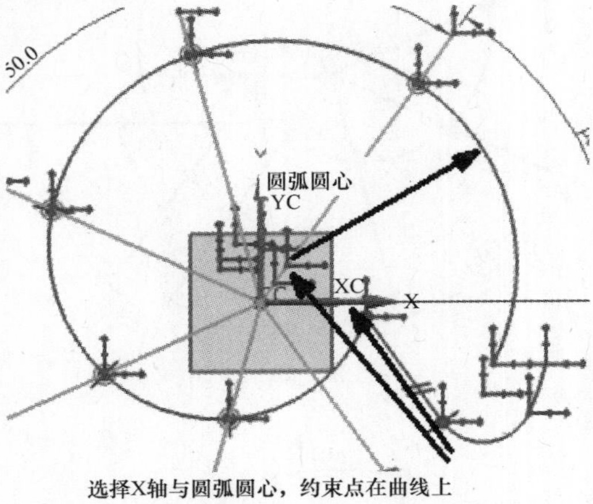

图　2-104

10）标注尺寸。在【直接草图】工具条中选择 （自动判断尺寸）图标，按照图 2-106 所示的尺寸进行标注，p6 = 20，p7 = 20，p8 = 20，Rp9 = 150，Rp10 = 25，Rp11 = 120，Rp12 = 130，Rp13 = 110，Rp14 = 100，Rp15 = 90，Rp16 = 80。此时草图曲线已经转换成绿色，表示已经完全约束。

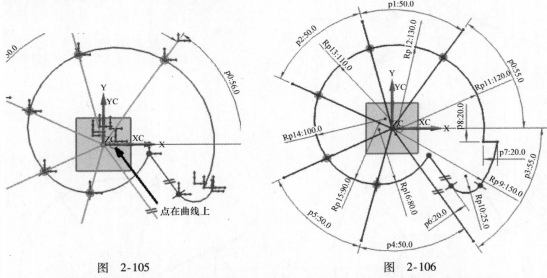

图　2-105

图　2-106

11）在【直接草图】工具栏中选择 （转换至/自参考对象）图标，出现【转换至/自参考对象】对话框，如图 2-107 所示。在草图中选择图 2-108 所示的直线，完成选择后在对话框中单击 确定 按钮，完成转换，如图 2-109 所示。

12）在【直接草图】工具条中选择 完成草图 图标，窗口回到建模界面。截面如图 2-110 所示。

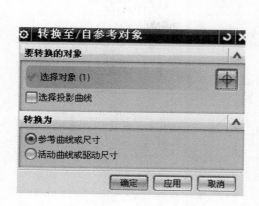

图 2-107

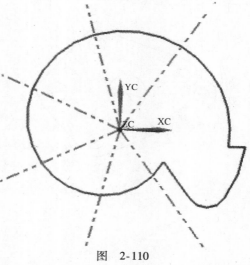

图 2-108

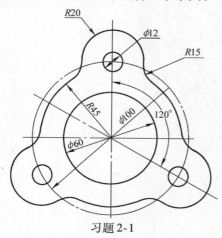

图 2-109

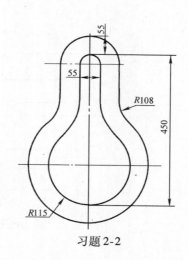

图 2-110

习　题

根据以下图样尺寸绘制二维草图：

习题 2-1

习题 2-2

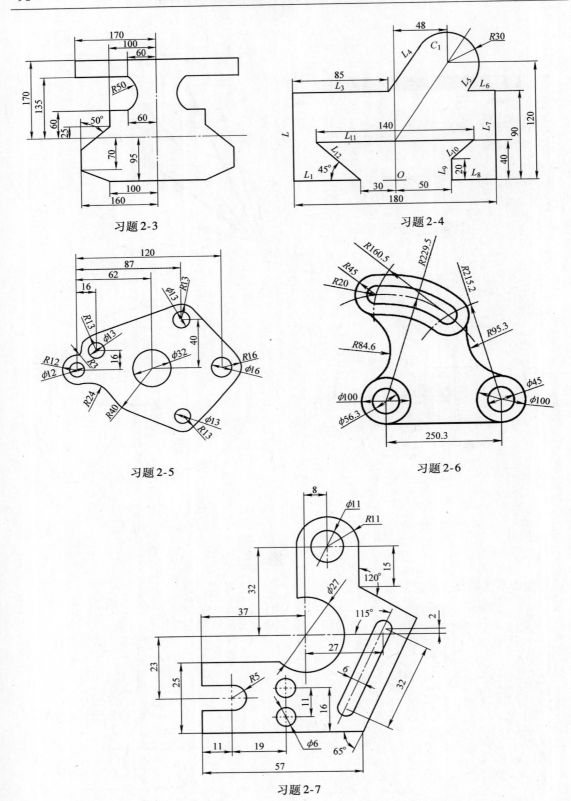

习题 2-3

习题 2-4

习题 2-5

习题 2-6

习题 2-7

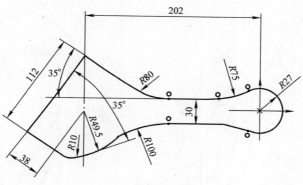

习题 2-8

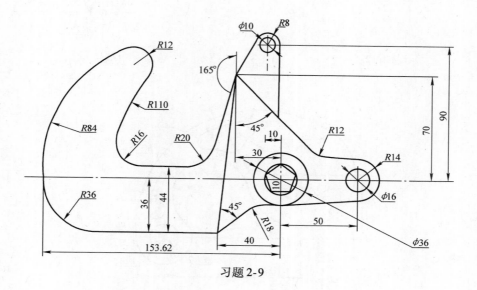

习题 2-9

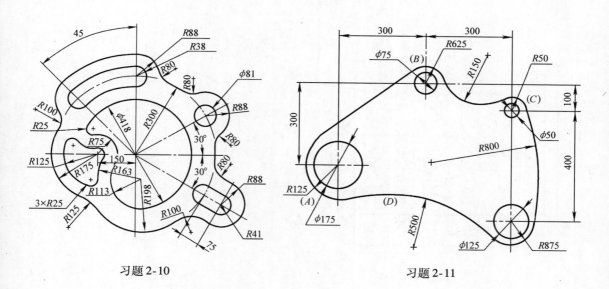

习题 2-10

习题 2-11

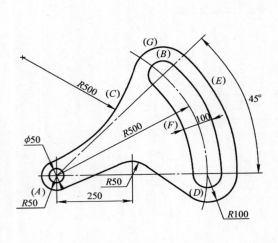

习题 2-12

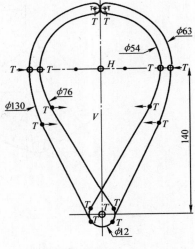

习题 2-13

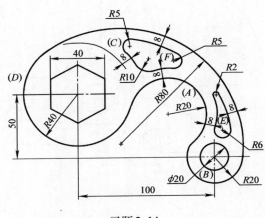

习题 2-14

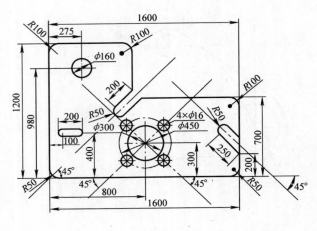

习题 2-15

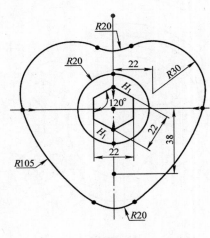

习题 2-16

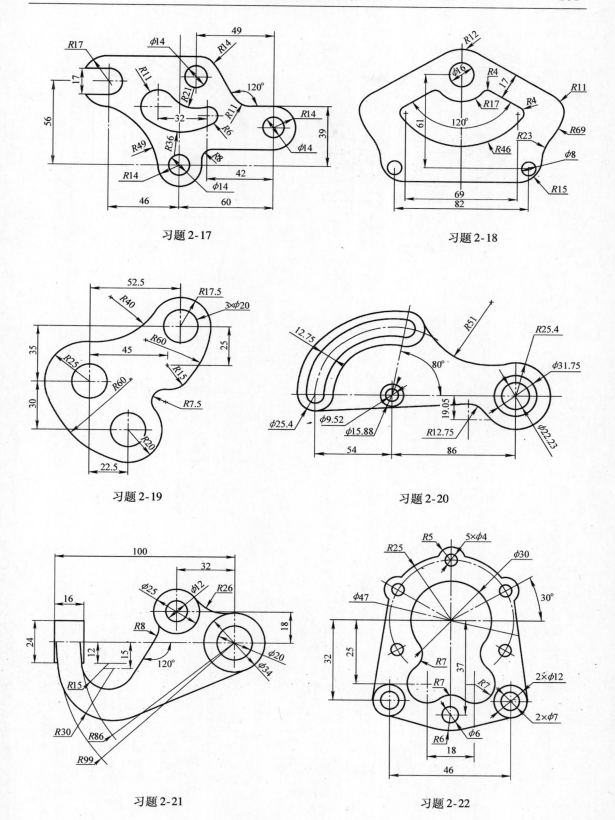

习题 2-17

习题 2-18

习题 2-19

习题 2-20

习题 2-21

习题 2-22

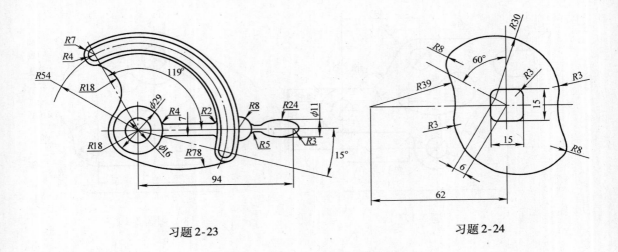

习题 2-23   习题 2-24

第三章
线 框 构 图

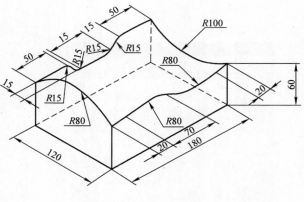

📖 实例说明

本章主要讲述线框构建。其构建思路为：首先分析图形的组成，确定原点的位置，构建工作坐标系，绘制主要外形线，然后通过移动、旋转工作坐标来绘制其他侧面的截面线框。

📔 学习目标

通过本章实例的练习，读者能熟练掌握移动坐标原点、旋转工作坐标、构建工作坐标操作，以及通过线串模式、增量功能绘制连续曲线，灵活运用倒圆角、镜像曲线来完成线框的构建方法，开拓构建思路及提高线框创建的基本技巧。

实例一

线框图形及尺寸如图 3-1 所示。

1. 新建文件

选择菜单中的【文件】/【新建】命令，或选择 ▢（新建）图标，出现【新建】文件对话框，在【名称】栏中输入【xk-1】，在【单位】下拉框中选择【毫米】选项，单击 ▢ 确定 按钮，建立文件名为"xk-1. prt"、单位为毫米的文件。

2. 取消跟踪设置

如果用户已经设置取消跟踪，可以跳过这一步。选择菜单中的【首选

图 3-1

项】/【用户界面】命令，出现【用户界面首选项】对话框，如图 3-2 所示。取消 ▢ 在跟踪条中跟踪光标位置 选项，然后单击 ▢ 确定 按钮，完成取消跟踪设置。

3. 绘制矩形

选择菜单中的【插入】/【曲线】/【矩形】命令，或在【曲线】工具栏中选择 ▢（矩形）图标，出现【点】构造器对话框，如图 3-3 所示。系统提示定义矩形顶点 1，在此对话

框中【XC】、【YC】、【ZC】栏输入【0】、【0】、【0】，然后单击 确定 按钮；系统提示定义矩形顶点 2，在此对话框中【XC】、【YC】、【ZC】栏输入【120】、【180】、【0】，如图 3-4 所示。然后单击 确定 按钮，最后在【点】构造器对话框中单击 取消 按钮，完成绘制矩形，如图 3-5 所示。

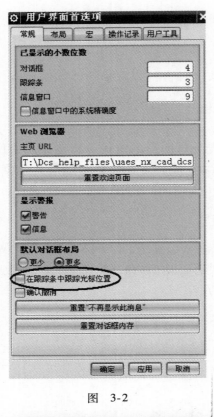

图　3-2

图　3-3

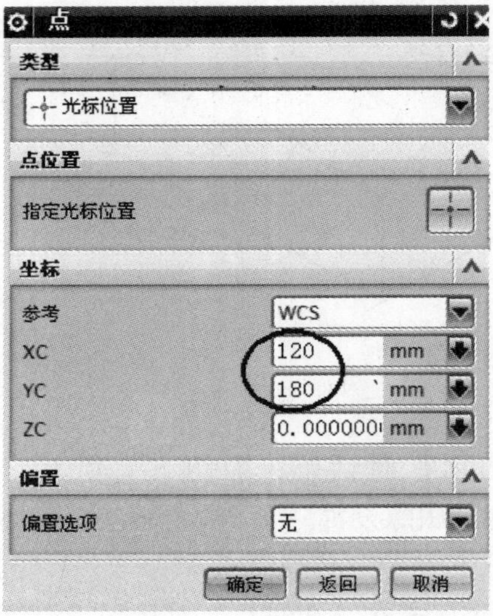

图　3-4

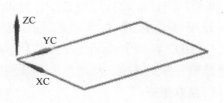

图　3-5

4. 平移曲线

选择菜单中的【编辑】/【移动对象】命令，或在【标准】工具栏中选择 ᵔ（移动对象）图标，出现【移动对象】对话框，如图 3-6 所示。然后在图形中选择图 3-7 所示的曲线。在【移动对象】对话框【运动】下拉框中选择 ⚿ 距离 选项，然后在【指定矢量】下拉框中选择 ᶻᶜ 选项，在【距离】栏输入【60】，在【结果】区域选中 ◉复制原先的 选项，在【距离/角度分割】、【非关联副本数】栏输入【1】、【1】，在【设置】区域勾选 ☑创建追踪线 选项，如图 3-6 所示。单击 确定 按钮，完成效果如图 3-8 所示。

图 3-6

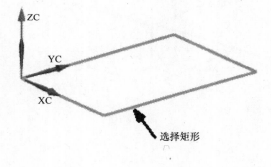

图 3-7

5. 旋转工作坐标系

选择菜单中的【格式】/【WCS】/【旋转】命令，或在【实用工具】工具条中选择 ᴸᵒ（旋转 WCS）图标，出现【旋转 WCS 绕…】工作坐标系对话框，如图 3-9 所示。选中 ◉ +XC 轴：YC --> ZC 选项，在旋转【角度】栏输入【90】，单击 确定 按钮，将坐标系转成如图 3-10 所示。

6. 创建曲线倒圆一

选择菜单中的【插入】/【曲线】/【基本曲线】命令，或在【曲线】工具条中选择 ⚲（基本曲线）图标，出现【基本曲线】对话框，如图 3-11 所示。选择 ⟍（圆角）图标，出现【曲线倒圆】对话框，如图 3-12 所示。选择 ▣（2 曲线圆角）图标，在【半径】栏输入【80】，然后在【曲线倒圆】对话框中单击【点构造器】按钮，系统出现【点】构造器对话框，在【类型】下拉框中选择 ╱ 终点 选项，如图 3-13 所示。然后在图形中依次选择端点 1 与端点 2，接着点选中心处，如图 3-14 所示。创建圆角，如图 3-15 所示。

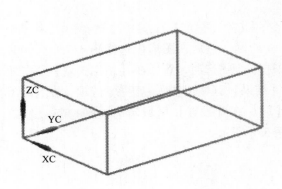

图　3-8

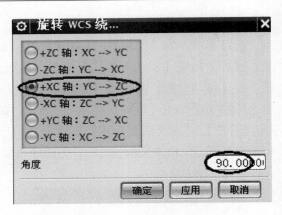

图　3-9

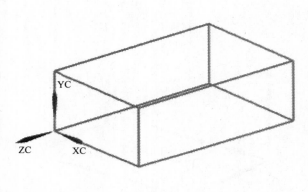

图　3-10

图　3-11

图　3-12

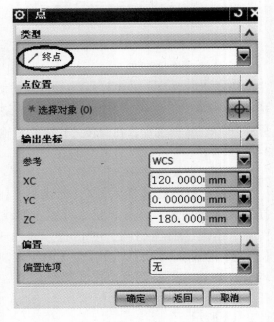

图　3-13

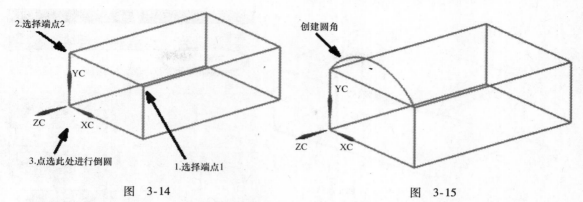

图　3-14　　　　　　　　　　　　　　　　　图　3-15

继续进行曲线倒圆。在【曲线倒圆】对话框中【半径】栏输入【100】，如图 3-16 所示。然后在【曲线倒圆】对话框中单击【点构造器】按钮，如图 3-16 所示。系统出现【点】构造器对话框，在【类型】下拉框中选择 ✓终点 选项，如图 3-13 所示。然后在图形中依次选择端点 1 与端点 2，接着点选中心处，如图 3-17 所示。创建圆角，如图 3-18 所示。

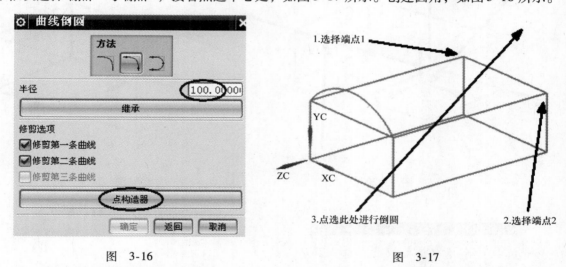

图　3-16　　　　　　　　　　　　　　　　　图　3-17

7. 构造工作坐标系 CSYS

选择菜单中的【格式】/【WCS】/【定向】命令，或在【实用工具】工具条中选择 ✓ （WCS 定向）图标，出现【CSYS】构造器对话框，如图 3-19 所示。在对话框中【类型】下拉框中选择 ↙X轴，Y轴选项，然后依次选择 X、Y 轴的方向，如图 3-20 所示。最后单击 确定 按钮，完成工作坐标系的构造，如图 3-21 所示。

8. 创建曲线倒圆二

选择菜单中的【插入】/【曲线】/【基本曲线】命令，或在【曲线】工具条中选择 ✐ （基本曲线）图标，出现【基本曲线】对话框。选择 ⌐ （圆角）图标，出现【曲线倒圆】对话框，如图 3-22 所示。选择 ⌐ （2 曲线圆角）图标，在【半径】栏输入【80】，然后在【曲线倒圆】对话框中单击【点构造器】按钮，系统出现【点】构造器对话框，在【坐标】中的【XC】、【YC】、【ZC】栏输入【90】、【0】、【0】，如图 3-23 所示。然后单击 确定 按钮，接着系统提示选择圆角第 2 点，在【坐标】中的【XC】、【YC】、【ZC】栏输入【20】、

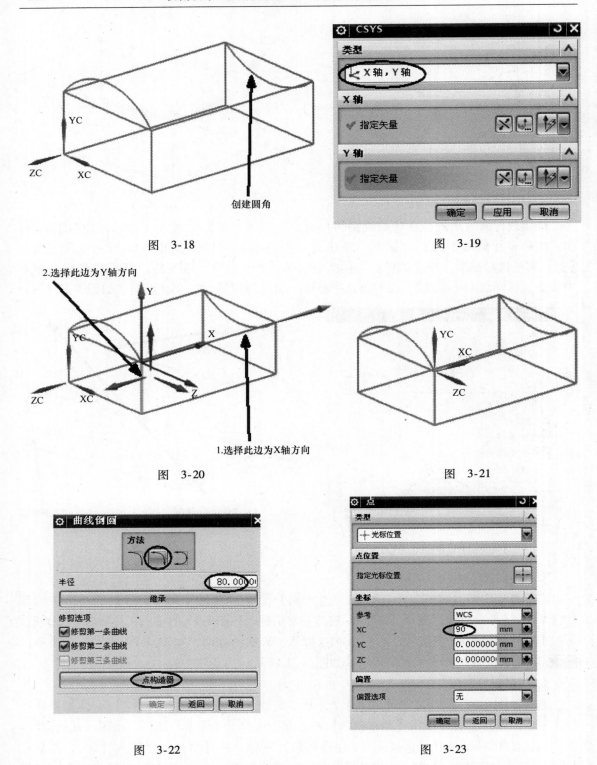

图　3-18

图　3-19

2.选择此边为Y轴方向

1.选择此边为X轴方向

图　3-20

图　3-21

图　3-22

图　3-23

【0】、【0】，如图 3-24 所示。然后单击 确定 按钮，接着系统提示选择圆角中心点，在图 3-25 所示的位置选择圆角中心点，创建圆角，如图 3-26 所示。

图 3-24

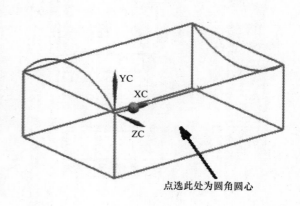

图 3-25

继续进行曲线倒圆。在【曲线倒圆】对话框中单击【点构造器】按钮,如图 3-22 所示。系统出现【点】构造器对话框,在【坐标】中的【XC】、【YC】、【ZC】栏输入【90】、【0】、【0】,如图 3-27 所示。然后单击 确定 按钮,接着系统提示选择圆角第 2 点,在【坐标】中的【XC】、【YC】、【ZC】栏输入【160】、【0】、【0】,如图 3-28 所示。然后单击 确定 按钮,接着系统提示选择圆角中心点,在图 3-29 所示的位置选择圆角中心点,创建圆角,如图 3-30 所示。

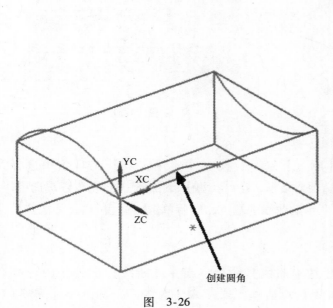

图 3-26

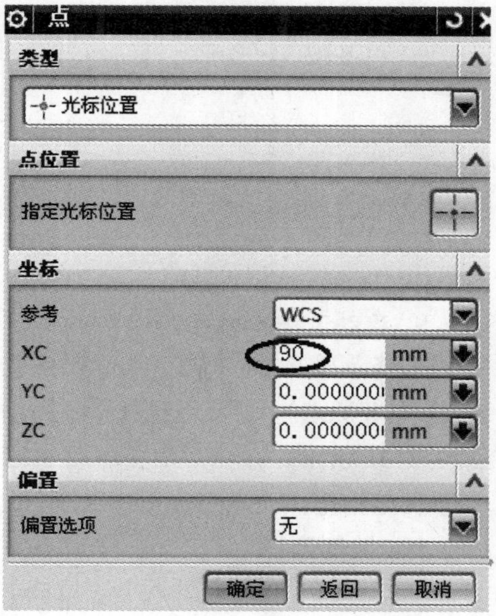

图 3-27

图 3-28

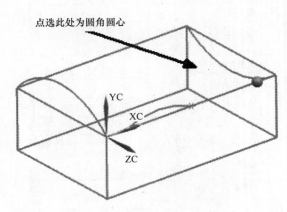

图 3-29

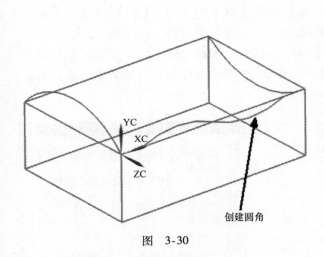

图 3-30

图 3-31

9. 移动工作坐标系

选择菜单中的【格式】/【WCS】/【原点】命令，或在【实用工具】工具条中选择 （WCS 原点）图标，出现【点】构造器对话框，在【类型】下拉框中选择 终点选项，如图 3-31 所示。在图形中选择图 3-32 所示的曲线的端点，然后单击 确定 按钮，将工作坐标系移至指定点，结果如图 3-33 所示。

10. 绘制直线

选择菜单中的【插入】/【曲线】/【基本曲线】命令，或在【曲线】工具条中选择 （基本曲线）图标，出现【基本曲线】对话框，选择 （直线）图标，勾选 增量、 线串模式 选项，在【点方法】下拉框中选择 （端点）选项，如图 3-34 所示。在图形中选择图 3-35 所示的直线端点，在下方【跟踪条】里的【XC】、【YC】、【ZC】栏输入【50】、【0】、【0】，如图 3-36 所示。然后按回车键，接着在【跟踪条】里的【XC】、【YC】、【ZC】栏输入【15】、【-15】、【0】，如图 3-37 所示。然后按回车键，接着在【跟踪条】里的【XC】、【YC】、【ZC】栏输入【50】、【0】、【0】，如图 3-38 所示。然后按回车键，接着在【跟踪条】里【XC】、【YC】、【ZC】栏输入【15】、【15】、【0】，如图 3-39 所示。然后按回车键，接着在【跟踪条】里的【XC】、【YC】、【ZC】栏输入【50】、【0】、【0】，如图 3-40 所示。然后按回车键，最后在【基本曲线】对话框单击 取消 按钮，完成效果如图 3-41 所示。

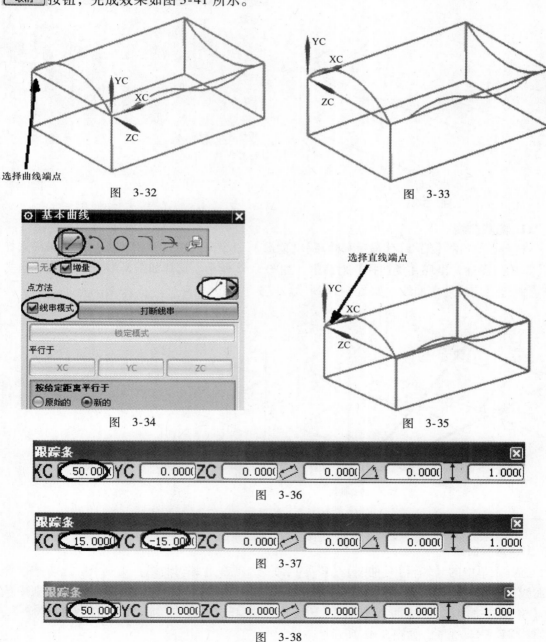

选择曲线端点

图　3-32

图　3-33

图　3-34

选择直线端点

图　3-35

图　3-36

图　3-37

图　3-38

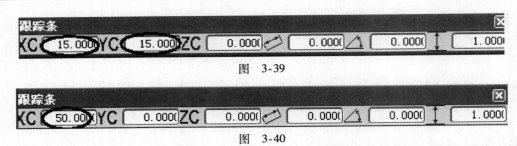

图 3-39

图 3-40

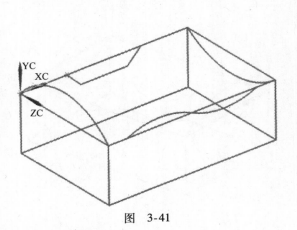

图 3-41

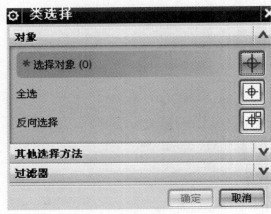

图 3-42

11. 隐藏曲线

选择菜单中的【编辑】/【显示和隐藏】/【隐藏】命令，或在【实用工具】工具条中选择
（隐藏）图标，出现【类选择】对话框，如图 3-42 所示。选择如图 3-43 所示曲线，点击
按钮，完成隐藏曲线，如图 3-44 所示。

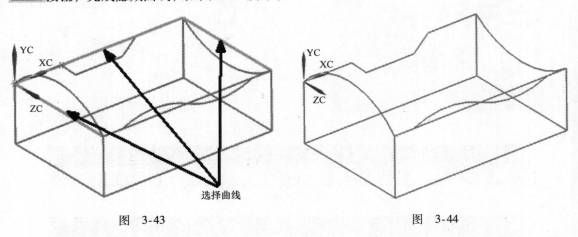

选择曲线

图 3-43

图 3-44

12. 修剪曲线

选择菜单中的【编辑】/【曲线】/【修剪】命令，或在【编辑曲线】工具条中选择（修
剪曲线）图标，出现【修剪曲线】对话框，取消 关联 选项，在【输入曲线】下拉框中选
择【替换】选项，在【曲线延伸】下拉框中选择【无】选项，取消 修剪边界对象 、
保持选定边界对象 选项，如图 3-45 所示。

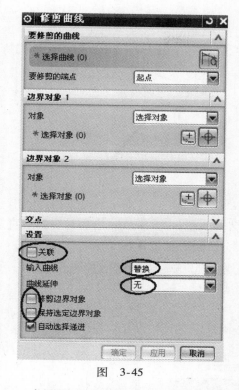

图　3-45

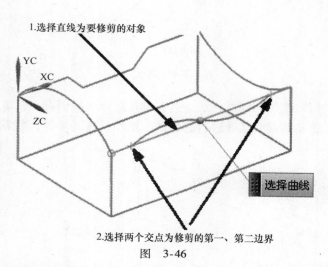

1.选择直线为要修剪的对象

选择曲线

2.选择两个交点为修剪的第一、第二边界

图　3-46

　　在图形中选择图 3-46 所示的直线为要修剪的对象，然后在主界面捕捉点工具条中仅选择个（交点）选项，在图形中选择图 3-46 所示的两个交点为修剪的第一、第二边界，最后在【修剪曲线】对话框中单击 **确定** 按钮，完成修剪曲线，如图 3-47 所示。

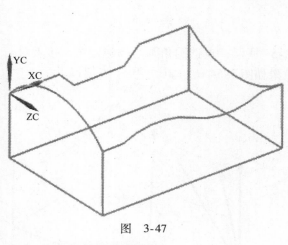

图　3-47

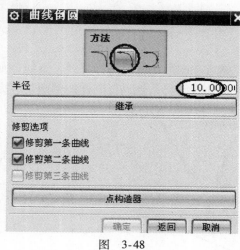

图　3-48

13. 创建曲线倒圆三

　　选择菜单中的【插入】/【曲线】/【基本曲线】命令，或在【曲线】工具条中选择 （基本曲线）图标，出现【基本曲线】对话框，选择 （圆角）图标，出现【曲线倒圆】对话框，如图 3-48 所示。选择 （2 曲线圆角）图标，在【半径】栏输入【10】，然后在图形中依次选择直线和圆弧，如图 3-49 所示。点选圆角圆心创建圆角，如图 3-50 所示。

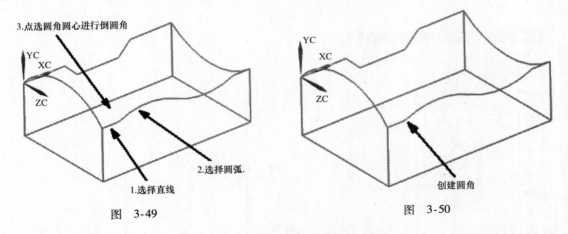

图　3-49

图　3-50

　　按照相同的方法，对右侧角进行曲线倒圆，完成结果如图 3-51 所示。然后对后侧的直线与圆弧交叉处进行曲线倒圆操作，在【半径】栏输入【15】，如图 3-52 所示。

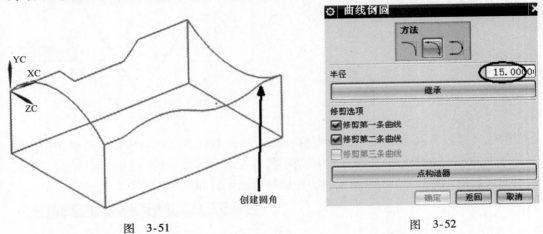

图　3-51

图　3-52

　　然后在图形中依次选择直线、直线，如图 3-53 所示，点选圆角圆心创建圆角。接着对另外 3 处直线交叉处进行同样的倒圆角，完成效果如图 3-54 所示。

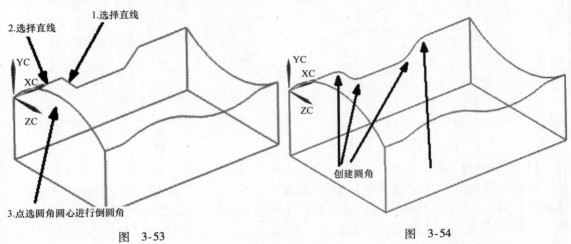

图　3-53

图　3-54

实例二

线框图形及尺寸如图 3-55 所示。

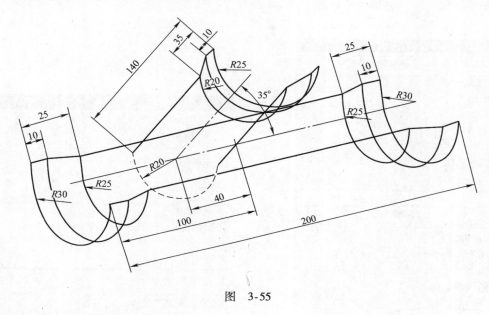

图　3-55

1. 新建文件

选择菜单中的【文件】/【新建】命令，或选择 □（新建）图标，出现【新建】文件对话框，在【名称】栏中输入【xk－2】，在【单位】下拉框中选择【毫米】选项，单击 确定 按钮，建立文件名为"xk－2. prt"、单位为毫米的文件。

2. 对象预设置

选择菜单中的【首选项】/【对象】命令，出现【对象首选项】对话框，如图 3-56 所示。在【类型】下拉框中选择【直线】，在【颜色】栏单击颜色区，出现【颜色】选择框，选择如图 3-57 所示的颜色，然后单击 确定 按钮，系统返回【对象首选项】对话框，在【线型】下拉框中选择 － - － - （中心线），最后单击 确定 按钮，完成预设置。

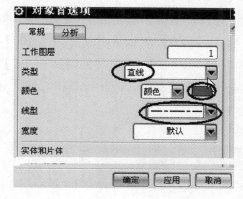

图　3-56

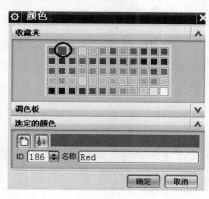

图　3-57

3. 取消跟踪设置

如果用户已经设置取消跟踪，可以跳过这一步。选择菜单中的【首选项】/【用户界面】命令，出现【用户界面首选项】对话框，如图 3-58 所示。取消 ▣在跟踪条中跟踪光标位置 选项，然后单击 确定 按钮，完成取消跟踪设置。

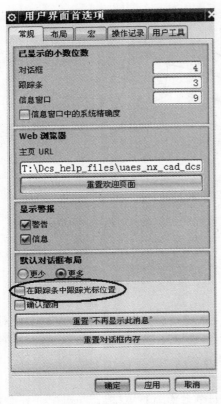

图　3-58

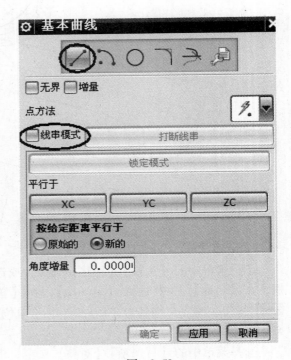

图　3-59

4. 绘制竖直中心线

选择菜单中的【插入】/【曲线】/【基本曲线】命令，或在【曲线】工具条中选择 ⌀（基本曲线）图标，出现【基本曲线】对话框，选择 ╱（直线）图标，取消 ▣线串模式 选项，如图 3-59 所示。在下方【跟踪条】里的【XC】、【YC】、【ZC】栏输入【0】、【−100】、【0】，如图 3-60 所示。然后按回车键，接着继续在【跟踪条】里的【XC】、【YC】、【ZC】栏输入【0】、【100】、【0】，如图 3-61 所示。然后按回车键，画出一条中心线，如图 3-62 所示。

图　3-60

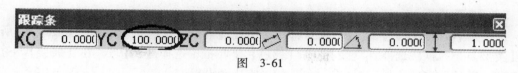

图　3-61

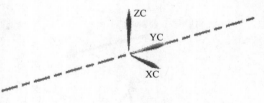

　　继续绘制中心线。在下方【跟踪条】里的【XC】、【YC】、【ZC】栏输入【0】、【-40】、【0】，如图3-63所示。然后按回车键，接着继续在【跟踪条】里的（长度）栏输入【140】，在（角度）栏输入【125】，如图3-64所示。然后按回车键，画出一条中心线，在【基本曲线】对话框中单击 取消 按钮，完成效果如图3-65所示。

图　3-62

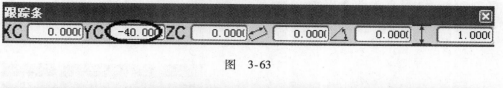

图　3-63

图　3-64

　　继续绘制辅助线。在【基本曲线】对话框【点方法】下拉框中选择（端点）选项，如图3-66所示。在图形中选择如图3-67所示的直线端点，再在【基本曲线】对话框【点方法】下拉框中选择（自动判断的点）选项，在图形中选择图3-68所示的直线，在线右边点选一点，如图3-68所示。绘制一条与中心线垂直的直线，如图3-69所示。

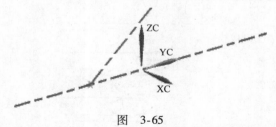

图　3-65

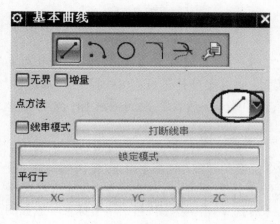

图　3-66

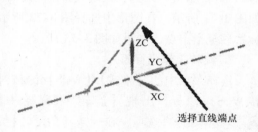

选择直线端点

图　3-67

5. 对象预设置

选择菜单中的【首选项】/【对象】命令，出现【对象首选项】对话框，如图 3-70 所示。在【类型】下拉框中选择【直线】，在【颜色】下拉框中选择【默认】，在【线型】下拉框中选择【默认】选项，然后单击 确定 按钮，完成预设置。

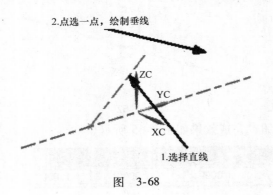

图 3-68   图 3-69

图 3-70   图 3-71

6. 移动工作坐标系

选择菜单中的【格式】/【WCS】/【原点】命令，或在【实用工具】工具条中选择 ⊾ （WCS 原点）图标，出现【点】构造器对话框，在【类型】下拉框中选择 ∕ 终点选项，如图 3-71 所示。在图形中选择图 3-72 所示的直线的端点，然后单击 确定 按钮，将工作坐标系移至指定点，结果如图 3-73 所示。

7. 旋转工作坐标系

选择菜单中的【格式】/【WCS】/【旋转】命令，或在【实用工具】工具条中选择 ⸛ （旋转 WCS）图标，出现【旋转 WCS 绕…】工作坐标系对话框，如图 3-74 所示。选中 ⦿ +XC 轴: YC --> ZC 选项，在旋转【角度】栏输入【90】，单击 确定 按钮，将坐标系转成如图 3-75 所示。

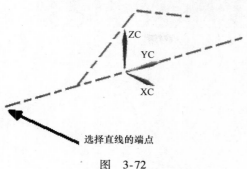

选择直线的端点

图 3-72

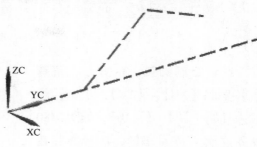

图 3-73

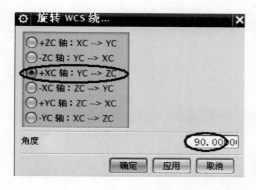

图 3-74

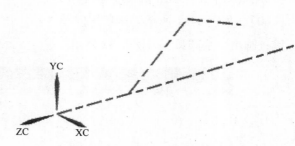

图 3-75

8. 绘制圆弧

选择菜单中的【插入】/【曲线】/【基本曲线】命令，或在【曲线】工具条中选择 ✐ （基本曲线）图标，出现【基本曲线】对话框，选择 ⌒ （圆弧）图标，取消线串模式，在【创建方法】栏选择 ⊙ 中心点，起点，终点 选项，如图 3-76 所示。在下方【跟踪条】里的【XC】、【YC】、【ZC】栏输入【0】、【0】、【0】，如图 3-77 所示。然后按回车键，接着继续在【跟踪条】里的 ↗ （半径）栏输入【30】，在

图 3-76

⊿ （起始角度）栏输入【180】，在 ⊿ （终止角度）栏输入【360】，如图 3-78 所示。然后按回车键，画出一条圆弧，如图 3-79 所示。

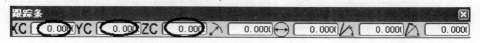

图 3-77

图　3-78

继续绘制圆弧。在下方【跟踪条】里的【XC】、【YC】、【ZC】栏输入【0】、【0】、【-10】，如图 3-80 所示。然后按回车键，接着继续在【跟踪条】里的 ⟋（半径）栏输入【30】，在 ⊿（起始角度）栏输入【180】，在 ⊿（终止角度）栏输入【360】，如图 3-81 所示。然后按回车键，画出一条圆弧，如图 3-82 所示。

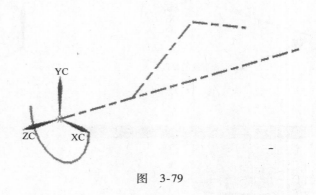

图　3-79

图　3-80

图　3-81

继续绘制圆弧。在下方【跟踪条】里的【XC】、【YC】、【ZC】栏输入【0】、【0】、【-25】，如图 3-83 所示。然后按回车键，接着继续在【跟踪条】里的 ⟋（半径）栏输入【25】，在 ⊿（起始角度）栏输入【180】，在 ⊿（终止角度）栏输入【360】，如图 3-84 所示。然后按回车键，画出一条圆弧，如图 3-85 所示。

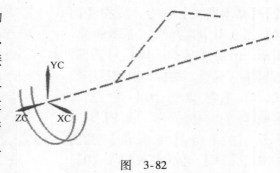

图　3-82

图　3-83

图　3-84

9. 显示基准平面

选择菜单中的【格式】/【图层设置】命令，出现【图层设置】对话框，如图 3-86 所示。勾选 ☑ 61 层，完成显示基准平面，如图 3-87 所示。

10. 镜像曲线

选择菜单中的【插入】/【来自曲线集的曲线】/【镜像】命令，或在【曲线】工具条

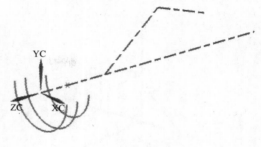

图　3-85

中选择 （镜像曲线）图标，出现【镜像曲线】对话框，如图 3-88 所示，在图形中选择图 3-89 所示的 3 条圆弧，在【镜像曲线】对话框【平面】下拉框中选择【现有平面】选项，在【选择平面（1）】区域选择 ▱（平面或面）图标，在图形中选择图 3-89 所示的 XZ 基准平面，单击 确定 按钮，完成镜像曲线，如图 3-90 所示。

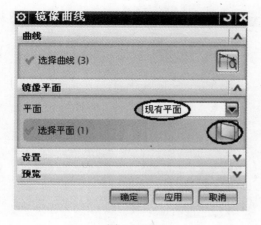

图　3-86

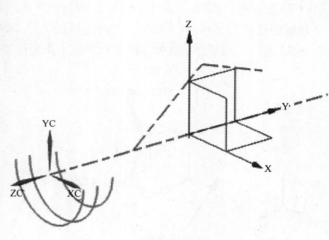

图　3-87

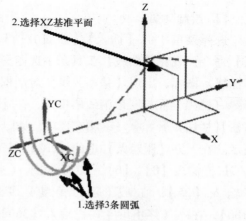

图　3-88

图　3-89

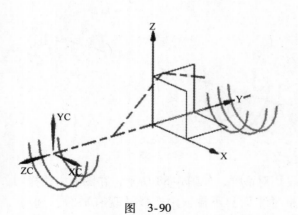

图　3-90

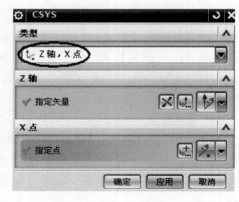

图　3-91

11. 构造工作坐标系 CSYS

选择菜单中的【格式】/【WCS】/【定向】命令，或在【实用工具】工具条中选择 （WCS 定向）图标，出现【CSYS】构造器对话框，如图 3-91 所示。在对话框中【类型】下拉框中选择 Z 轴，X 点选项，然后选择直线为 Z 轴，再选择直线端点为 X 方向的点，如图 3-92 所示。最后单击 确定 按钮，完成工作坐标系的构造，如图 3-93 所示。

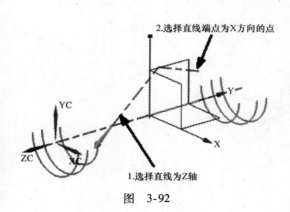

图　3-92

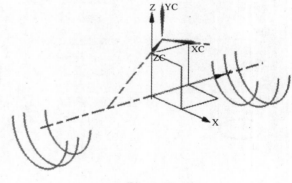

图　3-93

12. 绘制圆弧

选择菜单中的【插入】/【曲线】/【基本曲线】命令，或在【曲线】工具条中选择 （基本曲线）图标，出现【基本曲线】对话框，选择 （圆弧）图标，取消线串模式，在【创建方法】栏选择 ⊙ 中心点，起点，终点选项，如图 3-94 所示。在下方【跟踪条】里的【XC】、【YC】、【ZC】栏输入【0】、【0】、【0】，在 （半径）栏输入【25】，在 （起始角度）栏输入【180】，在 （终止角度）栏输入【360】，如图 3-95 所示。然后按回车键，画出一条圆弧，如图 3-96 所示（关闭 61 层）。

图　3-94

图 3-95

继续绘制圆弧。选择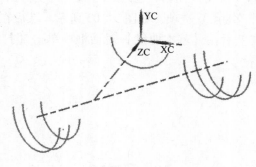（圆弧）图标，接着在下方【跟踪条】里的【XC】、【YC】、【ZC】栏输入【0】、【0】、【10】，在（半径）栏输入【25】，在（起始角度）栏输入【180】，在（终止角度）栏输入【360】，如图 3-97 所示。然后按回车键，画出一条圆弧，如图 3-98 所示。

图 3-96

图 3-97

继续绘制圆弧。选择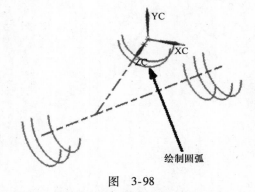（圆弧）图标，接着在下方【跟踪条】里的【XC】、【YC】、【ZC】栏输入【0】、【0】、【35】，在（半径）栏输入【20】，在（起始角度）栏输入【180】，（终止角度）栏输入【360】，如图 3-99 所示。然后按回车键，画出一条圆弧，如图 3-100 所示。

绘制圆弧

图 3-98

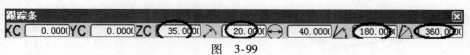

图 3-99

继续绘制圆弧。选择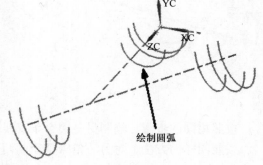（圆弧）图标，接着在下方【跟踪条】里的【XC】、【YC】、【ZC】栏输入【0】、【0】、【140】，在（半径）栏输入【20】，在（起始角度）栏输入【180】，在（终止角度）栏输入【360】，如图 3-101 所示。然后按回车键，画出一条圆弧，如图 3-102 所示。

13. 绘制直线

选择菜单中的【插入】/【曲线】/【基本曲线】命令，或在【曲线】工具条中选择（基本曲线）图标，出现【基本曲线】对话框，

绘制圆弧

图 3-100

图　3-101

选择 (直线) 图标，勾选 线串模式 选项，在【基本曲线】对话框中【点方法】下拉框中选择 (端点) 选项，如图 3-103 所示。然后在图形中依次选择如图 3-104 所示 6 条圆弧的端点，然后在【基本曲线】对话框中单击【打断线串】按钮，完成绘制直线，如图 3-105 所示。

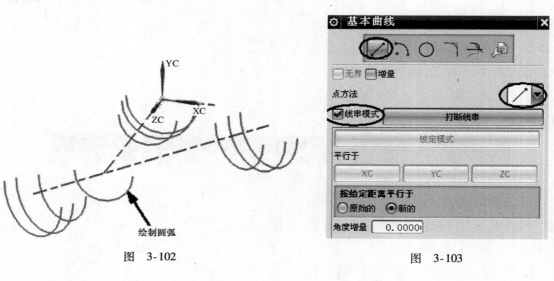

图　3-102

图　3-103

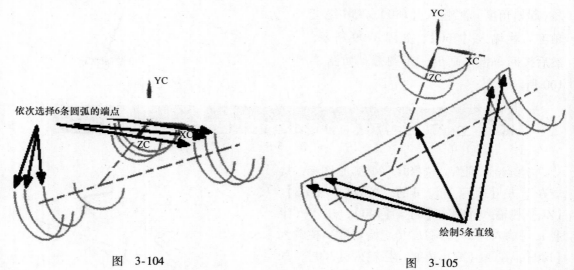

图　3-104

图　3-105

按照相同的步骤，绘制另一边 5 条直线，完成效果如图 3-106 所示。

按照同样的方法，对另一条管子绘制两边的直线，最后完成效果如图 3-107 所示。

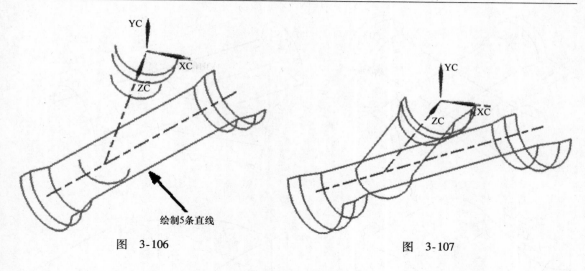

绘制5条直线

图 3-106　　　　　　　　　　　　图 3-107

习　题

根据以下图样尺寸绘制三维线框：

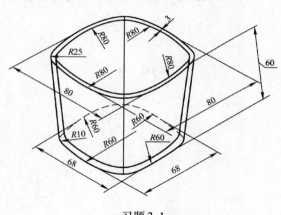

习题 3-1

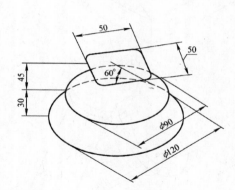

习题 3-2

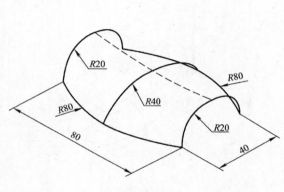

习题 3-3

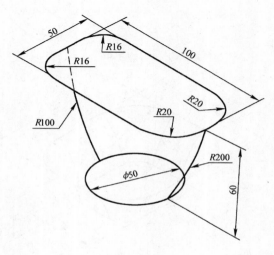

习题 3-4

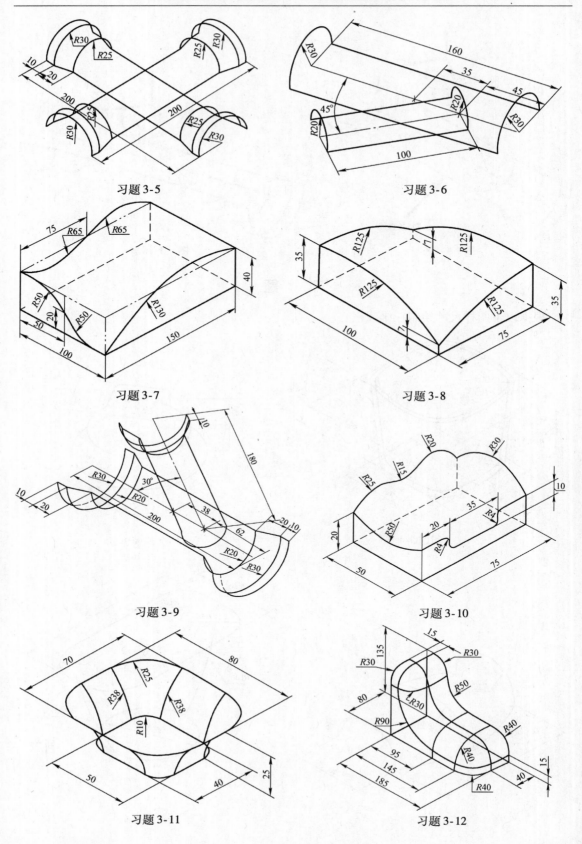

习题 3-5

习题 3-6

习题 3-7

习题 3-8

习题 3-9

习题 3-10

习题 3-11

习题 3-12

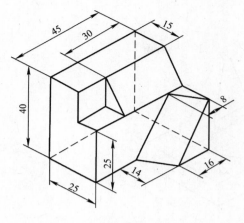

习题 3-13

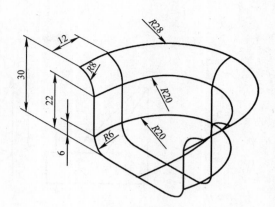

习题 3-14

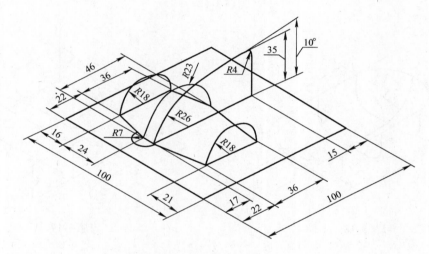

习题 3-15

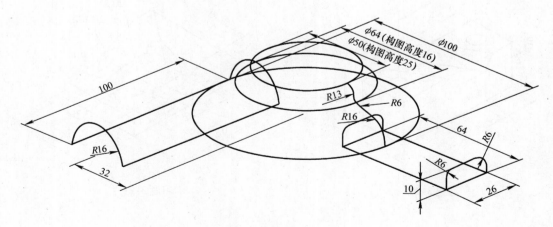

习题 3-16

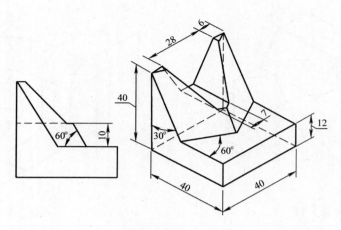

习题 3-17

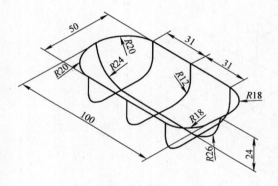

习题 3-18

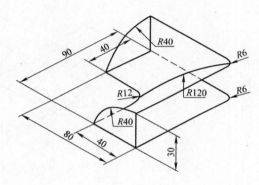

习题 3-19

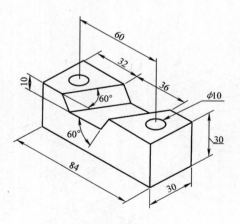

习题 3-20

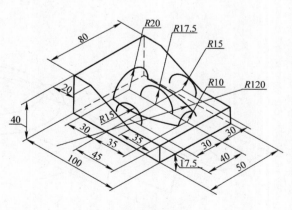

习题 3-21

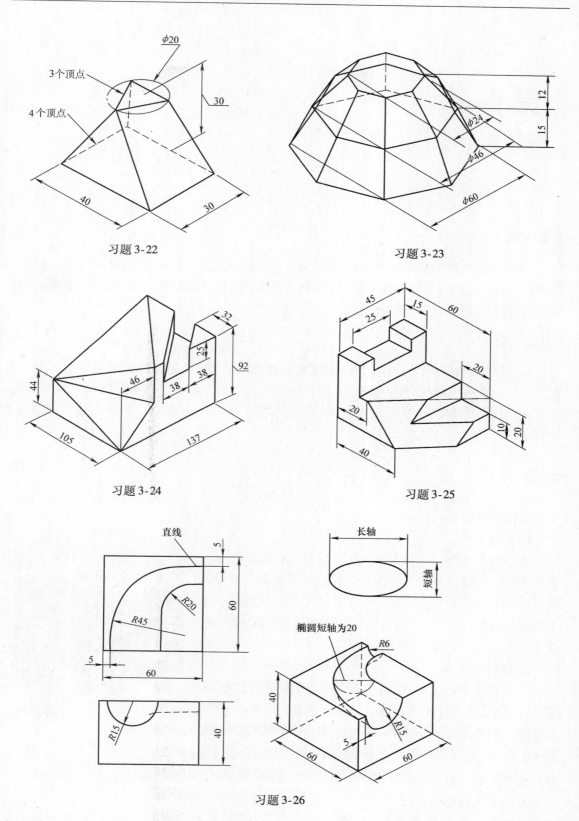

习题 3-22

习题 3-23

习题 3-24

习题 3-25

习题 3-26

第四章
实体构图

📖 实例说明

本章主要讲述实体构建。其构建思路为：首先分析图形的组成，分别画出截面，然后用拉伸、回转、扫掠等建模方法来构建主实体，再在主实体上创建各种孔、键槽、抽壳、倒角和圆角等细节特征。

📖 学习目标

通过本章实例的练习，读者能熟练掌握创建草图平面、编辑曲线、缠绕曲线等基本操作，拉伸、回转、扫掠实体的创建方法，创建孔、键槽、抽壳、倒角、圆角等细节特征，以及替换面、求和、求差阵列、镜像等特征操作，开拓创建思路，提高实体的创建基本技巧。

实例一

实体造型如图 4-1 所示。

1. 新建文件

选择菜单中的【文件】/【新建】命令，或选择 ▯（新建）图标，出现【新建】文件对话框，在【名称】栏中输入【st - 1】，在【单位】下拉框中选择【毫米】选项，单击 按钮，建立文件名为 "st - 1. prt"、单位为毫米的文件。

2. 绘制圆柱

选择菜单中的【插入】/【设计特征】/【圆柱体】命令，或在【特征】工具条中选择 ▦（圆柱）图标，出现【圆柱】对话框，在【类型】下拉框中选择 ♻ 轴、直径和高度选项，如图 4-2 所示。在【指定矢量】下拉框中选择 ᶻᶜ 选项，在【直径】、【高度】栏输入【50】、【31】，然后单击 按钮，完成创建圆柱，如图 4-3 所示。

图 4-1

3. 移动工作坐标系

选择菜单中的【格式】/【WCS】/【原点】命令，或在【实用工具】工具条中选择

（WCS 原点）图标，出现【点】构造器对话框，在【类型】下拉框中选择 象限点 选项，如图 4-4 所示。在图形中选择图 4-5 所示的圆弧边，然后单击 确定 按钮，将工作坐标系移至象限点，结果如图 4-6 所示。

继续移动工作坐标系。在【点】构造器对话框中【ZC】栏输入【22】，按回车键，如图 4-7 所示。单击 确定 按钮，将坐标系移至指定点，完成效果如图 4-8 所示。

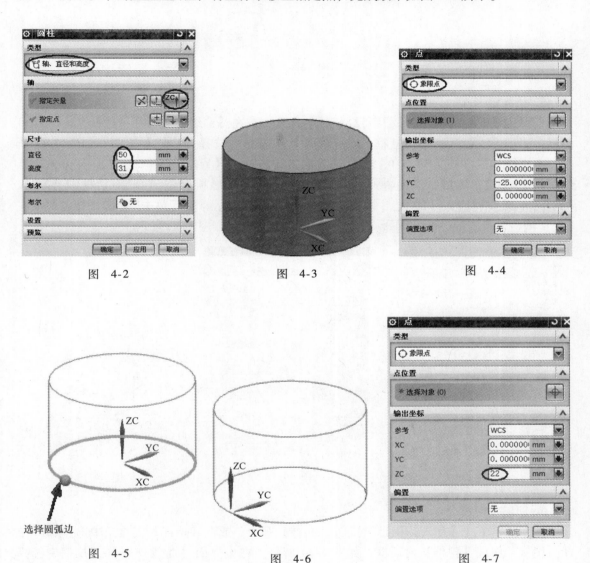

图 4-2　　　　　图 4-3　　　　　图 4-4

图 4-5　　　　　图 4-6　　　　　图 4-7

选择圆弧边

4. 旋转工作坐标系

选择菜单中的【格式】/【WCS】/【旋转】命令，或在【实用工具】工具条中选择 （旋转 WCS）图标，出现【旋转 WCS 绕…】工作坐标系对话框，如图 4-9 所示。选中 +XC 轴：YC --> ZC 选项，在旋转【角度】栏输入【90】，单击 确定 按钮，将坐标系转成如图 4-10 所示。

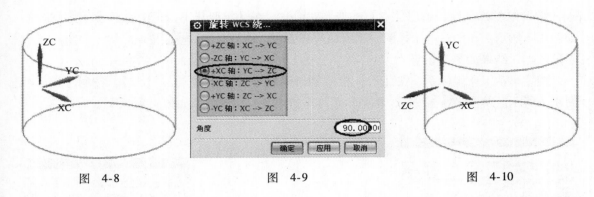

图　4-8　　　　　　　　　　　图　4-9　　　　　　　　　　　图　4-10

5. 绘制矩形

选择菜单中的【插入】/【曲线】/【矩形】命令，或在【曲线】工具栏中选择 □（矩形）图标，出现【点】构造器对话框，在【参考】下拉框中选择【WCS】选项，如图 4-11 所示。系统提示定义矩形顶点 1，在此对话框中【XC】、【YC】、【ZC】栏输入【-20】、【-11】、【0】，然后单击 确定 按钮，系统提示定义矩形顶点 2，在此对话框中【XC】、【YC】、【ZC】栏输入【20】、【9】、【0】，如图 4-12 所示。然后单击 确定 按钮，最后在【点】构造器对话框中单击 取消 按钮，完成绘制矩形，如图 4-13 所示。

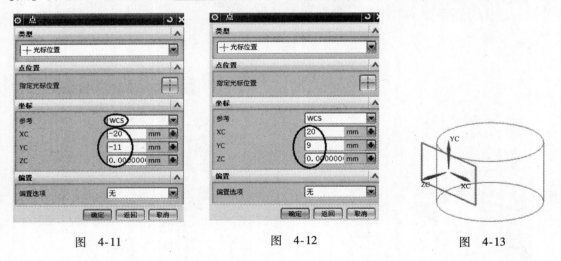

图　4-11　　　　　　　　　　　图　4-12　　　　　　　　　　　图　4-13

6. 创建拉伸特征

选择菜单中的【插入】/【设计特征】/【拉伸】命令，或在【特征】工具条中选择 （拉伸）图标，出现【拉伸】对话框，如图 4-14 所示。在主界面【曲线规则】下拉框中选择【相连曲线】选项，选择图 4-15 所示曲线为拉伸对象，出现如图 4-15 所示的拉伸方向。然后在【拉伸】对话框中【开始】\【距离】栏、【结束】\【距离】栏输入【0】、【5】，在【布尔】下拉框中选择 求差 选项，如图 4-14 所示。单击 应用 按钮，完成效果如图 4-16 所示。

继续创建拉伸特征。选择图 4-17 所示曲线为拉伸对象，出现如图 4-17 所示的拉伸方向。然后在【拉伸】对话框中【开始】\【距离】栏、【结束】\【距离】栏输入【45】、【50】，如图 4-18 所示，在【布尔】下拉框中选择 求差 选项。单击 确定 按钮，完成效果如图 4-19 所示。

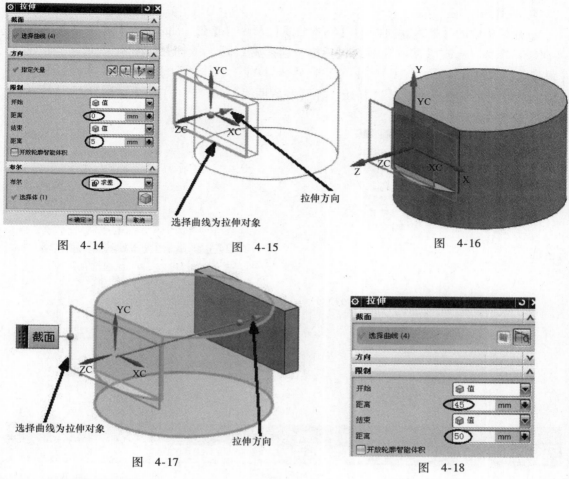

图 4-14   图 4-15   图 4-16

图 4-17   图 4-18

7. 移动曲线至 21 层

选择菜单中的【格式】/【移动至图层】命令，或在【实用工具】工具条中选择⊗（移动至图层）图标，出现【类选择】对话框，如图 4-20 所示。在图形中选择图 4-21 所示矩形，单击 确定 按钮，出现【图层移动】对话框，在【目标图层或类别】栏输入【21】，如图 4-22 所示。单击 确定 按钮，完成移动曲线至 21 层。

图 4-19   图 4-20   图 4-21

8. 绘制圆

选择菜单中的【插入】/【曲线】/【基本曲线】命令，或在【曲线】工具条中选择 （基本曲线）图标，出现【基本曲线】对话框，选择 ◎（圆）图标，如图 4-23 所示。在下方【跟踪条】里的【XC】、【YC】、【ZC】栏输入【0】、【0】、【0】，在 ✗（半径）栏输入【5】，然后按回车键，如图 4-24 所示。在【基本曲线】对话框中单击 取消 按钮，完成绘制圆，如图 4-25 所示。

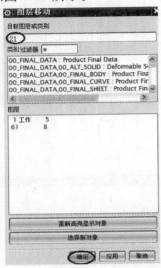

图　4-22

图　4-23

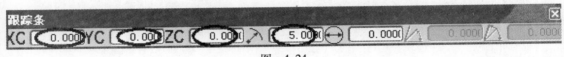

图　4-24

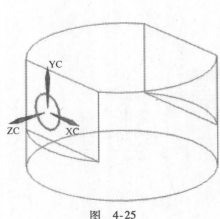

图　4-25

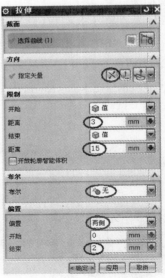

图　4-26

9. 创建拉伸特征

选择菜单中的【插入】/【设计特征】/【拉伸】命令，或在【特征】工具条中选择🔲（拉伸）图标，出现【拉伸】对话框，如图4-26所示。在主界面曲线规则下拉框中选择【相连曲线】选项，选择图4-27所示圆为拉伸对象，在【拉伸】对话框【指定矢量】区域单击🔀（反向）按钮，出现如图4-27所示的拉伸方向，然后在【拉伸】对话框中【开始】\【距离】栏、【结束】\【距离】栏输入【3】、【15】，在【偏置】下拉框中选择【两侧】选项，图形中出现如图4-27所示的偏置方向，在【结束】栏输入【2】，然后在【布尔】下拉框中选择【无】选项，如图4-26所示。单击 应用 按钮，完成创建拉伸特征，如图4-28所示。

继续创建拉伸体特征。选择图4-27所示圆为拉伸对象，在【拉伸】对话框【指定矢量】区域单击🔀（反向）按钮，出现如图4-27所示的拉伸方向，然后在【拉伸】对话框中【开始】\【距离】栏、【结束】\【距离】栏输入【35】、【47】，在【偏置】下拉框中选择【两侧】选项，图形中出现如图4-27所示的偏置方向，在【结束】栏输入【2】，然后在【布尔】下拉框中选择 无选项，单击 确定 按钮，完成创建拉伸体特征，如图4-29所示。

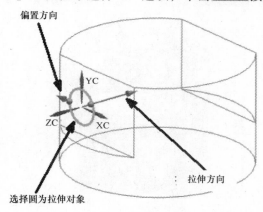

图 4-27

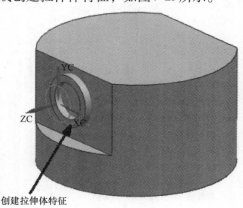

图 4-28

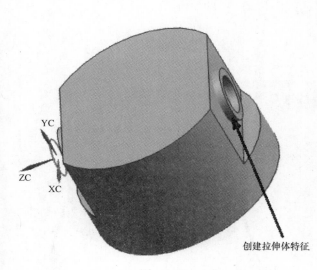

图 4-29

图 4-30

10. 创建抽壳特征

选择菜单中的【插入】/【偏置/缩放】/【抽壳】命令，或在【特征】工具条中选择 （抽壳）图标，出现【抽壳】对话框，如图 4-30 所示。在图形中选择图 4-31 所示顶面和底面为要抽壳的面，然后在【抽壳】对话框中【厚度】栏输入【3】，单击 确定 按钮，完成抽壳特征，如图 4-32 所示。

11. 创建拉伸特征

选择菜单中的【插入】/【设计特征】/【拉伸】命令，或在【特征】工具条中选择 （拉伸）图标，出现【拉伸】对话框，如图 4-33 所示。选择图 4-34 所示圆为拉伸对象，在【拉伸】对话框【指定矢量】区域单击 （反向）按钮，出现如图 4-34 所示的拉伸方向。然后在【拉伸】对话框中【开始】\【距离】栏输入【0】，在【结束】下拉框中选择 贯通选项，然后在【布尔】下拉框中选择 求差选项，在图形中选择图 4-34 所示的实体为要求差的实体，单击 确定 按钮，完成创建拉伸特征，如图 4-35 所示。

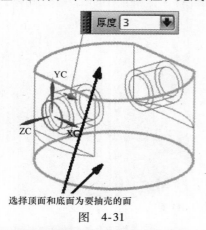

选择顶面和底面为要抽壳的面

图　4-31

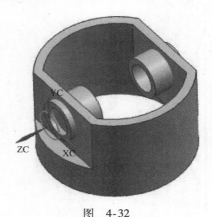

图　4-32

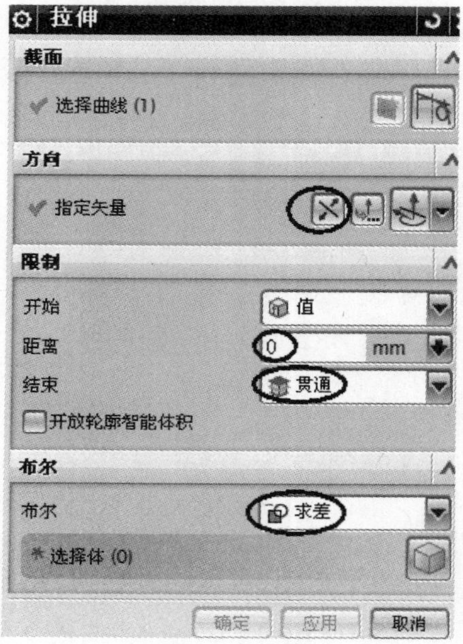

图　4-33

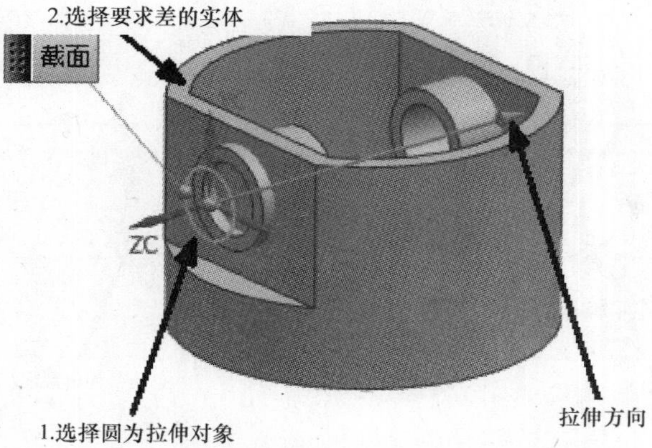

图　4-34

12. 绘制圆柱

选择菜单中的【插入】/【设计特征】/【圆柱体】命令，或在【特征】工具条中选择 （圆柱）图标，出现【圆柱】对话框，在【类型】下拉框中选择 轴、直径和高度选项，如图 4-36 所示。在【指定矢量】下拉框中选择 选项，在【指定点】下拉框中选择 （圆弧中心/椭圆中心/球心）选项，在图形中选择图 4-37 所示的实体圆弧边，在【直径】、【高度】栏输入【50】、【13】，在【布尔】下拉框中选择 无选项，然后单击 确定 按钮，完成创建圆柱，如图 4-38 所示。

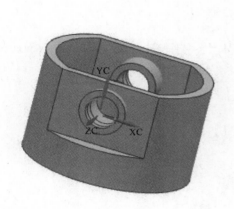

图　4-35

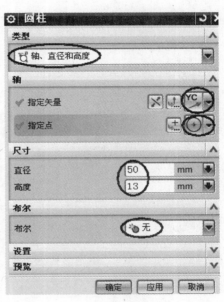

图　4-36

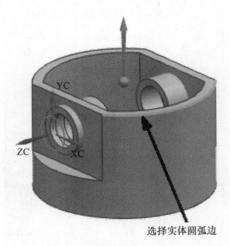

选择实体圆弧边

图　4-37

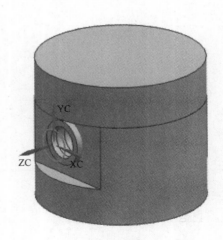

图　4-38

13. 创建拉伸特征

选择菜单中的【插入】/【设计特征】/【拉伸】命令，或在【特征】工具条中选择 （拉伸）图标，出现【拉伸】对话框，如图 4-39 所示。选择图 4-40 所示实体圆弧边线为拉伸对象，在【拉伸】对话框【指定矢量】区域单击 （反向）按钮，出现如图 4-40 所示的拉伸方向，然后在【拉伸】对话框中【开始】\【距离】栏、【结束】\【距离】栏输入【34】、【36】，在【偏置】下拉框中选择【两侧】选项，图形中出现偏置方向，在【结束】栏输入【-2】，然后在【布尔】下拉框中选择 求差选项，在图形中选择图 4-40 所示的实体为要求差的实体，单击 应用 按钮，完成创建拉伸特征，如图 4-41 所示。

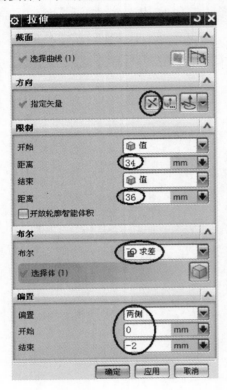

图　4-39

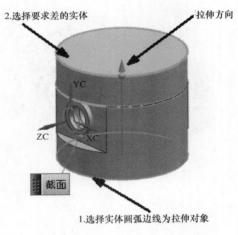

图　4-40

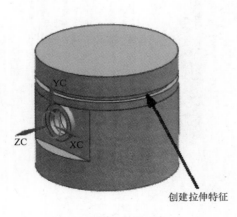

图　4-41

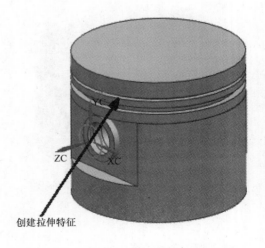

图　4-42

继续创建拉伸特征。按照上述方法，选择图 4-40 所示实体圆弧边线为拉伸对象，在

【拉伸】对话框中【开始】\【距离】栏、【结束】\【距离】栏输入【38】、【39】，其他参数相同，完成创建拉伸特征，如图4-42所示。

继续创建拉伸特征。按照上述方法，选择图4-40所示实体圆弧边线为拉伸对象，在【拉伸】对话框中【开始】\【距离】栏、【结束】\【距离】栏输入【41】、【42】，其他参数相同，完成创建拉伸特征，如图4-43所示。

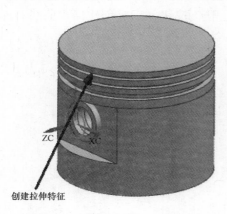

图 4-43

图 4-44

继续创建拉伸特征。按照上述方法，选择图4-44所示实体圆弧边线为拉伸对象，然后在【拉伸】对话框中【开始】\【距离】栏、【结束】\【距离】栏输入【0】、【1】，在【拔模】下拉框中选择【从起始限制】选项，在【角度】栏输入【45】，在【布尔】下拉框中选择 求和 选项，如图4-45所示。然后在图形中选择图4-44所示的实体为要求和的实体，完成创建拉伸特征，如图4-46所示。

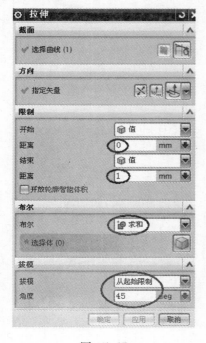

图 4-45

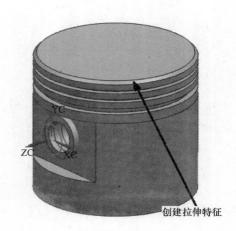

图 4-46

14. 创建偏置曲线

选择菜单中的【插入】/【来自曲线集的曲线】/【偏置】命令，或在【曲线】工具条中选择🖱（偏置曲线）图标，出现【偏置曲线】对话框，如图4-47所示。在图形中选择如图4-48所示实体边线为要偏置的曲线，图形中出现偏置方向箭头，如图4-48所示。然后在【偏置曲线】对话框中【距离】栏输入【5】，取消 ☐关联 选项，在【输入曲线】下拉框中选择【保留】选项，如图4-47所示。最后单击 应用 按钮，完成创建偏置曲线，如图4-49所示。

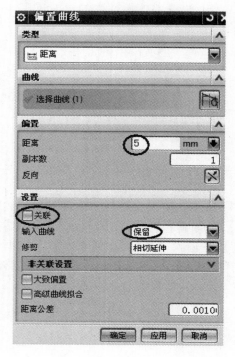

图　4-47

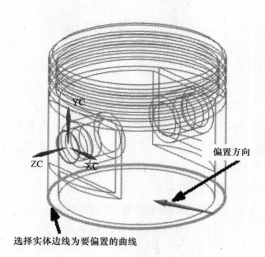

图　4-48

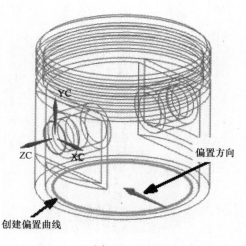

图　4-49

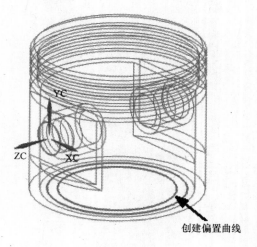

图　4-50

继续创建偏置曲线。此时偏置方向箭头已经移至新偏置出的曲线上，在【偏置曲线】对话框中【距离】栏输入【3】，取消 关联 选项，在【输入曲线】下拉框中选择【保留】选项，最后单击 确定 按钮，完成创建偏置曲线，如图4-50所示。

15. 创建拉伸特征

选择菜单中的【插入】/【设计特征】/【拉伸】命令，或在【特征】工具条中选择 （拉伸）图标，出现【拉伸】对话框，如图4-51所示。选择图4-52所示圆为拉伸对象，在【拉伸】对话框中【开始】\【距离】栏、【结束】\【距离】栏输入【34】、【42】，然后在【布尔】下拉框中选择 求差选项，在图形中选择图4-52所示的实体为要求差的实体，单击 应用 按钮，完成创建拉伸特征，如图4-53所示（静态线框的右视图）。

注意：未创建拉伸特征前的右视图如图4-54所示。

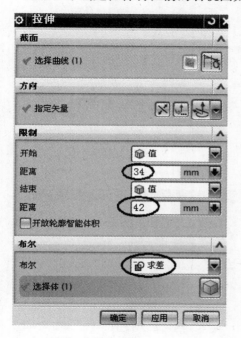

图 4-51

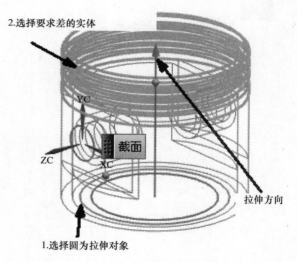

图 4-52

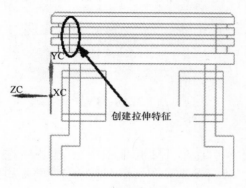

图 4-53

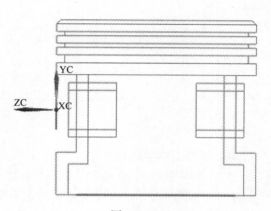

图 4-54

继续创建拉伸特征。选择图 4-55 所示圆为拉伸对象，在【拉伸】对话框中【开始】\
【距离】栏、【结束】\【距离】栏输入【31】、【34】，然后在【布尔】下拉框中选择求差选
项，在图形中选择图 4-55 所示的实体为要求差的实体，单击 确定 按钮，完成创建拉伸特
征，如图 4-56 所示（静态线框的右视图）。

注意：未创建拉伸特征前的右视图如图 4-57 所示。

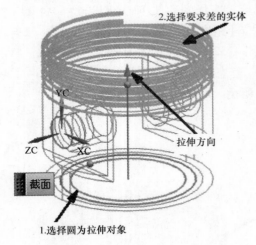

图　4-55

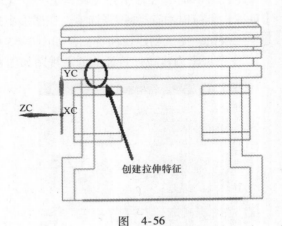

图　4-56

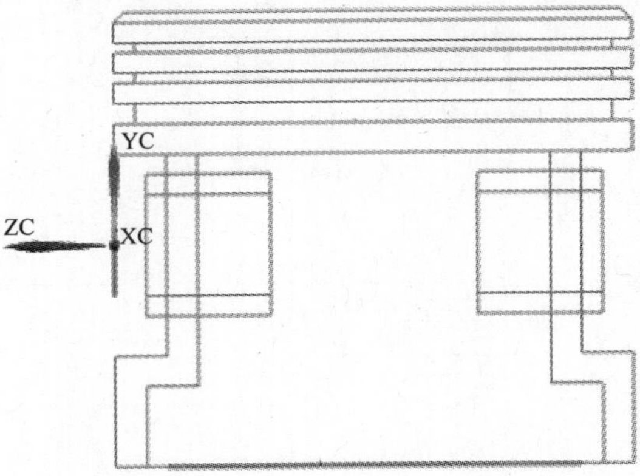

图　4-57

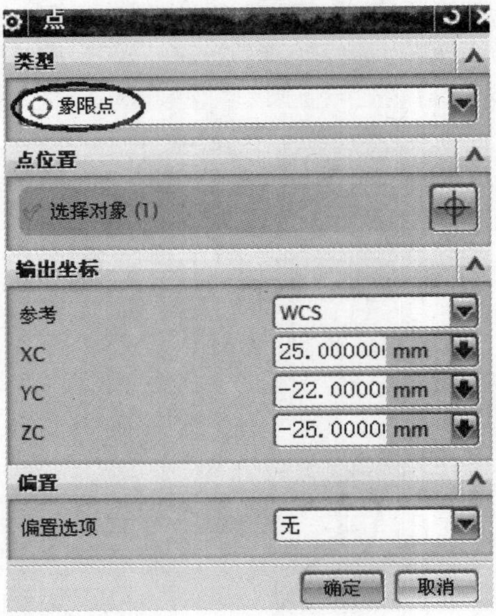

图　4-58

16. 移动工作坐标系

选择菜单中的【格式】/【WCS】/【原点】命令，或在【实用工具】工具条中选择
（WCS 原点）图标，出现【点】构造器对话框。在【类型】下拉框中选择 象限点选项，
如图 4-58 所示。在图形中选择图 4-59 所示的圆弧边，然后单击 确定 按钮，将工作坐标系
移至象限点，结果如图 4-60 所示。

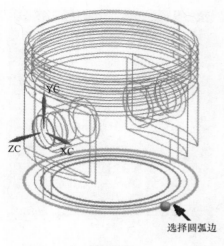

选择圆弧边

图 4-59

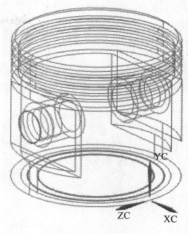

图 4-60

17. 旋转工作坐标系

选择菜单中的【格式】/【WCS】/【旋转】命令，或在【实用工具】工具条中选择 （旋转 WCS）图标，出现【旋转 WCS】工作坐标系对话框，如图 4-61 所示。选中 +YC 轴：ZC --> XC 选项，在旋转【角度】栏输入【90】，单击 确定 按钮，将坐标系转成如图 4-62 所示。

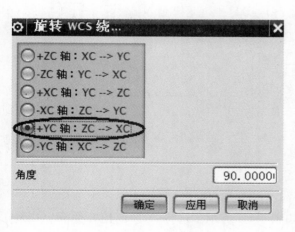

图 4-61

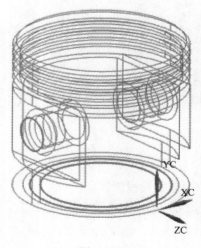

图 4-62

18. 绘制矩形

选择菜单中的【插入】/【曲线】/【矩形】命令，或在【曲线】工具栏中选择 （矩形）图标，出现【点】构造器对话框，在【参考】下拉框中选择，【WCS】选项，如图 4-63 所示。系统提示定义矩形顶点 1，在此对话框中【XC】、【YC】、【ZC】栏输入【5】、【0】、【0】，然后单击 确定 按钮；系统提示定义矩形顶点 2，在此对话框中【XC】、【YC】、【ZC】栏输入【25】、【11】、【0】，如图 4-64 所示。然后单击 确定 按钮，最后在【点】构造器对话框中单击 取消 按钮，完成绘制矩形，如图 4-65 所示。

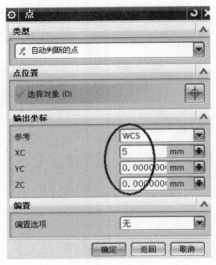

图　4-63

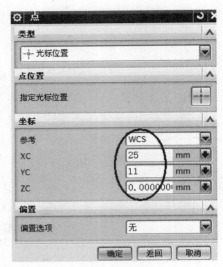

图　4-64

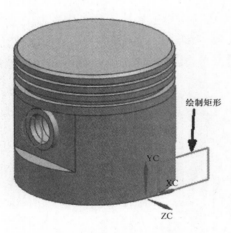

图　4-65

图　4-66

19. 创建曲线倒圆

选择菜单中的【插入】/【曲线】/【基本曲线】命令，或在【曲线】工具条中选择 （基本曲线）图标，出现【基本曲线】对话框，如图 4-66 所示。选择 （圆角）图标，出现【曲线倒圆】对话框，如图 4-67 所示。选择 （2 曲线圆角）图标，在【半径】栏输入【10】，并勾选 ☑修剪第一条曲线 、☑修剪第二条曲线 选项，然后在图形中依次选择图 4-68 所示的直线，最后在圆角中心附近单击鼠标左键，完成倒圆角，如图 4-69 所示。

20. 创建拉伸特征

选择菜单中的【插入】/【设计特征】/【拉伸】命令，或在【特征】工具条中选择 （拉伸）图标，出现【拉伸】对话框，如图 4-70 所示。在主界面曲线规则下拉框中选择【相连曲线】选项，选择图 4-71 所示截面线为拉伸对象，在【拉伸】对话框【指定矢量】区域单击 （反向）按钮，出现如图 4-71 所示的拉伸方向。然后在【拉伸】对话框中【开始】\【距离】栏输入【0】，在【结束】下拉框中选择 贯通选项，然后在【布尔】下拉框中选

择 ☞求差 选项，在图形中选择图 4-71 所示的实体为要求差的实体，单击 确定 按钮，完成创建拉伸特征，如图 4-72 所示。

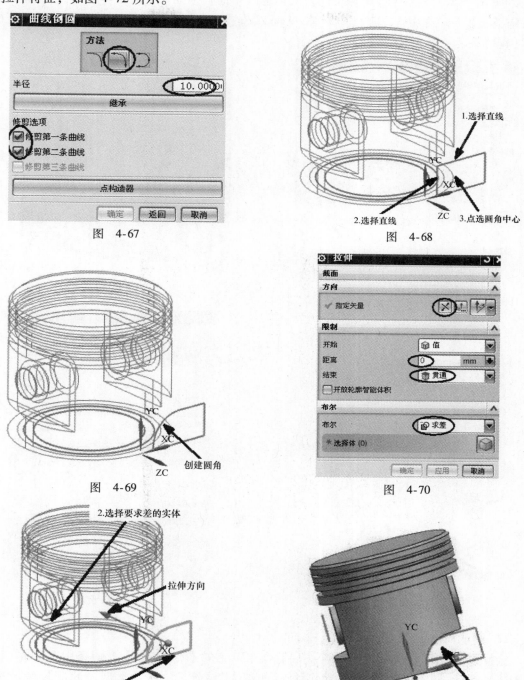

图 4-67

图 4-68

图 4-69

图 4-70

图 4-71

图 4-72

21. 创建镜像特征

选择菜单中的【插入】/【关联复制】/【镜像特征】命令，或在【特征操作】工具栏中选

择 （镜像特征）图标，出现【镜像特征】对话框，如图 4-73 所示。在图形中选择图 4-74 所示的拉伸特征，然后在【镜像特征】对话框【平面】下拉框中选择【新平面】选项，在【指定平面】下拉框中选择 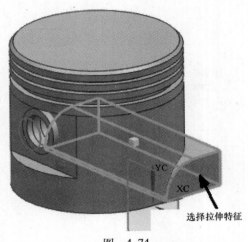（YC－ZC 平面）选项，单击 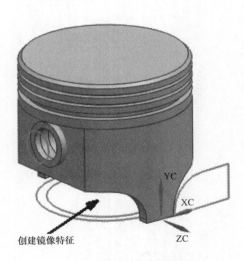 按钮，完成创建镜像特征，如图 4-75 所示。

图　4-73

图　4-74

图　4-75

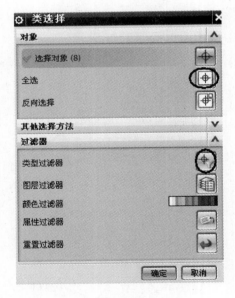

图　4-76

22. 移动曲线至 21 层

选择菜单中的【格式】/【移动至图层】命令，或在【实用工具】工具条中选择 （移动至图层）图标，出现【类选择】对话框，如图 4-76 所示。在【类型过滤器】区域选择 （类型过滤器）图标，出现【根据类型选择】对话框，选择【曲线】类型，如图 4-77 所示。单击 按钮，系统返回【类选择】对话框，单击 （全选）按钮，如图 4-76 所示。单击 按钮，出现【图层移动】对话框，在【图层】列表栏中选择【21】层，如图 4-78 所示，单击  按钮，完成移动曲线至 21 层。

图 4-77　　　　　　　　　　　　　　　图 4-78

23. 创建求和操作

选择菜单中的【插入】/【组合】/【求和】命令，或在【特征操作】工具条中选择  （求和）图标，出现【求和】操作对话框，如图 4-79 所示。系统提示选择目标实体，按照图 4-80 所示选择目标实体，然后框选工具实体，单击 确定 按钮，完成创建求和操作，如图 4-81 所示。

图 4-79　　　　　　　　　　　　　　　图 4-80

图 4-81

实例二

实体图形尺寸如图 4-82 所示，实体造型如图 4-83 所示。

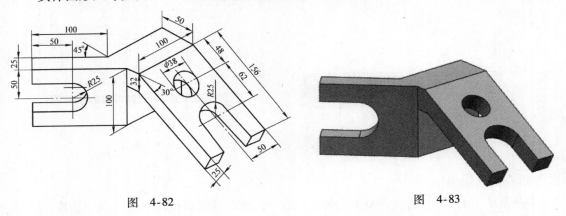

图　4-82　　　　　　　　　　　　　　　　　　图　4-83

一、草图法

1. 新建文件

选择菜单中的【文件】/【新建】命令，或选择 📄（新建）图标，出现【新建】文件对话框，在【名称】栏中输入【st－2】，在【单位】下拉框中选择【毫米】选项，单击 确定 按钮，建立文件名为"st－2. prt"、单位为毫米的文件。

2. 草绘截面一

选择菜单中的【插入】/【草图】，或在【直接草图】工具条中选择 📷（草图）图标，出现【创建草图】对话框，如图 4-84 所示。系统默认 XC－YC 平面为草图平面，单击 ＜确定＞ 按钮，出现草图绘制区。

图　4-84

图　4-85

绘图步骤如下：

1）在【直接草图】工具条中选择 ↺（轮廓）图标，在【配置文件】浮动工具条中选择 📐（直线）图标，如图 4-85 所示。在主界面捕捉点工具条中仅选择 ＋（现有点）选项，选择从坐标原点出发，按照图 4-86 所示绘制首尾相连的 7 条直线。注意：直线 34 与直线 23 垂直，直线 45 与直线 23 平行，直线 12、直线 67 竖直；直线 56、直线 71 水平。

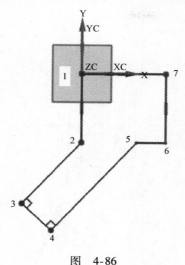

图　4-86

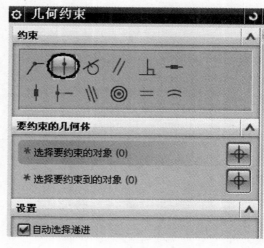

图　4-87

2）加上约束。在【直接草图】工具条中选择 ⊥（几何约束）图标，出现【几何约束】对话框，选择 （点在曲线上）图标，如图 4-87 所示。在图中选择直线 56，再选择直线 12 端点 2，如图 4-88 所示。约束点在曲线上，约束的结果如图 4-89 所示。在【直接草图】工具条中选择 （显示草图约束）图标，使图形中的约束显示出来。

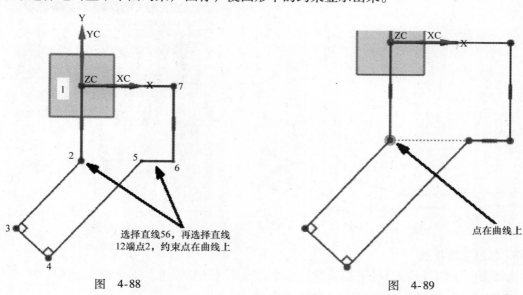

图　4-88

图　4-89

3）标注尺寸。在【直接草图】工具条中选择 （自动判断尺寸）图标，按照图 4-90 所示的尺寸进行标注，p0 = 100，p1 = 100，p2 = 135，p3 = 25，p4 = 50。此时草图曲线已经转换成绿色，表示已经完全约束。

4）绘制直线。在【直接草图】工具栏中选择 （直线）图标，在主界面捕捉点工具条中仅选择 （端点）选项，然后选择直线端点，在主界面捕捉点工具条中选择 （点在曲线上）图标，选择直线上的点，按照图 4-91 所示绘制一条竖直线。

5）在【直接草图】工具条中选择 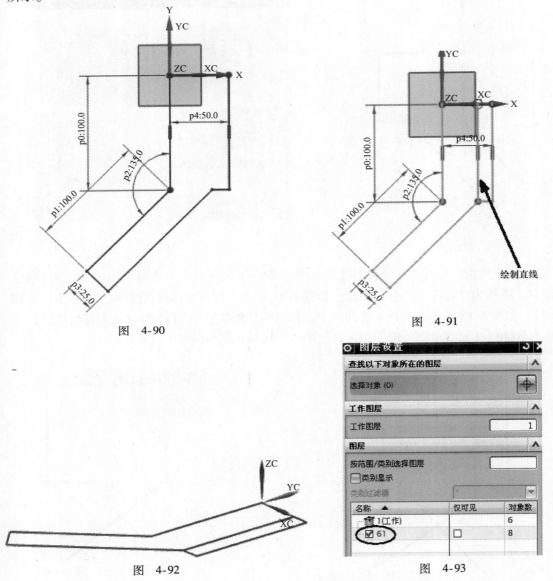 图标，窗口回到建模界面。截面如图 4-92 所示。

图 4-90

图 4-91

绘制直线

图 4-92

图 4-93

3. 显示基准平面

选择菜单中的【格式】/【图层设置】命令，出现【图层设置】对话框，如图 4-93 所示。勾选 ☑ 61 层，完成显示基准平面，如图 4-94 所示。

4. 草绘截面二

选择菜单中的【插入】/【草图】，或在【直接草图】工具条中选择 📐（草图）图标，出现【创建草图】对话框，如图 4-95 所示。选择 XC – ZC 平面为草图平面，如图 4-94 所示。单击 < 确定 > 按钮，出现草图绘制区。

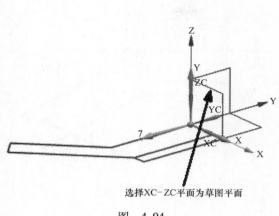

图 4-94

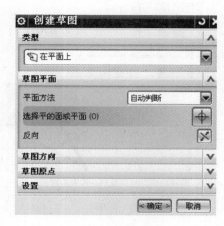

图 4-95

绘图步骤如下：

1）在主界面【视图】工具条中选择 ⬡（正三轴测图）图标，在【直接草图】工具条中选择 ⬡（轮廓）图标，出现【轮廓】对话框，在主界面捕捉点工具条中仅选择 ⬡（端点）选项，选择从直线端点 1 出发，按照图 4-96 所示绘制首尾相连的 6 条直线。注意：直线 12 与上一张草图的直线重合，直线 23 与直线 34 垂直，直线 34 与直线 45 垂直，直线 56 水平，直线 16 竖直，如果一次不能绘制出来，可以采用加上约束的方法来实现。

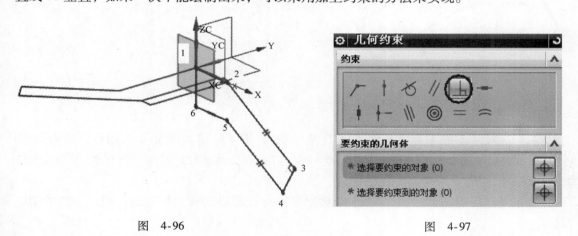

图 4-96

图 4-97

2）加上约束（如果图形已经有上一步所述的约束，跳过这一步）。在【直接草图】工具条中选择 ⬡（定向视图到草图）图标，图形转成草图平面，在【直接草图】工具条中选择 ⬡（几何约束）图标，出现【几何约束】对话框，选择 ⬡（垂直）图标，如图 4-97 所示。在图 4-98 中选择直线 23 与直线 34，约束垂直，约束的结果如图 4-99 所示。在【直接草图】工具条中选择 ⬡（显示草图约束）图标，使图形中的约束显示出来。

继续进行约束。分别约束直线 23 与直线 45 平行，直线 56 水平，直线 16 竖直，约束结果如图 4-100 所示。

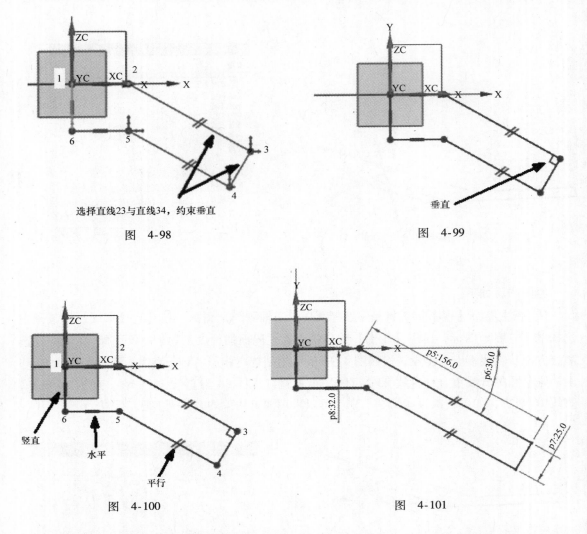

选择直线23与直线34，约束垂直

图　4-98

垂直

图　4-99

竖直

水平

平行

图　4-100

p5:156.0

p6:30.0

p8:32.0

p7:25.0

图　4-101

3）标注尺寸。在【直接草图】工具条中选择 （自动判断尺寸）图标，按照如图 4-101所示的尺寸进行标注，p5 = 156，p6 = 30，p7 = 25，p8 = 32。此时草图曲线已经转换成绿色，表示已经完全约束。

4）在【直接草图】工具条中选择 完成草图 图标，窗口回到建模界面。截面如图 4-102所示。

5. 创建拉伸特征

选择菜单中的【插入】/【设计特征】/【拉伸】命令，或在【特征】工具条中选择 （拉伸）图标，出现【拉伸】对话框，如图 4-103 所示。在主界面曲线规则下拉框中选择【相连曲线】选项，并单击 ⁺⁺（在相交处停止）按钮，激活该选项，选择图 4-104 所示截面线为拉伸对象，在【拉伸】对话框【指定矢量】区域单击 （反向）按钮，出现如图 4-104 所示的拉伸方向，然后在【拉伸】对话框中【开始】\【距离】栏、【结束】\【距离】栏输入【0】、【100】，在【布尔】下拉框中选择 无 选项，如图 4-103 所示。单击 应用 按钮，完成创建拉伸特征，如图 4-105 所示。

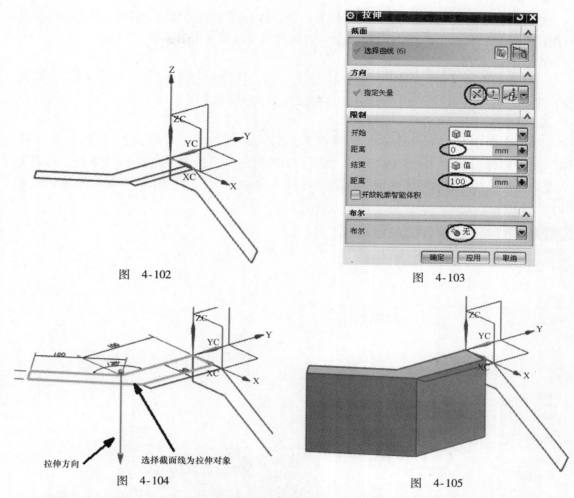

图 4-102

图 4-103

图 4-104

拉伸方向
选择截面线为拉伸对象

图 4-105

　　继续创建拉伸特征。在主界面曲线规则下拉框中选择【相连曲线】选项，并单击┼┼（在相交处停止）按钮，关闭该选项，选择如图 4-106 所示截面线为拉伸对象，出现如图 4-106 所示的拉伸方向，然后在【拉伸】对话框中【开始】\【距离】栏、【结束】\【距离】栏输入【0】、【100】，在【布尔】下拉框中选择┼◎ 求和选项，单击 确定 按钮，完成效果如图 4-107所示。

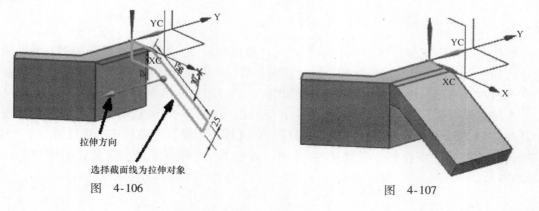

拉伸方向

选择截面线为拉伸对象

图 4-106

图 4-107

6. 移动曲线至 21 层

选择菜单中的【格式】/【移动至图层】命令，或在【实用工具】工具条中选择 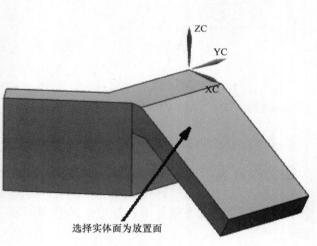（移动至图层）图标，将全部曲线移动至 21 层（具体步骤见本章 4.1 之步骤 22）。

7. 关闭基准层

选择菜单中的【格式】/【图层设置】命令，或在【实用工具】工具条中选择 （图层设置）图标，出现【图层设置】对话框，关闭 61 层（默认基准层）。

8. 创建孔特征

选择菜单中的【插入】/【设计特征】/【孔】命令，或在【特征】工具条中选择 （孔）图标，出现【孔】对话框，如图 4-108 所示。系统提示选择孔放置点，在图形中选择如图 4-109 所示的实体面为放置面，进入草绘界面，出现【草图点】对话框，如图 4-110 所示。

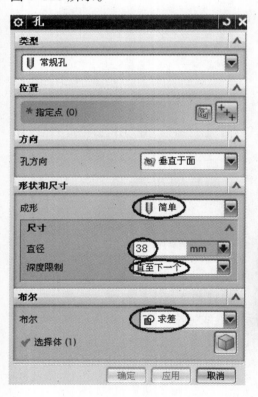

图　4-108

图　4-109

然后在【草图工具】工具条中选择 （自动判断尺寸）图标，按照图 4-111 所示的尺寸进行标注，p114 = 48、p115 = 50。此时草图曲线已经转换成绿色，表示已经完全约束。

然后在【草图】工具条中选择 图标，窗口回到建模界面，如图 4-112 所示。

系统返回【孔】对话框，在【孔方向】下拉框中选择 垂直于面选项，在【成形】下拉框中选择 简单选项，在【直径】栏输入【38】，在【深度限制】下拉框中选择【直至下一个】选项，在【布尔】下拉框中选择 求差选项，最后单击 确定按钮，完成孔的创建，如图 4-113 所示。

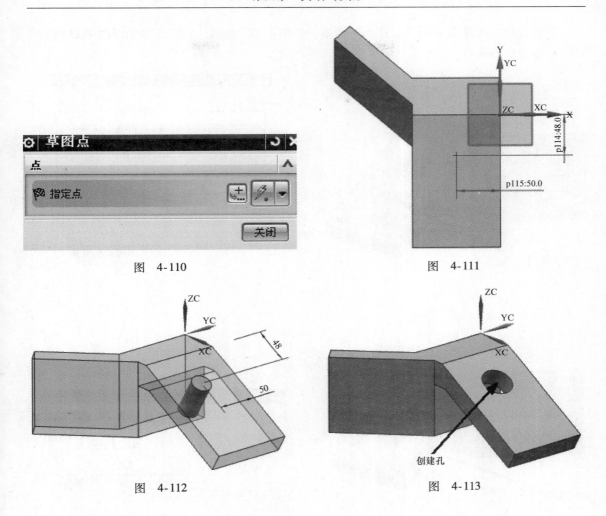

图　4-110

图　4-111

图　4-112

图　4-113

9. 创建键槽特征

选择菜单中的【插入】/【设计特征】/【键槽】命令，或在【特征】工具条中选择 （键槽）图标，出现【键槽】对话框，选中 ⊙矩形槽 选项，如图 4-114 所示。单击 确定 按钮，出现【矩形键槽】选择放置面对话框，如图 4-115 所示。在图形中选择图 4-116 所示的实体面为放置面。

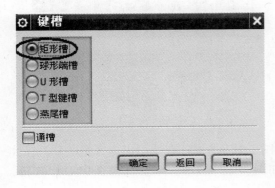

图　4-114

图　4-115

　　系统接着出现【水平参考】选择对话框，如图 4-117 所示。在图形中选择图 4-118 所示的实体边为水平参考。

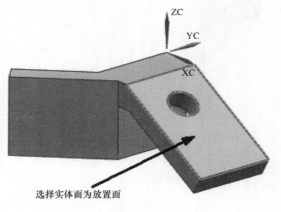

选择实体面为放置面

图　4-116

图　4-117

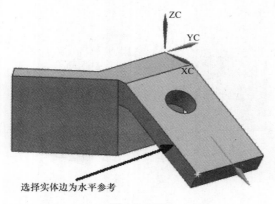

选择实体边为水平参考

图　4-118

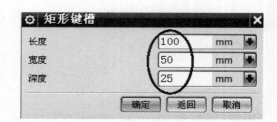

图　4-119

　　系统出现【矩形键槽】参数对话框，如图 4-119 所示。在【长度】、【宽度】、【深度】栏输入【100】、【50】、【25】，单击 确定 按钮，出现矩形键槽【定位】对话框，如图 4-120 所示。选择 （水平）图标。

图　4-120

图　4-121

　　出现【水平】定位选择目标对象对话框，如图 4-121 所示。在图形中选择图 4-122 所示的圆孔边，出现【设置圆弧的位置】对话框，如图 4-123 所示。单击【圆弧中心】按钮，出现【水平】定位选择刀具边对话框，如图 4-124 所示。

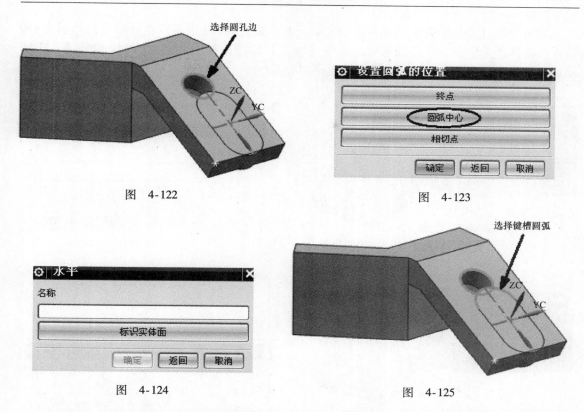

图 4-122

图 4-123

图 4-124

图 4-125

在图形中选择图 4-125 所示的键槽圆弧，出现【设置圆弧的位置】对话框，如图 4-126 所示。单击【圆弧中心】按钮，出现【创建表达式】对话框，如图 4-127 所示。在【p119】变量中（读者的变量名可能不同）输入【62】，然后单击 确定 按钮。

图 4-126

图 4-127

系统返回矩形键槽【定位】对话框，如图 4-128 所示。选择 ⊥（竖直）图标。

图 4-128

图 4-129

系统出现【竖直】定位选择目标对象对话框，如图 4-129 所示。在图形中选择图 4-130 所示的实体边为竖直参考目标对象，出现【竖直】定位选择刀具边对话框，如图 4-131 所示。在图形中选择图 4-132 所示的键槽水平中心线。

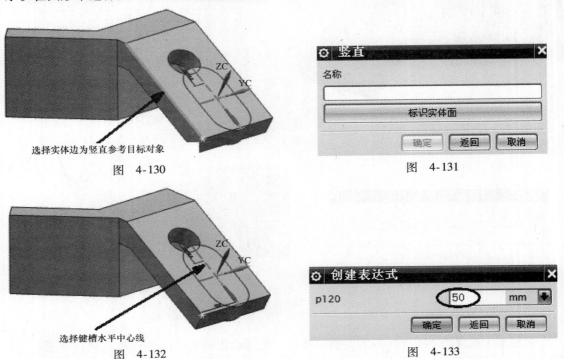

选择实体边为竖直参考目标对象

图 4-130

图 4-131

选择键槽水平中心线

图 4-132

图 4-133

系统出现【创建表达式】对话框，如图 4-133 所示。在【p120】变量中（读者的变量名可能不同）输入【50】，然后单击 确定 按钮，返回矩形键槽【定位】对话框，如图 4-134所示。单击 确定 按钮，完成创建键槽，如图 4-135 所示。

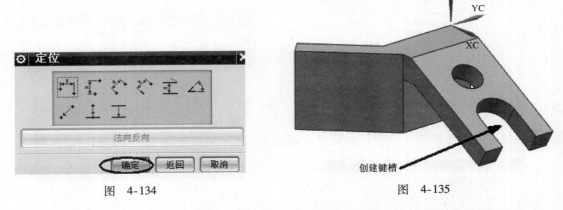

图 4-134

创建键槽

图 4-135

继续创建键槽，在图形中选择图 4-136 所示的实体面为放置面，系统出现选择【水平参考】对话框，在图形中选择图 4-137 所示的实体边为水平参考。

系统出现【矩形键槽】参数对话框，如图 4-138 所示。在【长度】、【宽度】、【深度】栏输入【100】、【50】、【25】，单击 确定 按钮，出现矩形键槽【定位】对话框，如图 4-139 所示。选择 （水平）图标。

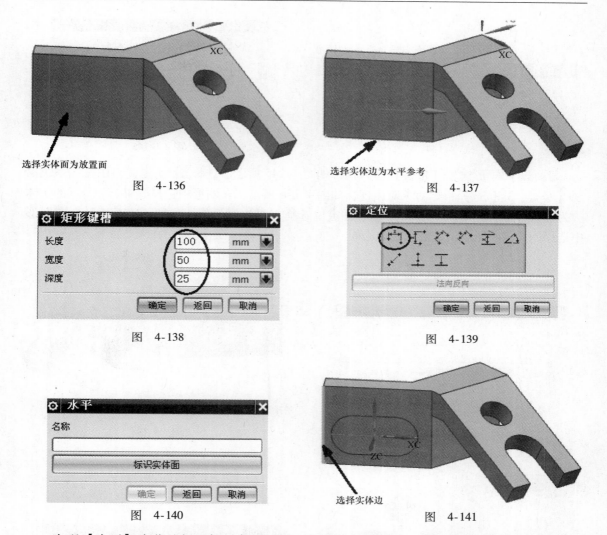

选择实体面为放置面

图 4-136

选择实体边为水平参考

图 4-137

图 4-138

图 4-139

图 4-140

选择实体边

图 4-141

出现【水平】定位选择目标对象对话框，如图4-140所示。在图形中选择图4-141所示的实体边，出现【水平】定位选择刀具边对话框，如图4-140所示。在图形中选择图4-142所示的键槽圆弧，出现【设置圆弧的位置】对话框，如图4-143所示。单击【圆弧中心】按钮，出现【创建表达式】对话框，如图4-144所示。在【p124】变量中（读者的变量名可能不同）输入【50】，然后单击 确定 按钮。

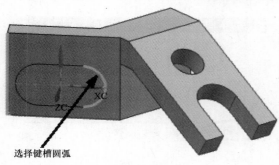

选择键槽圆弧

图 4-142

图 4-143

图　4-144

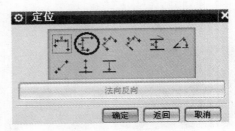

图　4-145

系统返回矩形键槽【定位】对话框，如图 4-145 所示。选择 (竖直) 图标，系统出现【竖直】定位选择目标对象对话框，如图 4-146 所示。在图形中选择图 4-147 所示的实体边为竖直参考目标对象，出现【竖直】定位选择刀具边对话框，如图 4-146 所示。在图形中选择图 4-148 所示的键槽水平中心线。

图　4-146

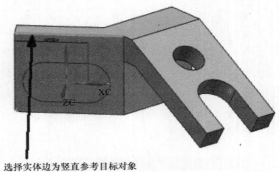

选择实体边为竖直参考目标对象

图　4-147

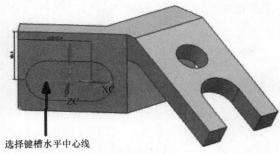

选择键槽水平中心线

图　4-148

图　4-149

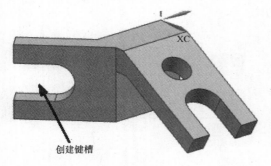

创建键槽

图　4-150

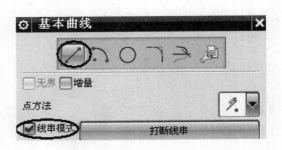

图　4-151

系统出现【创建表达式】对话框，如图 4-149 所示。在【p125】变量中（读者的变量名可能不同）输入【50】，然后单击 确定 按钮，返回矩形键槽【定位】对话框，单击 确定 按钮，完成创建键槽，如图 4-150 所示。

上面的截面是采用草图的作法绘制的，下面介绍另一种方法。

二、线框法

1. 绘制直线

选择菜单中的【插入】/【曲线】/【基本曲线】命令，或在【曲线】工具条中选择 （基本曲线）图标，出现【基本曲线】对话框，选择 （直线）图标，勾选 线串模式 选项，如图 4-151 所示。在下方【跟踪条】里的【XC】、【YC】、【ZC】栏输入【0】、【0】、【0】，如图 4-152 所示。然后按回车键，接着继续在【跟踪条】里 （长度）栏输入【100】，在 （角度）栏输入【270】，如图 4-153 所示。然后按回车键，绘制一条直线，如图 4-154 所示。

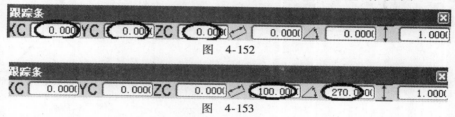

图 4-152

图 4-153

继续绘制直线。在【跟踪条】里 （长度）栏输入【100】，在 （角度）栏输入【225】，如图 4-155 所示。然后按回车键，绘制一条直线，在【基本曲线】对话框中单击 取消 按钮，完成效果如图 4-156 所示。

2. 创建偏置曲线

选择菜单中的【插入】/【来自曲线集的曲线】/【偏置】命令，或在【曲线】工具条中选择 （偏置曲线）图标，出现【偏置曲线】对话框，如图 4-157所示。根据提示在图形中选择图 4-158 所示的要偏置的曲线，然后在【指定点】区域选择 （自动判断的点）图标，在图形中所选曲线的左侧任意选择一点，出现偏置方向箭头，如图 4-158 所示。

图 4-154

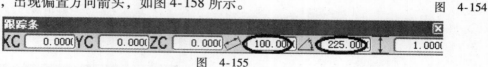

图 4-155

然后在【偏置曲线】对话框中【距离】栏输入【50】，取消 关联 选项，在【输入曲线】下拉框中选择【保留】选项，如图 4-157 所示。最后单击 确定 按钮，完成创建偏置曲线，如图 4-159 所示。

继续创建偏置曲线。按照上述方法，在图形中选择如图 4-160 所示的要偏置的曲线，然后在【指定点】区域选择 （自动判断的点）图标，在图形中所选曲线的左侧任意选择一点，出现偏置方向箭头，如图 4-160 所示。然后在【偏置曲线】对话框中【距离】栏输入【25】，取消 关联 选项，在【输入曲线】下拉框中选择【保留】选项，最后单击 确定 按钮，完成创建偏置曲线，如图 4-161 所示。

图 4-156

图　4-157

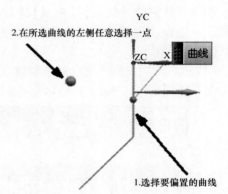

图　4-158

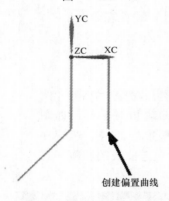

图　4-159

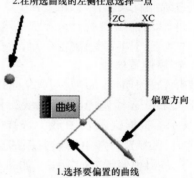

图　4-160

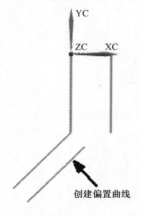

图　4-161

图　4-162

3. 绘制直线

选择菜单中的【插入】/【曲线】/【基本曲线】命令，或在【曲线】工具条中选择 （基本曲线）图标，出现【基本曲线】对话框，选择 （直线）图标，取消 线串模式 选项，在【点方法】下拉框中选择 （端点）选项，如图 4-162 所示。然后在图形中依次选择图 4-163 所示的两个端点，完成绘制直线，如图 4-164 所示。

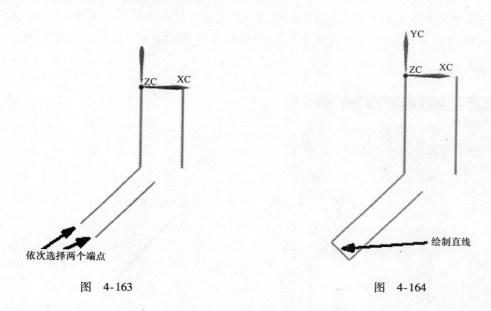

图 4-163　　　　　　　　　　图 4-164

继续绘制直线。按照上述方法，依次选择直线的端点，如图 4-165 所示。在【基本曲线】对话框中单击 取消 按钮，绘制两条直线，如图 4-166 所示。

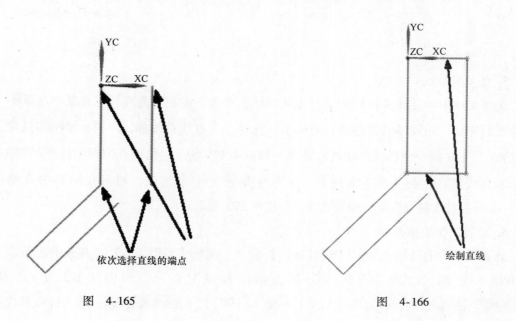

图 4-165　　　　　　　　　　图 4-166

4. 修剪曲线

选择菜单中的【编辑】/【曲线】/【修剪】命令，或在【编辑曲线】工具条中选择 ⌐（修剪曲线）图标，出现【修剪曲线】对话框，取消 ☐关联 选项，在【输入曲线】下拉框中选择【替换】选项，在【曲线延伸】下拉框中选择【自然】选项，勾选 ☑修剪边界对象 选项，取消 ☐保持选定边界对象 选项，如图 4-167 所示。

在图形中选择图 4-168 所示的直线为要修剪的对象，然后在图形中选择图 4-168 所示的直线为修剪边界，最后在【修剪曲线】对话框中单击 确定 按钮，完成修剪曲线，如图 4-169 所示。

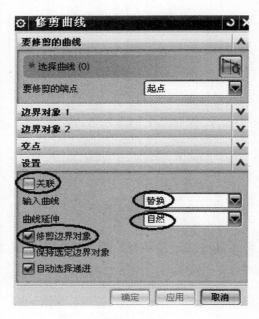

图 4-167

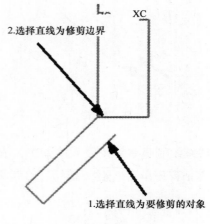

图 4-168

5. 绘制竖直线

选择菜单中的【插入】/【曲线】/【基本曲线】命令，或在【曲线】工具条中选择 ⌐（基本曲线）图标，出现【基本曲线】对话框，选择 ⌐（直线）图标，取消 ☐线串模式 选项，在【点方法】下拉框中选择 ⌐（端点）选项，如图 4-170 所示。然后在图形中选择如图 4-171 所示的直线端点，在【基本曲线】对话框中单击 YC 按钮，然后在图形中选择如图 4-171 所示的直线端点，完成绘制直线，如图 4-172 所示。

6. 旋转工作坐标系

选择菜单中的【格式】/【WCS】/【旋转】命令，或在【实用工具】工具条中选择 ⌐（旋转 WCS）图标，出现【旋转 WCS】工作坐标系对话框，如图 4-173 所示。选中 ⊙+XC轴：YC --> ZC 选项，在旋转【角度】栏输入【90】，单击 确定 按钮，将坐标系转成如图 4-174 所示。

7. 绘制直线

选择菜单中的【插入】/【曲线】/【基本曲线】命令，或在【曲线】工具条中选择 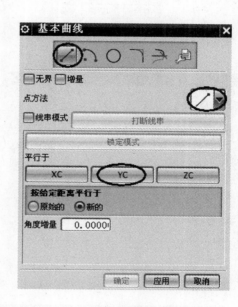（基本曲线）图标，出现【基本曲线】对话框，选择 ╱（直线）图标，取消 □ 线串模式 选项，在【点方法】下拉框中选择 ╱（端点）选项，如图 4-175 所示。然后在图形中选择图 4-176 所示的直线端点，然后在【跟踪条】里 ╱（长度）栏输入【156】，在 △（角度）栏输入【-30】，如图 4-177 所示。然后按回车键，绘制一条直线，如图 4-178 所示。

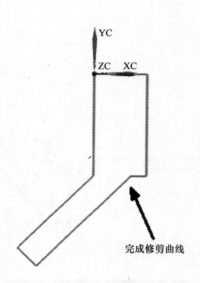

图　4-169

图　4-170

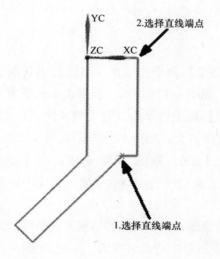

2.选择直线端点

1.选择直线端点

图　4-171

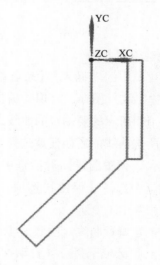

图　4-172

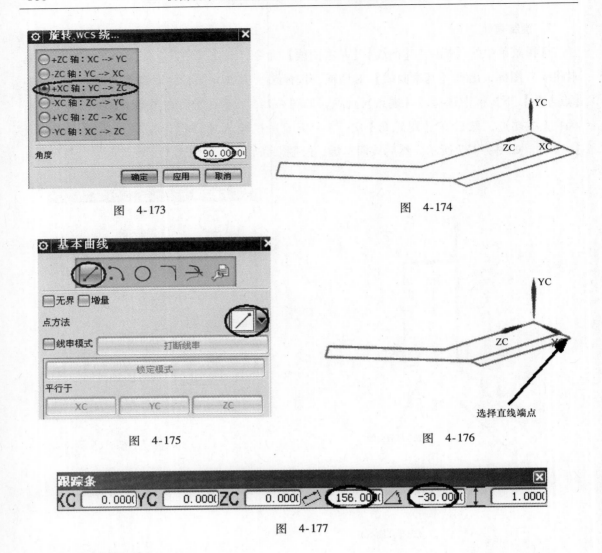

图　4-173

图　4-174

图　4-175

图　4-176

图　4-177

8. 创建偏置曲线

选择菜单中的【插入】/【来自曲线集的曲线】/【偏置】命令，或在【曲线】工具条中选择（偏置曲线）图标，出现【偏置曲线】对话框，如图 4-179 所示。根据提示在图形中选择如图 4-180 所示的要偏置的曲线，然后在【指定点】区域选择（自动判断的点）图标，在图形中所选曲线的右侧任意选择一点，出现偏置方向箭头，如图 4-180 所示。

然后在【偏置曲线】对话框中【距离】栏输入【25】，取消□关联选项，在【输入曲线】下拉框中选择【保留】选项，如图 4-179 所示。最后单击确定按钮，完成创建偏置曲线，如图 4-181 所示。

继续创建偏置曲线。按照上述方法，在图形中选择图 4-182 所示的要偏置的曲线，然后在【指定点】区域选择（自动判断的点）图标，在图形中所选曲线的上方任意选择一点，出现偏置方向箭头，如图 4-182 所示。然后在【偏置曲线】对话框中【距离】栏输入【32】，取消□关联选项，在【输入曲线】下拉框中选择【保留】选项，最后单击确定按钮，完成创建偏置曲线，如图 4-183 所示。

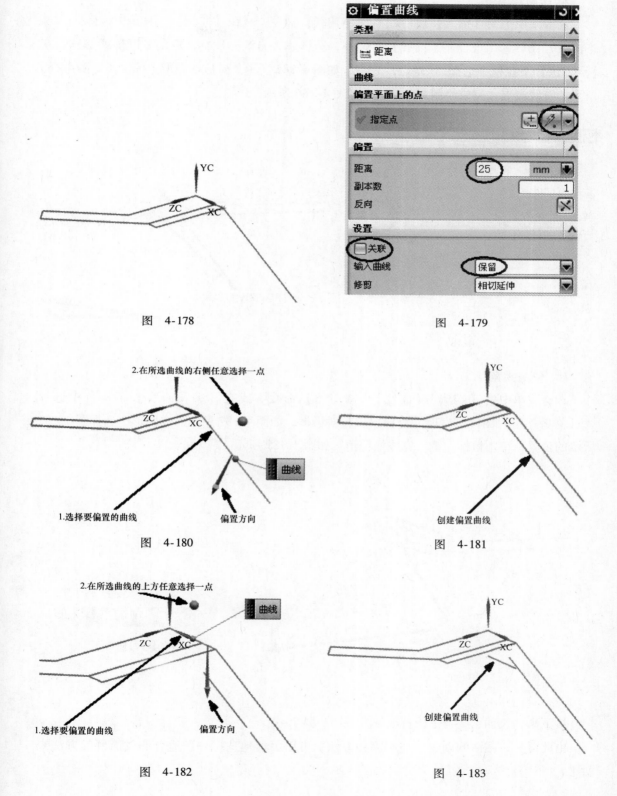

图　4-178

图　4-179

图　4-180

2.在所选曲线的右侧任意选择一点

曲线

1.选择要偏置的曲线

偏置方向

图　4-181

创建偏置曲线

图　4-182

2.在所选曲线的上方任意选择一点

曲线

1.选择要偏置的曲线

偏置方向

图　4-183

创建偏置曲线

9. 绘制直线

选择菜单中的【插入】/【曲线】/【基本曲线】命令，或在【曲线】工具条中选择（基本曲线）图标，出现【基本曲线】对话框，选择（直线）图标，取消线串模式选项，在【点方法】下拉框中选择／（端点）选项，如图 4-184 所示。然后在图形中依次选择图 4-185 所示的直线端点，完成绘制两条直线，如图 4-186 所示。

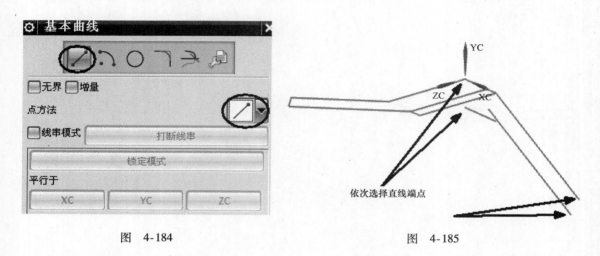

图　4-184　　　　　　　　　　图　4-185

10. 修剪拐角

选择菜单中的【编辑】/【曲线】/【修剪角】命令，或在【编辑曲线】工具条中选择（修剪拐角）图标，出现【修剪拐角】对话框，如图 4-187 所示。在图形中选择图 4-188 所示的位置，单击鼠标左键，完成修剪角，如图 4-189 所示。

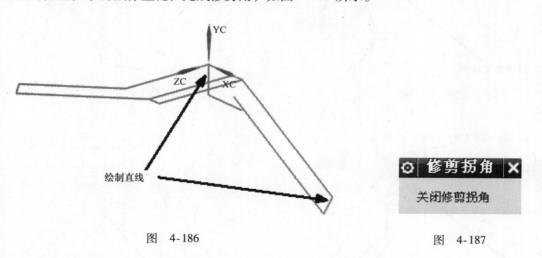

图　4-186　　　　　　　　　　图　4-187

接下来的拉伸、孔及键槽特征见方法一步骤 7～9。

由此可见，截面的创建往往有多种方法，可以灵活地选择一种适合的或简便的方法来创建。

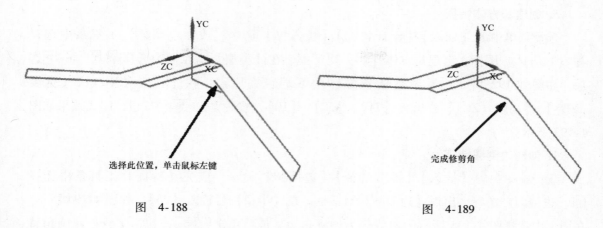

图 4-188   图 4-189

实例三

实体图形尺寸如图 4-190 所示，实体造型如图 4-191 所示。

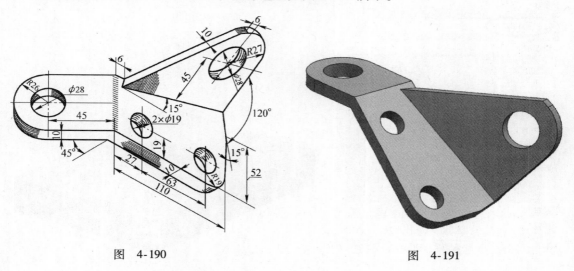

图 4-190   图 4-191

一、线框法

1. 新建文件

选择菜单中的【文件】/【新建】命令，或选择□（新建）图标，出现【新建】文件对话框，在【名称】栏中输入【st-3】，在【单位】下拉框中选择【毫米】选项，单击 确定 按钮，建立文件名为"st-3.prt"、单位为毫米的文件。

2. 取消跟踪设置

如果用户已经设置取消跟踪，可以跳过这一步。选择菜单中的【首选项】/【用户界面】命令，出现【用户界面首选项】对话框，取消 在跟踪条中跟踪光标位置 选项，然后单击 确定 按钮，完成取消跟踪设置。

3. 创建长方体特征

选择菜单中的【插入】/【设计特征】/【长方体】命令，或在【特征】工具条中选择 ▣ （长方体）图标，出现长方体【块】对话框，在【类型】下拉框中选择 ▢ 原点和边长 选项，如图 4-192 所示。系统默认长方体左下端点在原点，在【长度（XC）】、【宽度（YC）】、【高度（ZC）】栏输入【71】、【52】、【10】，然后单击 确定 按钮，完成效果如图 4-193 所示。

4. 创建边倒圆特征

选择菜单中的【插入】/【细节特征】/【边倒圆】命令，或在【特征】工具条中选择 ▢ （边倒圆）图标，出现【边倒圆】对话框，在【半径】栏输入【26】，如图 4-194 所示。在图形中选择图 4-195 所示的边线作为倒圆角边，最后单击 确定 按钮，完成创建圆角特征，如图 4-196 所示。

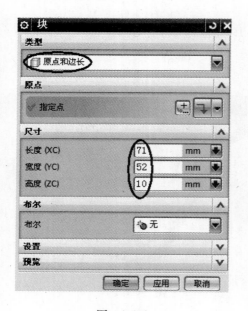

图　4-192

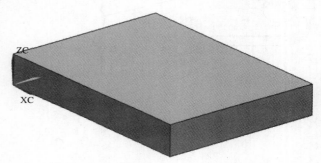

图　4-193

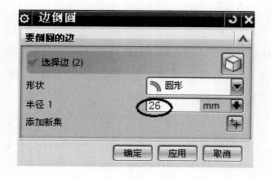

图　4-194

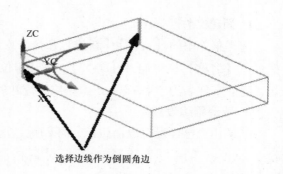

选择边线作为倒圆角边

图　4-195

5. 移动工作坐标系

选择菜单中的【格式】/【WCS】/【原点】命令，或在【实用工具】工具条中选择 （WCS 原点）图标，出现【点】构造器对话框，在【类型】下拉框中选择 终点选项，如图 4-197 所示。在图形中选择如图 4-196 所示的实体边端点，然后单击 确定 按钮，将工作坐标系移至端点，结果如图 4-196 所示。

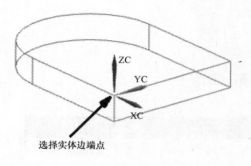

选择实体边端点

图　4-196

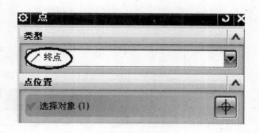

图　4-197

6. 旋转工作坐标系

选择菜单中的【格式】/【WCS】/【旋转】命令，或在【实用工具】工具条中选择 （旋转 WCS）图标，出现【旋转 WCS】工作坐标系对话框，如图 4-198 所示。选中 +XC 轴：YC --> ZC 选项，在旋转【角度】栏输入【90】，单击 确定 按钮，将坐标系转成如图 4-199 所示。

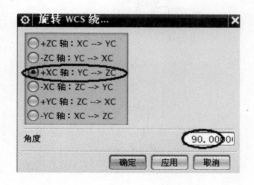

图　4-198

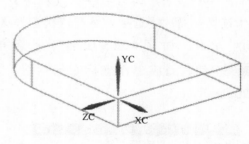

图　4-199

7. 绘制直线

选择菜单中的【格式】/【曲线】/【基本曲线】命令，或在【曲线】工具条中选择 （基本曲线）图标，出现【基本曲线】对话框，选择 （直线）图标，取消 线串模式 选项，如图 4-200 所示。在下方【跟踪条】里的【XC】、【YC】、【ZC】栏输入【0】、【0】、【0】，如图 4-201 所示。然后按回车键，接着继续在【跟踪条】里 （长度）栏输入【110】，在 （角度）栏输入【-45】，如图 4-202 所示。然后按回车键，绘制一条直线，在【基本曲线】对话框单击 取消 按钮，完成效果如图 4-203 所示。

图　4-200

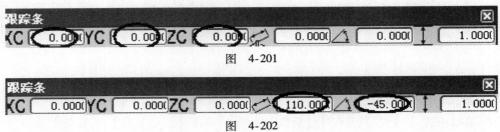

图　4-201

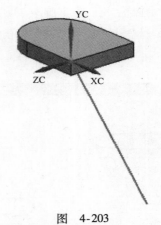

8. 构造工作坐标系 CSYS

选择菜单中的【格式】/【WCS】/【定向】命令，或在【实用工具】工具条中选择 ⚐（WCS 定向）图标，出现【CSYS】构造器对话框，如图 4-204 所示。在对话框中【类型】下拉框中选择 ⅄X 轴，Y 轴选项，然后依次选择 X、Y 轴的方向，如图 4-205 所示。最后单击 确定 按钮，完成工作坐标系的构造，如图 4-206 所示。

图　4-203

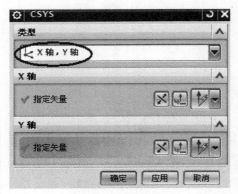

图　4-204

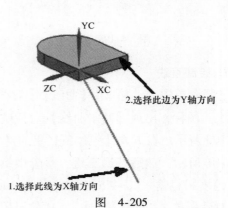

图　4-205

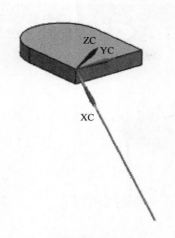

图 4-206

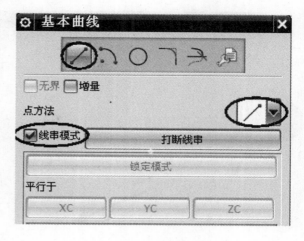

图 4-207

9. 绘制直线

选择菜单中的【插入】/【曲线】/【基本曲线】命令，或在【曲线】工具条中选择 (基本曲线) 图标，出现【基本曲线】对话框，选择 (直线) 图标，勾选 线串模式 选项，在【点方法】下拉框中选择 (端点) 选项，如图 4-207 所示。在图形中选择图 4-208 所示直线的端点，接着继续在【跟踪条】里 (长度) 栏输入【52】，在 (角度) 栏输入【90】，如图 4-209 所示。然后按回车键，绘制一条直线，完成效果如图 4-210 所示。

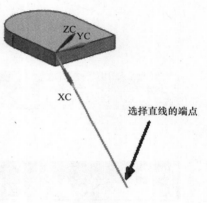

选择直线的端点

图 4-208

图 4-209

继续绘制直线。在【跟踪条】里 (长度) 栏输入【100】，在 (角度) 栏输入【105】，如图 4-211 所示。然后按回车键，绘制一条直线，在【基本曲线】对话框中单击 取消 按钮，完成效果如图 4-212 所示。

继续绘制直线。在【基本曲线】对话框中单击【打断线串】按钮，在图形中选择图 4-213 所示边线的端点，接着继续在【跟踪条】里 (长度) 栏输入【6】，在 (角度) 栏输入【0】，如图 4-214 所示。然后按回车键，继续在【跟踪条】里 (长度) 栏输入【150】，在 (角度) 栏输入【15】，如图 4-215 所示。然后按回车键，绘制两条直线，完成效果如图 4-216 所示。

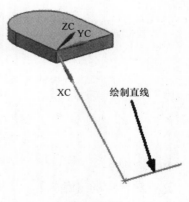

绘制直线

图 4-210

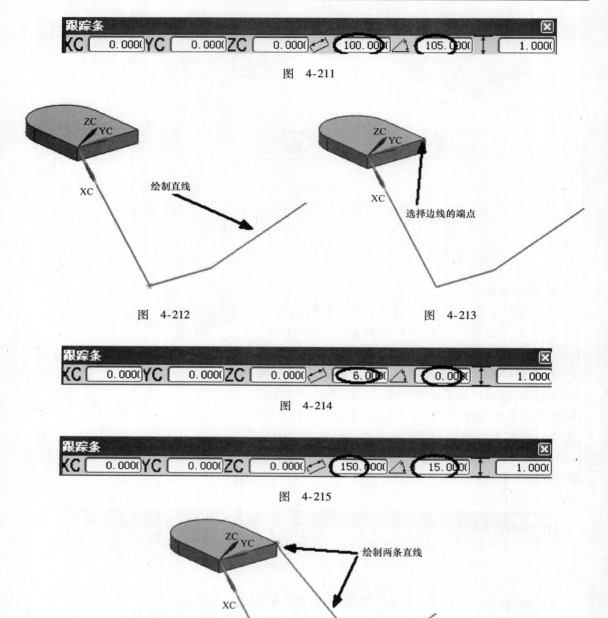

图   4-211

图   4-212

图   4-213

图   4-214

图   4-215

图   4-216

10. 修剪角

选择菜单中的【编辑】／【曲线】／【修剪角】命令，或在【编辑曲线】工具条中选择
（修剪拐角）图标，出现【修剪拐角】对话框，如图 4-217 所示。在图形中选择如图
4-218所示的位置，单击鼠标左键，完成修剪角，如图 4-219 所示。

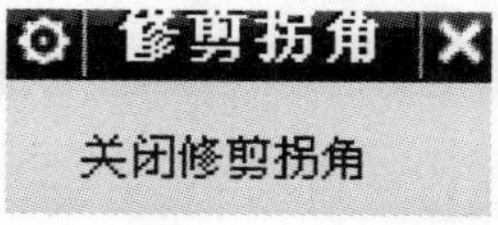

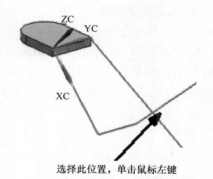

图 4-217

图 4-218

选择此位置，单击鼠标左键

11. 创建拉伸特征

选择菜单中的【插入】/【设计特征】/
【拉伸】命令，或在【特征】工具条中选择 ▥
（拉伸）图标，出现【拉伸】对话框，如图 4-
220 所示。在主界面曲线规则下拉框中选择【相
连曲线】选项，选择如图 4-221 所示截面线及实
体边线为拉伸对象，在【拉伸】对话框【指定
矢量】区域单击 ⊠（反向）按钮，出现如图 4-
221 所示的拉伸方向，在【拉伸】对话框中【开
始】\【距离】栏、【结束】\【距离】栏输入【0】、
【10】，然后在【布尔】下拉框中选择 求和选项，
单击 确定 按钮，完成创建拉伸特征，如图 4-222 所示。

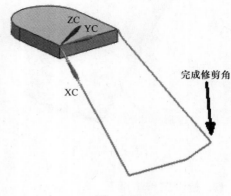

完成修剪角

图 4-219

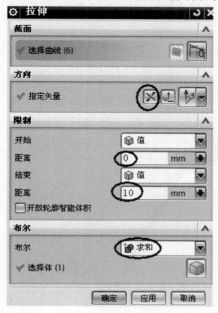

图 4-220

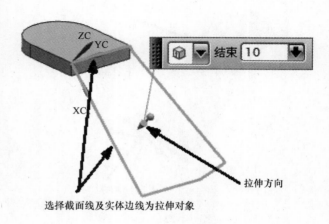

选择截面线及实体边线为拉伸对象

拉伸方向

图 4-221

12. 构造工作坐标系 CSYS

选择菜单中的【格式】/【WCS】/【定向】命令，或在【实用工具】工具条中选择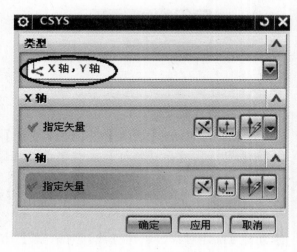
（WCS 定向）图标，出现【CSYS】构造器对话框，如图 4-223 所示。在对话框中【类型】
下拉框中选择 ⊾ X 轴，Y 轴选项，然后依次选择 X、Y 轴的方向，如图 4-224 所示。最后单击
［ 确定 ］按钮，完成工作坐标系的构造，如图 4-225 所示。

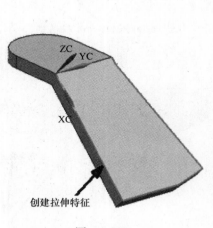

图　4-222

图　4-223

13. 旋转工作坐标系

选择菜单中的【格式】/【WCS】/【旋转】命令，或在【实用工具】工具条中选择 ↻
（旋转 WCS）图标，出现【旋转 WCS】工作坐标系对话框，如图 4-226 所示。选中
⊙ +YC 轴：ZC --> XC 选项，在旋转【角度】栏输入【120】，单击［ 确定 ］按钮，将坐标系转成如
图 4-227 所示。

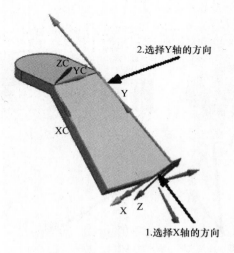

图　4-224

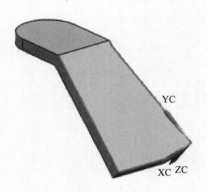

图　4-225

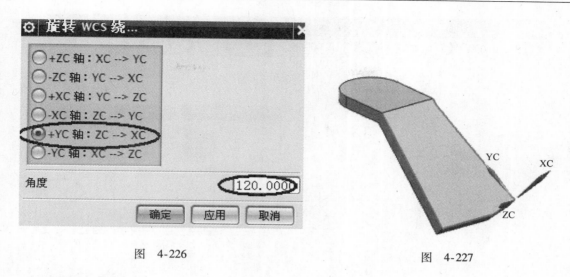

图 4-226   图 4-227

14. 绘制直线

选择菜单中的【插入】/【曲线】/【基本曲线】命令，或在【曲线】工具条中选择 ⬚（基本曲线）图标，出现【基本曲线】对话框，选择 ✓（直线）图标，取消 ⬚线串模式 选项，如图 4-228 所示。在下方【跟踪条】里的【XC】、【YC】、【ZC】栏输入【0】、【0】、【0】，如图 4-229 所示。然后按回车键，接着继续在【跟踪条】里 ⬚（长度）栏输入【45】，在 ⬚（角度）栏输入【0】，如图 4-230 所示。然后按回车键，绘制一条直线，在【基本曲线】对话框中单击 取消 按钮，完成效果如图 4-231 所示。

15. 创建截面线

选择菜单中的【插入】/【曲线】/【基本曲线】命令，或在【曲线】工具条中选择 ⬚（基本曲线）图标，出现【基本曲线】对话框，选择 ⬚（圆弧）图标，勾选 ☑线串模式 选项，在【创建方法】栏选择 ◉中心点，起点，终点 选项，如图 4-232 所示。在下方【跟踪条】里的【XC】、【YC】、【ZC】栏输入【45】、【27】、【0】，然后按下回车键，如图 4-233 所示。在 ⬚（半径）栏输入【27】，在 ⬚（起始角度）栏输入【–90】，在

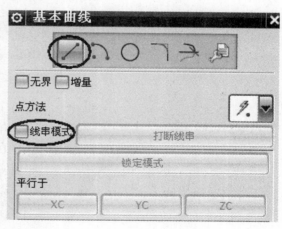

图 4-228

⬚（终止角度）栏输入【0】，如图 4-234 所示。然后按下回车键，画出一条圆弧，如图 4-235 所示。

图 4-229

图　4-230

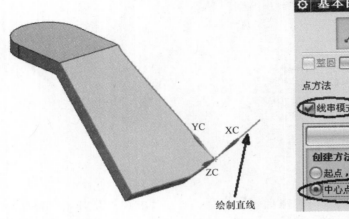

图　4-231

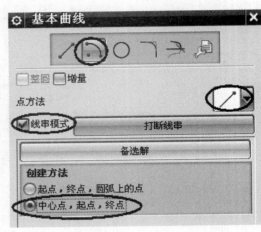

图　4-232

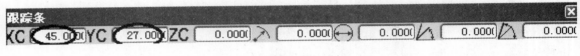

图　4-233

图　4-234

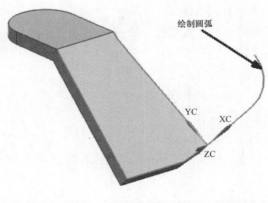

图　4-235

　　继续绘制直线。在【基本曲线】对话框中选择 （直线）图标，在【跟踪条】里
（长度）栏输入【6】，在 （角度）栏输入【90】，如图 4-236 所示。然后按回车键。绘制

一条直线，完成效果如图4-237所示。在【基本曲线】对话框【点方法】下拉框中选择／（端点）选项，选择图4-238所示的直线端点，然后按回车键，绘制一条直线，完成效果如图4-239所示。

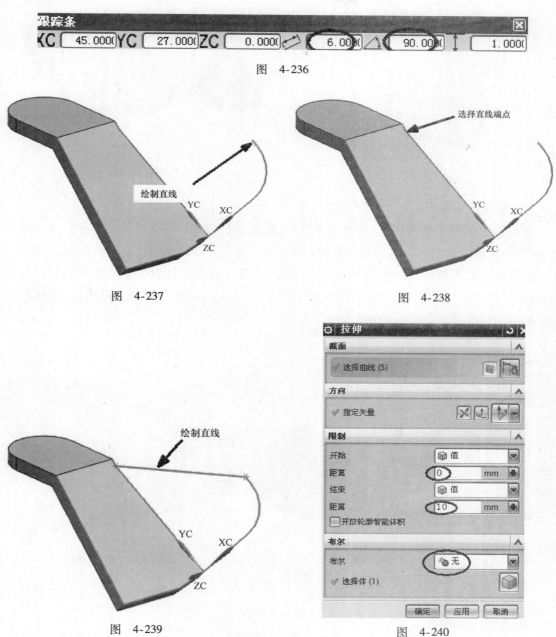

图 4-236

图 4-237

图 4-238

图 4-239

图 4-240

16. 创建拉伸特征

选择菜单中的【插入】／【设计特征】／【拉伸】命令，或在【特征】工具条中选择（拉伸）图标，出现【拉伸】对话框，如图4-240所示。在主界面曲线规则下拉框中选择【相连曲线】选项，选如图4-241所示截面线为拉伸对象，出现如图4-241所示的拉伸方向，然后在【拉伸】对话框中【开始】\【距离】栏、【结束】\【距离】栏输入【0】、

【10】，在【布尔】下拉框中选择◐无选项，如图 4-240 所示。单击 确定 按钮，完成创建拉伸特征，如图 4-242 所示。

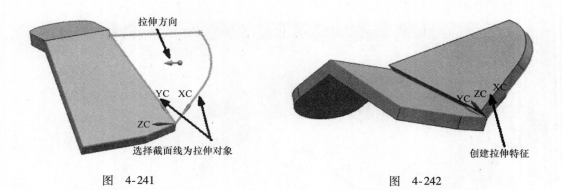

图   4-241   图   4-242

17. 创建替换面特征

选择菜单中的【插入】/【同步建模】/【替换面】命令，或在【同步建模】工具条中选择 （替换面）图标，出现【替换面】对话框，如图 4-243 所示。在图形中选择图4-244 所示的底面为要替换的面，然后单击鼠标中键，或在【替换面】对话框【替换面】区域选择 （面）图标，再在图形中选择图 4-244 所示的顶面为替换目标面，最后单击 确定 按钮，创建替换面特征，如图 4-245 所示。

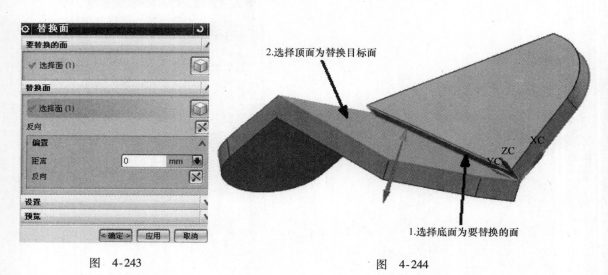

图   4-243   图   4-244

18. 创建求和操作

选择菜单中的【插入】/【组合】/【求和】命令，或在【特征操作】工具条中选择 （求和）图标，出现【求和】操作对话框，如图 4-246 所示。系统提示选择目标实体，按照图 4-247 所示选择目标实体，然后选择工具实体，单击 确定 按钮，完成创建求和操作。

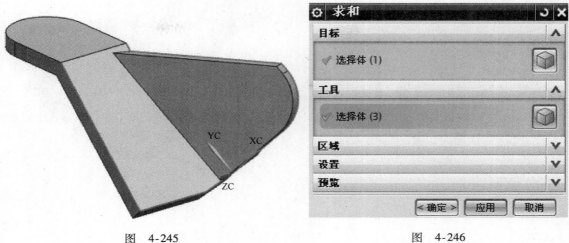

图　4-245　　　　　　　　　　　　　图　4-246

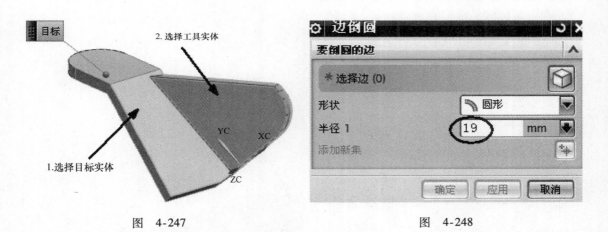

图　4-247　　　　　　　　　　　　　图　4-248

19. 创建边倒圆特征

选择菜单中的【插入】/【细节特征】/【边倒圆】命令，或在【特征】工具条中选择 （边倒圆）图标，出现【边倒圆】对话框，在【半径1】栏输入【19】，如图4-248所示。在图形中选择图4-249所示的边线作为倒圆角边，最后单击 确定 按钮，完成创建圆角特征，如图4-250所示。

20. 创建孔特征

选择菜单中的【插入】/【设计特征】/【孔】命令，或在【特征】工具条中选择 （孔）图标，出现【孔】对话框，如图4-251所示。系统提示选择孔放置点，在主界面捕捉点工具条中仅选择 （圆弧中心）图标，在图形中选择图4-252所示的实体圆弧边，在【孔方向】下拉框中选择 垂直于面选项，在【成形】下拉框中选择 简单选项，在【直径】栏输入【28】，在【深度限制】下拉框中选择【贯通体】选项，在【布尔】下拉框中选择 求差选项，最后单击 应用 按钮，完成孔的创建，如图4-253所示。

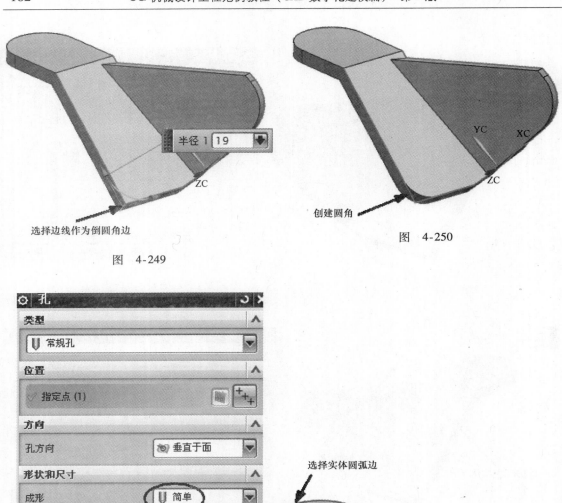

选择边线作为倒圆角边

图   4-249

创建圆角

图   4-250

图   4-251

选择实体圆弧边

图   4-252

继续创建孔特征。在图形中选择如图 4-254 所示的实体圆弧边，在【孔方向】下拉框中选择 ⚙ 垂直于面选项，在【成形】下拉框中选择 ⋓ 简单选项，在【直径】栏输入【28】，在【深度限制】下拉框中选择【贯通体】选项，在【布尔】下拉框中选择 ⚙ 求差选项，最后单击 应用 按钮，完成孔的创建，如图 4-255 所示。

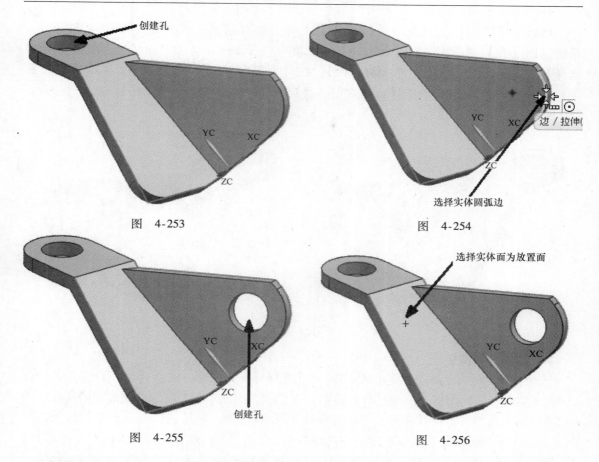

图 4-253

图 4-254

选择实体圆弧边

创建孔

图 4-255

选择实体面为放置面

图 4-256

继续创建孔特征。在图形中选择图4-256所示的实体面为放置面，进入草绘界面，出现【草图点】对话框，如图4-257所示。然后在【草图工具】工具条中选择（自动判断尺寸）图标，在主界面选择范围下拉框中选择【仅在工作部件内】选项，按照图4-258所示的尺寸进行标注，p246＝27，p247＝19。此时草图曲线已经转换成绿色，表示已经完全约束。

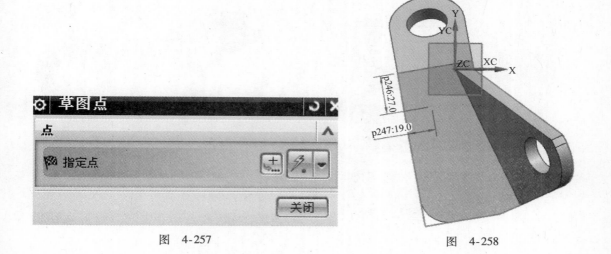

图 4-257

图 4-258

然后在【草图】工具条中选择 完成草图 图标，窗口回到建模界面，如图 4-259 所示。系统返回【孔】对话框，在【孔方向】下拉框中选择 垂直于面 选项，在【成形】下拉框中选择 简单 选项，在【直径】栏输入【19】，在【深度限制】下拉框中选择【贯通体】选项，在【成形】下拉框中选择 求差 选项，最后单击 确定 按钮，完成孔的创建，如图 4-260 所示。

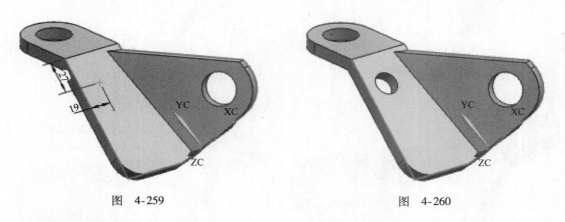

图 4-259   图 4-260

21. 创建阵列特征

选择菜单中的【插入】/【关联复制】/【阵列特征】命令，或在【特征】工具条中选择 （实例特征）图标，出现【阵列特征】对话框，如图 4-261 所示。在图形中选择如图 4-262 所示的孔特征，在【布局】下拉框中选择 线性 选项，在【指定矢量】下拉框中选择 （自动判断的矢量）选项，在图形中选择图 4-262 所示的边线作为阵列方向，在【间距】下拉框中选择【列表】选项，在【数量】、【间距值】栏输入【2】、【63】，单击 确定 按钮，完成创建阵列特征，如图 4-263 所示。

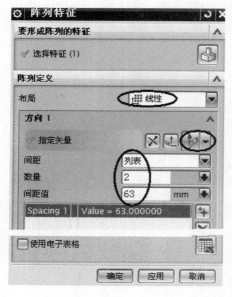

图 4-261

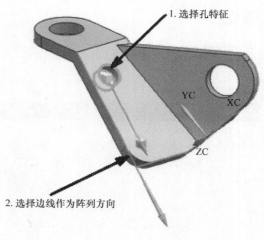

图 4-262

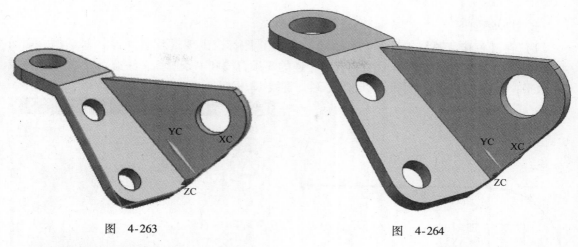

图 4-263 　　　　　　　　　　　　　 图 4-264

22. 移动曲线至 21 层

选择菜单中的【格式】／【移动至图层】命令，或在【实用工具】工具条中选择⁣⁣🎎（移动至图层）图标，将全部曲线移动至 21 层（具体步骤见本章 4.1 之步骤 22），图形更新如图 4-264 所示。

二、草图法

下面介绍采用草图的作法绘制截面来创建实体模型方法。

1. 新建文件

选择菜单中的【文件】／【新建】命令，或选择⬜（新建）图标，出现【新建】文件对话框，在【名称】栏中输入【st – 3 – 1】，在【单位】下拉框中选择【毫米】选项，单击⬛⬛按钮，建立文件名为 "st – 3 – 1. prt"、单位为毫米的文件。

2. 草绘截面一

选择菜单中的【插入】／【草图】，或在【直接草图】工具条中选择🎨（草图）图标，出现【创建草图】对话框，如图 4-265 所示。系统默认 XC – YC 平面为草图平面，单击‹ 确定 ›按钮，出现草图绘制区。

图 4-265

图 4-266

绘图步骤如下：

1）在【直接草图】工具条中选择 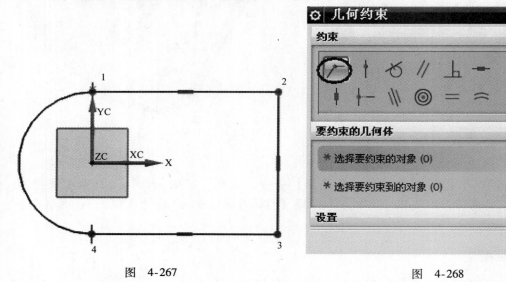（轮廓）图标，出现【配置文件】对话框，如图 4-266 所示。按照图 4-267 所示绘制首尾相连的 3 条直线和 1 条圆弧。注意：直线 12、直线 34 水平，直线 23 竖直，圆弧 41 与直线 34、直线 12 相切。

图　4-267

图　4-268

2）加上约束。在【直接草图】工具条中选择 （几何约束）图标，出现【几何约束】对话框，选择 （重合）图标，如图 4-268 所示。在图中选择圆弧圆心，再选择坐标原点，约束重合，如图 4-269 所示。约束的结果如图 4-270 所示，在【直接草图】工具条中选择 （显示草图约束）图标，使图形中的约束显示出来。

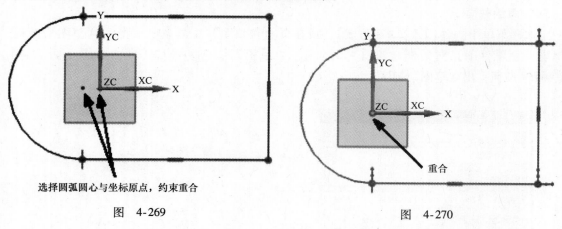

选择圆弧圆心与坐标原点，约束重合

图　4-269

重合

图　4-270

3）标注尺寸。在【直接草图】工具条中选择 （自动判断尺寸）图标，按照图 4-271 所示的尺寸进行标注，p0 = 45，Rp1 = 26。此时草图曲线已经转换成绿色，表示已经完全约束。

4）在【直接草图】工具条中选择 完成草图 图标，窗口回到建模界面。截面如图 4-272 所示。

3. 创建拉伸特征

选择菜单中的【插入】／【设计特征】／【拉伸】命令，或在【特征】工具条中选择（拉伸）图标，出现【拉伸】对话框，如图 4-273 所示。在主界面曲线规则下拉框中选择【相连曲线】选项，选择图 4-274 所示截面线为拉伸对象，在【拉伸】对话框【指定矢量】区域单击（反向）按钮，出现如图 4-274 所示的拉伸方向，然后在【拉伸】对话框中【开始】\【距离】栏、【结束】\【距离】栏输入【0】、【10】，在【布尔】下拉框中选择无选项，如图 4-273 所示。单击确定按钮，完成效果如图 4-275 所示。

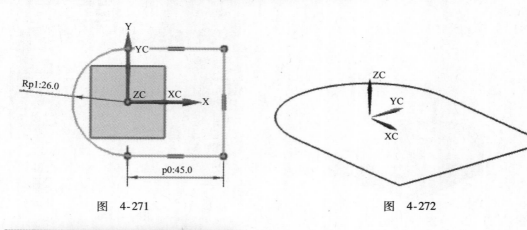

图 4-271

图 4-272

图 4-273

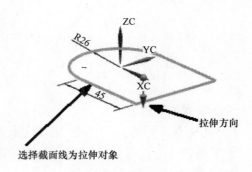

图 4-274

4. 草绘截面二

选择菜单中的【插入】／【草图】，或在【直接草图】工具条中选择（草图）图标，出现【创建草图】对话框，在【平面方法】下拉框中选择【创建平面】选项，如图 4-276 所示。在图形中选择图 4-277 所示的实体面与实体边，在出现的【角度】栏输入【-45】，在【草图方向】区域【参考】下拉框中选择【水平】选项，在图形中选择图 4-278 所示实体边为水平参考方向，单击 <确定> 按钮，出现草图绘制区。

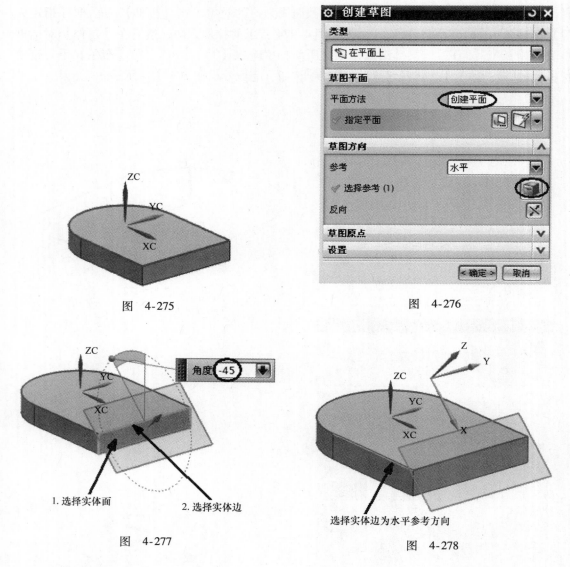

图　4-275

图　4-276

1. 选择实体面　　　2. 选择实体边

图　4-277

选择实体边为水平参考方向

图　4-278

绘图步骤如下：

1）在【直接草图】工具条中选择 ∽（轮廓）图标，出现【轮廓】对话框，在主界面捕捉点工具条中仅选择 ∕（端点）选项，按照图 4-279 所示绘制首尾相连的 6 条直线。注意：直线 12 水平，直线 23 竖直。

2）加上约束。在【直接草图】工具条中选择 ⊿（几何约束）图标，出现【几何约束】对话框，选择 ⊥（垂直）图标，如图 4-280 所示。在图中选择直线 34，再选择直线 45，约束垂直，如图 4-281 所示。约束的结果如图 4-282 所示。在【直接草图】工具条中选择 ↗（显示草图约束）图标，使图形中的约束显示出来。

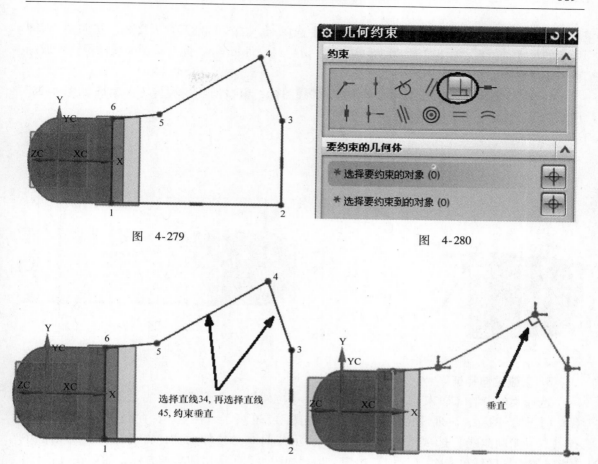

图 4-279

图 4-280

图 4-281

选择直线34,再选择直线45,约束垂直

图 4-282

垂直

继续进行约束。在【几何约束】对话框中选择 ▬（水平）图标,如图 4-283 所示。在图中选择直线,约束水平,如图 4-284 所示。约束的结果如图 4-285 所示。在【直接草图】工具条中选择 ↙（显示草图约束）图标,使图形中的约束显示出来。

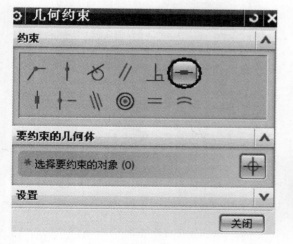

图 4-283

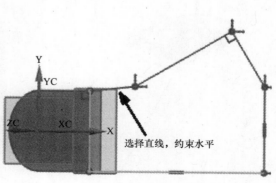

选择直线,约束水平

图 4-284

3）标注尺寸。在【直接草图】工具条中选择 ⊢┷ （自动判断尺寸）图标，按照图 4-286 所示的尺寸进行标注，p12 = 110，p13 = 52，p14 = 15，p15 = 6。此时草图曲线已经转换成绿色，表示已经完全约束。

4）在【直接草图】工具条中选择 图标，窗口回到建模界面。截面如图 4-287 所示。

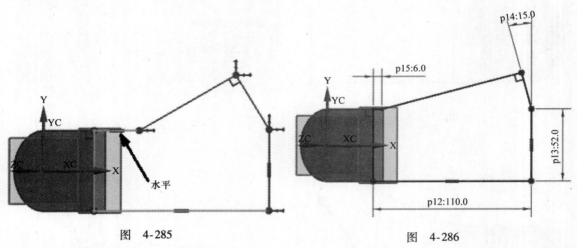

图 4-285

图 4-286

5. 创建拉伸特征

选择菜单中的【插入】/【设计特征】/【拉伸】命令，或在【特征】工具条中选择 （拉伸）图标，出现【拉伸】对话框，如图 4-288 所示。在主界面曲线规则下拉框中选择【自动判断曲线】选项，选择图 4-289 所示截面线为拉伸对象，在【拉伸】对话框中【指定矢量】区域单击 ⊠ （反向）按钮，出现如图 4-289 所示的拉伸方向，然后在【拉伸】对话框中【开始】\【距离】栏、【结束】\【距离】栏输入【0】、【10】，在【布尔】下拉框中选择 求和选项，如图 4-288 所示。单击 确定 按钮，完成创建拉伸特征，如图 4-290 所示。

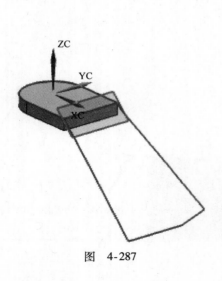

图 4-287

图 4-288

6. 草绘截面三

选择菜单中的【插入】／【草图】，或在【直接草图】工具条中选择 📐（草图）图标，出现【创建草图】对话框，在【平面方法】下拉框中选择【创建平面】选项，如图 4-291 所示。在图形中选择图 4-292 所示的实体面与实体边，在出现的【角度】栏输入【60】，在【草图方向】区域【参考】下拉框中选择【水平】选项，在图形中选择如图 4-293 所示实体边为水平参考方向，单击 < 确定 > 按钮，出现草图绘制区。

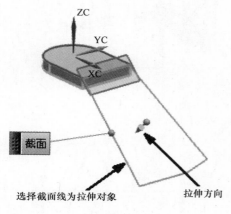

选择截面线为拉伸对象　　　拉伸方向

图 4-289

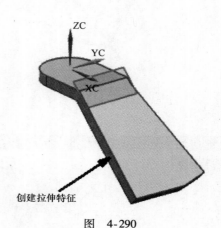

创建拉伸特征

图 4-290

图 4-291

角度 60

1. 选择实体面　　2. 选择实体边

图 4-292

绘图步骤如下：

1）在【直接草图】工具条中选择 ∽（轮廓）图标，出现【轮廓】对话框，在主界面捕捉点工具条中仅选择 ╱（端点）选项，按照图 4-294 所示绘制首尾相连的 4 条直线与 1 条圆弧。注意：直线 12 竖直，直线 12 与圆弧 23 相切，圆弧 23 与直线 34 相切，直线 51 与实体边线重合。

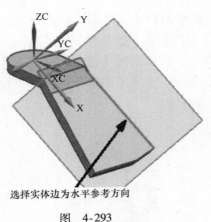

选择实体边为水平参考方向

图　4-293

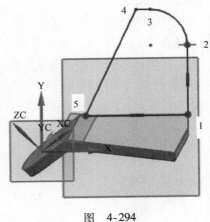

图　4-294

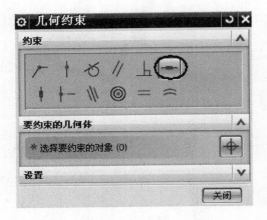

图　4-295

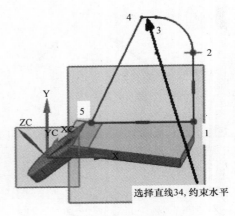

选择直线34, 约束水平

图　4-296

2）加上约束。在【直接草图】工具条中选择 ⊥（几何约束）图标，出现【几何约束】对话框，选择 ▬（水平）图标，如图 4-295 所示。在图中选择直线 34，约束水平，如图 4-296所示。约束的结果如图 4-297 所示。在【直接草图】工具条中选择 ⸜（显示草图约束）图标，使图形中的约束显示出来。

3）标注尺寸。在【直接草图】工具条中选择 ⸝（自动判断尺寸）图标，按照图 4-298 所示的尺寸进行标注，p27 = 45，Rp28 = 27，p29 = 6。此时草图曲线已经转换成绿色，表示已经完全约束。

4）在【直接草图】工具条中选择 完成草图 图标，窗口回到建模界面。

7. 创建拉伸实体、边倒圆及圆孔等特征

详见本章实例 4.3 之步骤 16～21，完成实体如图 4-264 所示。

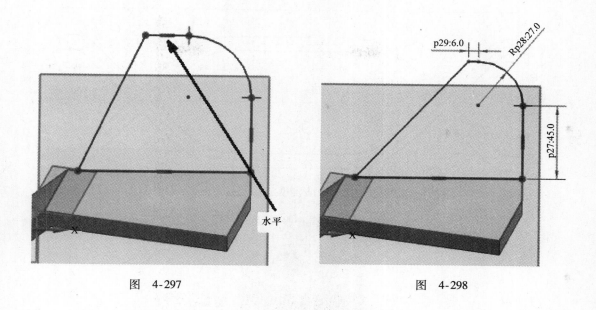

图　4-297　　　　　　　　　　　　　图　4-298

实例四

实体图形及尺寸如图 4-299 所示。

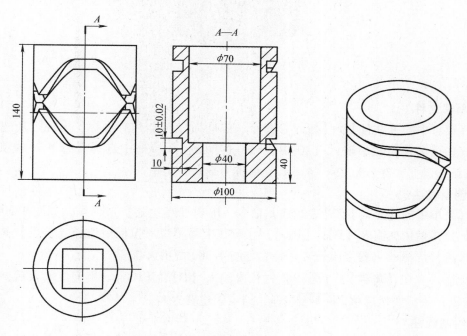

图　4-299

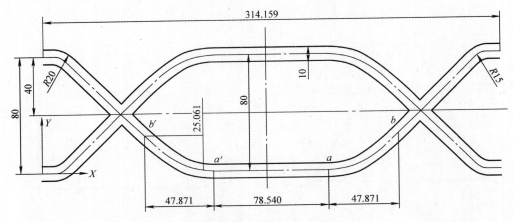

圆柱凸轮槽在 $\phi100$ 圆上的展开图

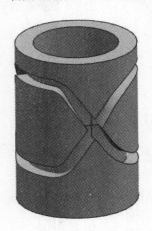

图　4-299（续）

1. 新建文件

选择菜单中的【文件】/【新建】命令，或选择 □（新建）图标，出现【新建】文件对话框，在【名称】栏中输入【st－4】，在【单位】下拉框中选择【毫米】选项，单击 确定 按钮，建立文件名为 "st－4. prt"、单位为毫米的文件。

2. 创建表达式

选择菜单中的【工具】/【表达式】命令，出现【表达式】对话框，如图 4-300 所示。在名称、公式栏依次输入【D】、【100】，注意在上面单位下拉框中选择【长度】选项，当完成输入后，选择 ✓（接受编辑）图标，如图 4-300 所示。

继续输入。在【名称】、【公式】栏依次输入【D】、【100】，当完成输入后，选择 ✓（接受编辑）图标，然后单击 确定 按钮，结束创建表达式。

3. 绘制圆柱

选择菜单中的【插入】/【设计特征】/【圆柱体】命令，或在【特征】工具条中选择 ▣（圆柱）图标，出现【圆柱】对话框，在【类型】下拉框中选择 🗗 轴、直径和高度选项，如图 4-301 所示。在【指定点】区域单击 ⊡（点）按钮，出现【点】构造器对话框，在【XC】、【YC】、【ZC】栏输入【0】、【0】、【0】，如图 4-302 所示。单击 确定 按钮，系统返

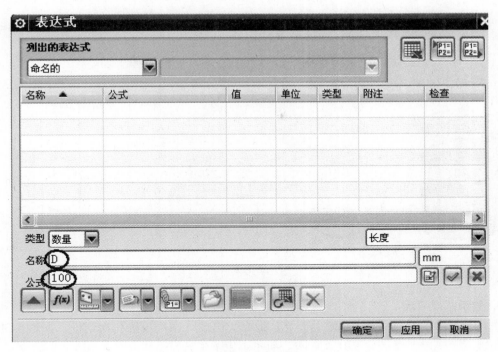

图 4-300

回【圆柱】对话框，在【指定矢量】下拉框中选择选项，在【直径】、【高度】栏输入
【D】、【140】，然后单击 确定 按钮，完成创建圆柱，如图 4-303 所示。

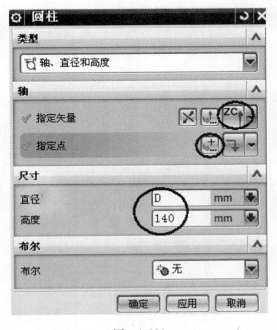

图 4-301

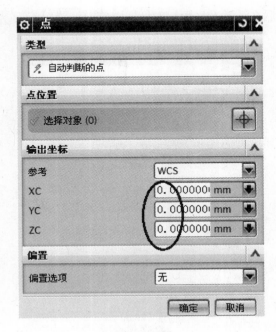

图 4-302

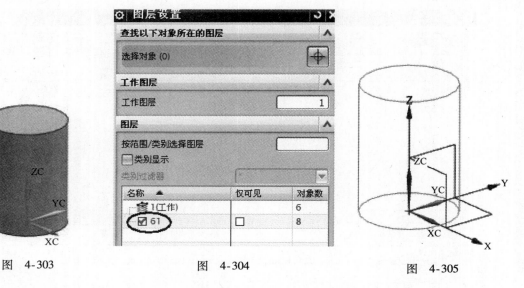

图　4-303　　　　　　　　　图　4-304　　　　　　　　　图　4-305

4. 显示基准平面

选择菜单中的【格式】／【图层设置】命令，出现【图层设置】对话框，如图 4-304 所示。勾选 ☑ 61 层，完成显示基准平面，如图 4-305 所示。

5. 创建基准平面

选择菜单中的【插入】／【基准点】／【基准平面】命令，或在【特征】工具栏中选择 ▭（基准平面）图标，出现【基准平面】对话框，如图 4-306 所示。在【类型】下拉框中选择 📐 自动判断选项，在图形中选择图 4-307 所示的圆柱面与 YZ 基准平面，出现基准平面预览，然后在【基准平面】对话框中单击 应用 按钮，创建基准平面如图 4-308 所示。

图　4-306

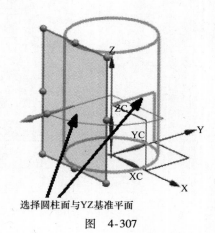

选择圆柱面与YZ基准平面

图　4-307

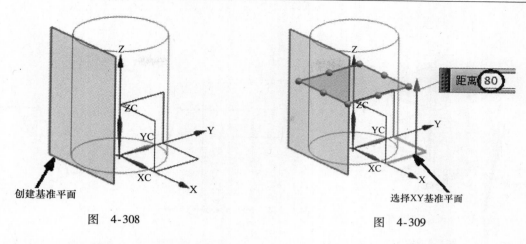

图　4-308　　　　　　　　　　　　　　　　　图　4-309

继续创建基准平面。在【基准平面】对话框中【类型】下拉框中选择 ⟨图标⟩ 自动判断选项，在图形中选择图 4-309 所示的 XY 基准平面，在【距离】栏输入【80】，然后在【基准平面】对话框中单击 ⟨确定⟩ 按钮，创建基准平面，如图 4-310 所示。

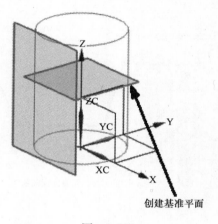

图　4-310

图　4-311

6. 草绘截面

选择菜单中的【插入】/【草图】，或在【直接草图】工具条中选择 ⟨图标⟩（草图）图标，出现【创建草图】对话框，如图 4-311 所示。选择图 4-312 所示的基准平面为草图平面，单击【确定】按钮，出现草图绘制区。

绘图步骤如下：

1）在【直接草图】工具条中选择 ⟨图标⟩（轮廓）图标，出现【轮廓】对话框，按照图 4-313 绘制首尾相连的 5 条直线。注意：直线 12、直线 34、直线 56 水平。

2）加上约束。在【直接草图】工具条中选择 ⟨图标⟩（几何约束）图标，出现【几何约束】对话框，选择 ⟨图标⟩（点在曲线上）图标，如图 4-314 所示。在图中选择直线 12 的端点与 YC 轴，约束点在曲线上，如图 4-315 所示。约束的结果如图 4-316 所示。在【直接草图】工具条中选择 ⟨图标⟩（显示草图约束）图标，使图形中的约束显示出来。

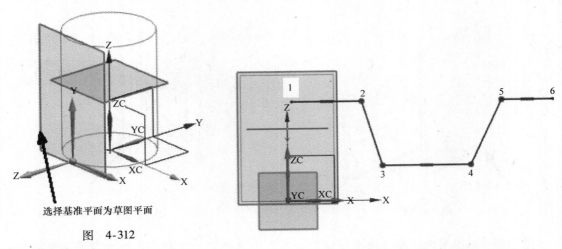

图 4-312

选择基准平面为草图平面

图 4-313

图 4-314

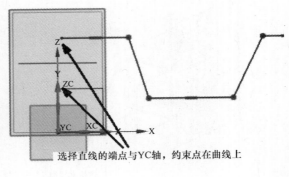

选择直线的端点与YC轴，约束点在曲线上

图 4-315

继续进行约束。在【几何约束】对话框中选择 ▨ （共线）图标，在图中选择直线 12 与直线 56，约束共线，如图 4-317 所示。约束的结果如图 4-318 所示。在【直接草图】工具条中选择 ⽷ （显示草图约束）图标，使图形中的约束显示出来。

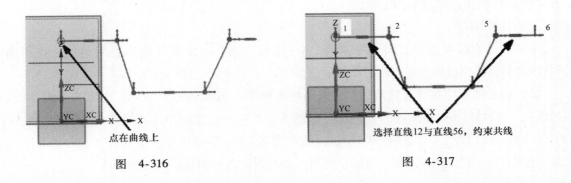

点在曲线上

图 4-316

选择直线12与直线56，约束共线

图 4-317

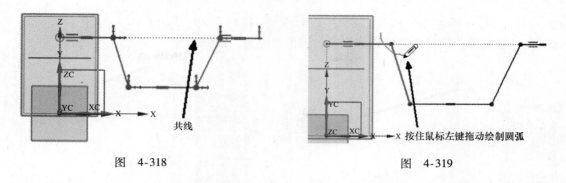

图 4-318   图 4-319

3）在【直接草图】工具栏中选择 （圆角）图标，在图形中按住鼠标左键拖动绘制如图 4-319 所示的圆弧，进行倒圆角，创建圆角如图 4-320 所示。

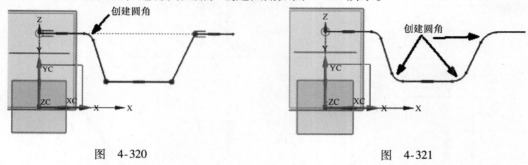

图 4-320   图 4-321

继续创建圆角。按照上述方法，依次在其余三个角创建圆角，如图 4-321 所示。

4）加上约束。在【直接草图】工具条中选择 （几何约束）图标，出现【几何约束】对话框，选择 （等半径）图标，在图中选择圆角与圆角，约束等半径，如图 4-322 所示。约束的结果如图 4-323 所示。按照同样的方法，约束下方左右两个圆角等半径，在【直接草图】工具条中选择 （显示草图约束）图标，使图形中的约束显示出来。

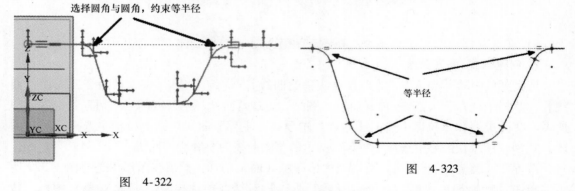

图 4-322   图 4-323

继续进行约束。在【直接草图】工具条中选择 （几何约束）图标，出现【几何约束】对话框，选择 （等长）图标，在图中选择直线与直线，约束等长，如图 4-324 所示。约束的结果如图 4-325 所示。在【直接草图】工具条中选择 （显示草图约束）图标，使图形中的约束显示出来。

5）标注尺寸。在主界面选择范围下拉框中选择【仅在工作部件内】选项，在【直接草图】工具条中选择 （自动判断尺寸）图标，按照图 4-326 所示的尺寸进行标注，p14 =

40，p15 = 40，p16 = T/6.5626，p17 = T/6.5626，p18 = T/4，Rp19 = 20，p20 = T，p21 = 25.061。此时草图曲线已经转换成绿色，表示已经完全约束。

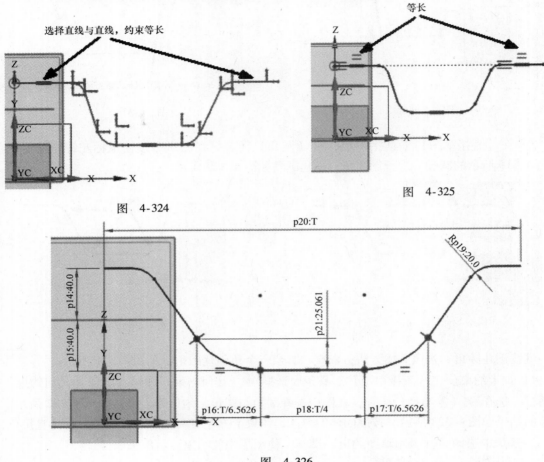

图　4-324

图　4-325

图　4-326

6）在【直接草图】工具条中选择 [完成草图] 图标，窗口回到建模界面。

7. 创建缠绕/展开曲线

选择菜单中的【插入】/【来自曲线集的曲线】/【缠绕/展开曲线】命令，或在【曲线】工具栏中选择 [ ]（缠绕/展开曲线）图标，出现【缠绕/展开曲线】对话框，如图4-327所示。在【类型】下拉框中选择【缠绕】选项，在主界面曲线规则下拉框中选择【相切曲线】选项，然后在图形中选择图4-328所示的草图曲线为要缠绕的曲线。

接着在【缠绕/展开曲线】对话框中选择 [ ]（面）图标，然后在图形中选择图4-329所示的圆柱面为缠绕面，接着在【缠绕/展开曲线】对话框中选择 [ ]（选择对象）图标，然后在图形中选择图4-329所示的基准平面为缠绕平面，单击 [确定] 按钮，完成创建缠绕曲线，如图4-330所示。

8. 将草图曲线及辅助基准平面移至 255 层

选择菜单中的【格式】/【移动至图层】命令，或在【实用工具】工具条中选择 [ ]（移动至图层）图标，将草图曲线及辅助基准平面移动至 255 层（步骤略），图形更新为如图4-331所示。

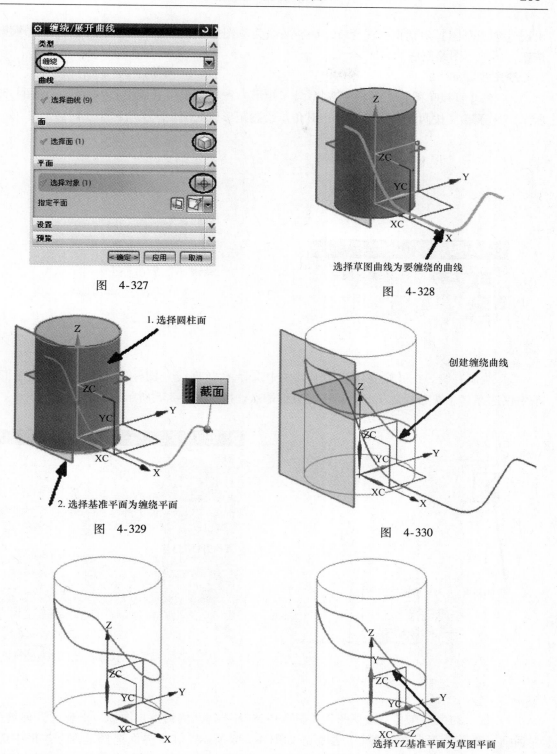

图 4-327

图 4-328

选择草图曲线为要缠绕的曲线

1.选择圆柱面

截面

2.选择基准平面为缠绕平面

图 4-329

创建缠绕曲线

图 4-330

图 4-331

选择YZ基准平面为草图平面

图 4-332

9. 草绘截面

选择菜单中的【插入】／【草图】，或在【直接草图】工具条中选择 (草图) 图标，出现【创建草图】对话框，选择 YZ 基准平面为草图平面，如图 4-332 所示。单击 <确定> 按钮，出现草图绘制区。

绘图步骤如下：

1）在【直接草图】工具栏中选择 ▢ （矩形）图标，出现【矩形】对话框，如图 4-333 所示。选择 ▱ （按两点）图标，使用对角点绘制矩形，如图 4-334 所示。

图　4-333

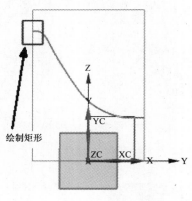

图　4-334

2）绘制直线。在【直接草图】工具栏中选择 ╱ （直线）图标，在主界面捕捉点工具条中仅选择 ╱ （端点）选项，然后选择直线端点，按照图 4-335 所示绘制一条对角线。

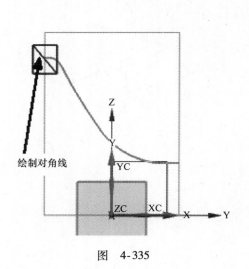

图　4-335

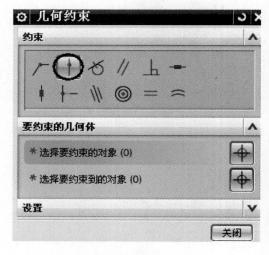

图　4-336

3）加上约束。在【直接草图】工具条中选择 ⟋ （几何约束）图标，出现【几何约束】对话框，选择 ⫿ （点在曲线上）图标，如图 4-336 所示。在主界面选择范围下拉框中选择【仅在工作部件内】选项，在图中选择直线与直线端点，约束点在曲线上，如图 4-337 所示。约束的结果如图 4-338 所示。在【直接草图】工具条中选择 ⟋ （显示草图约束）图标，使图形中的约束显示出来。

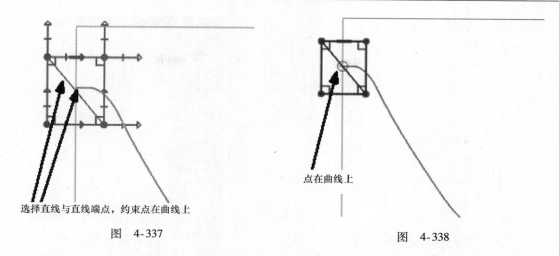

选择直线与直线端点，约束点在曲线上

图 4-337

点在曲线上

图 4-338

继续进行约束。在【直接草图】工具条中选择 ✍ （几何约束）图标，出现【几何约束】对话框，选择 ⊢ （中点）图标，然后选择直线与直线端点，约束中点，如图 4-337 所示。约束的结果如图 4-339 所示。在【直接草图】工具条中选择 ᐟᐟ（显示草图约束）图标，使图形中的约束显示出来。

4）标注尺寸。在【直接草图】工具条中选择 ᐟ￪（自动判断尺寸）图标，按照图 4-340 所示的尺寸进行标注，p25 = 20，p26 = 10。此时草图曲线已经转换成绿色，表示已经完全约束。

5）在【直接草图】工具条中选择 ￼ 完成草图 图标，窗口回到建模界面，如图 4-341 所示。

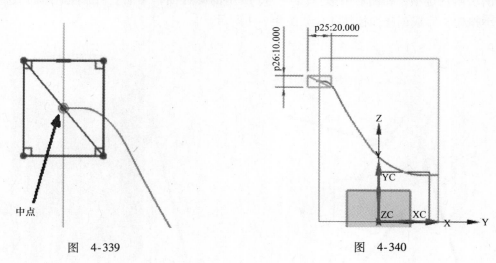

中点

图 4-339

p26:10.000

p25:20.000

图 4-340

10. 创建扫掠特征

选择菜单中的【插入】/【扫掠】/【扫掠】命令，或在【曲面】工具条中选择 ￼ （扫掠）图标，出现【扫掠】对话框，如图 4-342 所示。系统提示选择截面曲线，在主界面曲线规则下拉框中选择【相连曲线】选项，在图形中选择图 4-343 所示的矩形，然后在对话框中选择 ￼ （引导线）图标，在图形中选择图 4-343 所示的缠绕曲线为引导线。

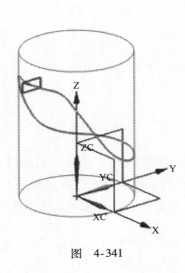

图　4-341

图　4-342

　　然后在【扫掠】对话框【截面选项】选项中【定位方法】\【方向】下拉框中选择
【面的法向】选项，在图形中选择图 4-343 所示的圆柱面，最后在【扫掠】对话框中单击
████ 按钮，完成创建扫掠特征，如图 4-344 所示。

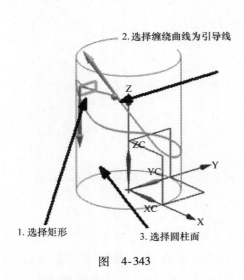

图　4-343

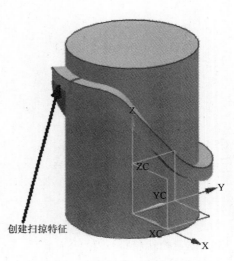

图　4-344

11. 创建求差特征

　　选择菜单中的【插入】/【组合】/【求差】命令，或在【特征操作】工具条中选择 ▣
（求差）图标，出现【求差】操作对话框，如图 4-345 所示。系统提示选择目标实体，按照

图 4-346 所示依次选择目标实体和工具实体，完成实体求差操作，如图 4-347 所示。

12. 显示基准平面

选择菜单中的【格式】/【图层设置】命令，出现【图层设置】对话框，勾选 ☑ 255 层，完成显示基准平面。

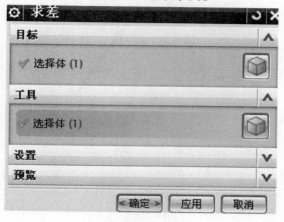

图 4-345

图 4-346

13. 创建镜像特征

选择菜单中的【插入】/【关联复制】/【镜像特征】命令，或在【特征操作】工具栏中选择 (镜像特征) 图标，出现【镜像特征】对话框，如图 4-348 所示。在【部件导航器】栏中选择 ☑扫掠 (9) 、 ☑求差 (10) 特征，如图 4-349 所示。然后在【镜像特征】对话框【平面】下拉框中选择【现有平面】选项，在图形中选择图 4-350 所示的基准平面，单击 确定 按钮，完成创建镜像特征，如图 4-351 所示。

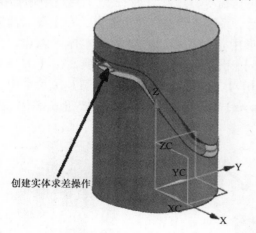

图 4-347

图 4-348

14. 将全部曲线及辅助基准平面移至 255 层

选择菜单中的【格式】/【移动至图层】命令，或在【实用工具】工具条中选择 (移动至图层) 图标，将草图曲线及辅助基准平面移动至 255 层（步骤略）。

15. 关闭基准层

选择菜单中的【格式】/【图层设置】命令，出现【图层设置】对话框，取消 □ 61 层，更新的图形如图 4-352 所示。

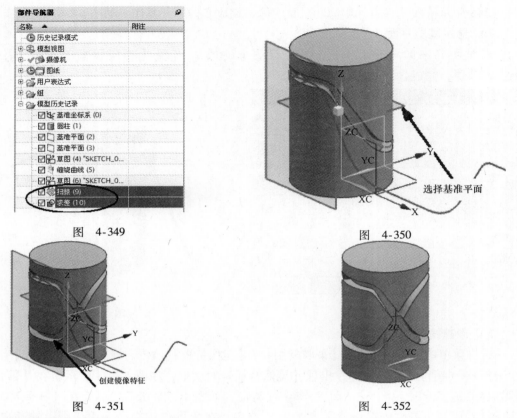

图　4-349

选择基准平面

图　4-350

创建镜像特征

图　4-351

图　4-352

16. 创建沉头孔特征

选择菜单中的【插入】/【设计特征】/【孔】命令，或在【特征】工具条中选择 图标，出现【孔】对话框。如图 4-353 所示。系统提示选择孔放置点，在主界面捕捉点工具条中仅选择 ⊙（圆弧中心）图标，在图形中选择图 4-354 所示的实体圆弧边，在【孔方向】下拉框中选择 ![](垂直于面选项，在【成形】下拉框中选择 ![](沉头选项，在【沉头直径】、【沉头深度】、【直径】栏中输入【70】、【100】、【40】，在【深度限制】下拉框中选择【贯通体】选项，在【布尔】下拉框中选择 ![](求差选项，最后单击 按钮，完成沉头孔的创建，如图 4-355 所示。

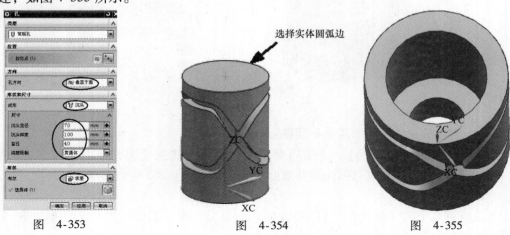

选择实体圆弧边

图　4-353

图　4-354

图　4-355

实例五

实体图形尺寸如图 4-356 所示。实体造型如图 4-357 所示。

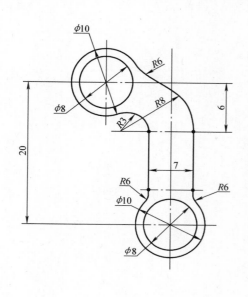

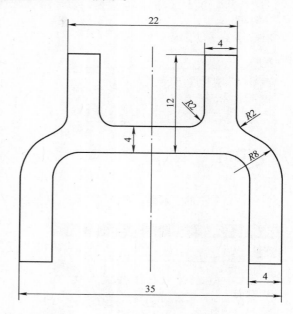

图 4-356

1. 建立新文件

选择菜单中的【文件】/【新建】命令，或选择□（新建）图标，出现【新建】文件对话框，在【名称】栏中输入【st－5】，在【单位】下拉框中选择【毫米】选项，单击 确定 按钮，建立文件名为"st－5.prt"、单位为毫米的文件。

2. 显示基准平面

选择菜单中的【格式】/【图层设置】命令，出现【图层设置】对话框，如图 4-358 所示。勾选 ☑61 层，完成显示基准平面，如图 4-359 所示。

3. 草绘截面

选择菜单中的【插入】/【草图】，或在

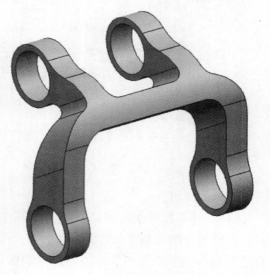

图 4-357

【直接草图】工具条中选择（草图）图标，出现【创建草图】对话框，如图 4-360 所示。选择 XC－ZC 平面为草图平面，如图 4-361 所示，单击 < 确定 > 按钮。出现草图绘制区。

图　4-358

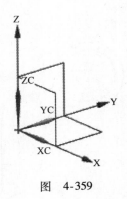

图　4-359

图　4-360

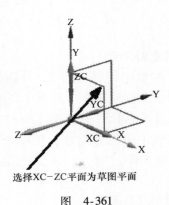

选择XC－ZC平面为草图平面

图　4-361

绘图步骤如下：

1）在【直接草图】工具栏中选择 ◯（圆）图标，出现【圆】对话框，如图 4-362 所示。选择 ◉（圆心和直径定圆）图标，大约在（－11，0）处选择圆心，然后移动鼠标，在直径为 8mm 左右时单击鼠标左键，绘制圆 1。然后按照相同的方法绘制同心圆 2（直径为 10mm）；接着在（0，－20）处选择圆心，然后移动鼠标，在直径为 8mm 左右时单击鼠标左键，绘制圆 3。然后按照相同的方法绘制同心圆 4（直径为 10mm），如图 4-363 所示。

2）进行约束。在【直接草图】工具条中选择 ╱（几何约束）图标，出现【几何约束】对话框，选择 ◉（同心）图标，如图 4-364 所示。在草图中选择圆 1，再选择圆 2，约束其同心，如图 4-365 所示。按照相同的方法对圆 3 及圆 4 进行同心约束。约束的结果如图 4-366 所示。

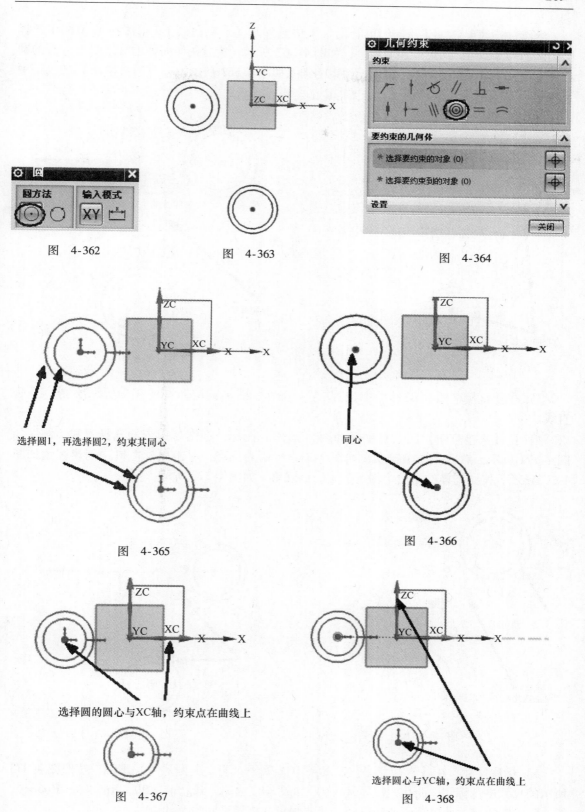

图 4-362

图 4-363

图 4-364

选择圆1，再选择圆2，约束其同心

图 4-365

同心

图 4-366

选择圆的圆心与XC轴，约束点在曲线上

图 4-367

选择圆心与YC轴，约束点在曲线上

图 4-368

继续进行约束。在【几何约束】对话框中选择 ▋▋（点在曲线上）图标，在草图中选择圆的圆心与 XC 轴，约束点在曲线上，如图 4-367 所示。然后按照同样的方法对下方圆的圆心约束至 YC 轴，如图 4-368 所示。约束的结果如图 4-369 所示。在【直接草图】工具条中选择 ▸⁁（显示草图约束）图标，使图形中的约束显示出来。

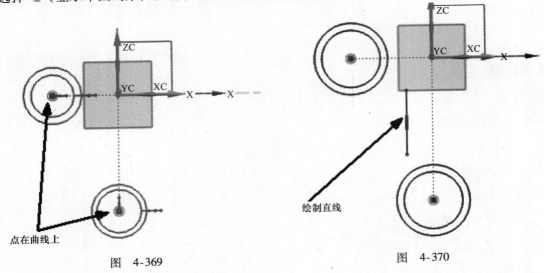

图　4-369　　　　　　　　　　　　图　4-370

3）在【直接草图】工具栏中选择 ╱（直线）图标，按照图 4-370 所示绘制一条竖直线。

4）在【直接草图】工具栏中选择 ⌐（圆角）图标，在图形中依次选择直线、圆，如图 4-371 所示，然后将选择球放在如图 4-371 所示的位置，单击鼠标左键，创建圆角如图 4-372 所示；按照同样的方法，创建下方一个圆角，如图 4-372 所示。

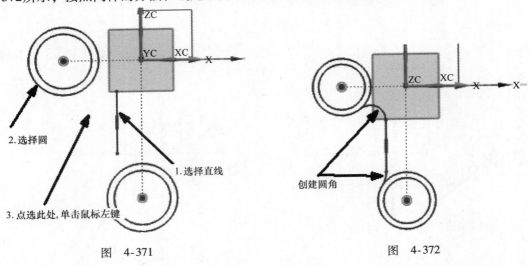

图　4-371　　　　　　　　　　　　图　4-372

5）标注尺寸。在【直接草图】工具条中选择 ⬚（自动判断尺寸）图标，按照图 4-373 所示的尺寸进行标注，$\phi p0 = 8$，$\phi p1 = 10$，$\phi p2 = 8$，$\phi p3 = 10$，$p4 = 20$，$Rp5 = 3$，$Rp6 = 6$，$p7 = 6$，$p8 = 3.5$。此时草图曲线已经转换成绿色，表示已经完全约束。

6）为了显示清楚，这里先隐藏尺寸，镜像曲线。在【直接草图】工具栏中选择 ⬛（镜像曲线）图标，出现【镜像曲线】对话框，如图 4-374 所示。在主界面曲线规则下拉框中选择【单条曲线】选项，在图形中选择图 4-375 所示的要镜像的曲线，然后在【镜像曲线】对话框中【选择中心线】区域选择 ✚（中心线）图标，再选择图 4-375 所示的 Y 轴为镜像中心线，最后单击 <确定> 按钮，完成镜像曲线，如图 4-376 所示。

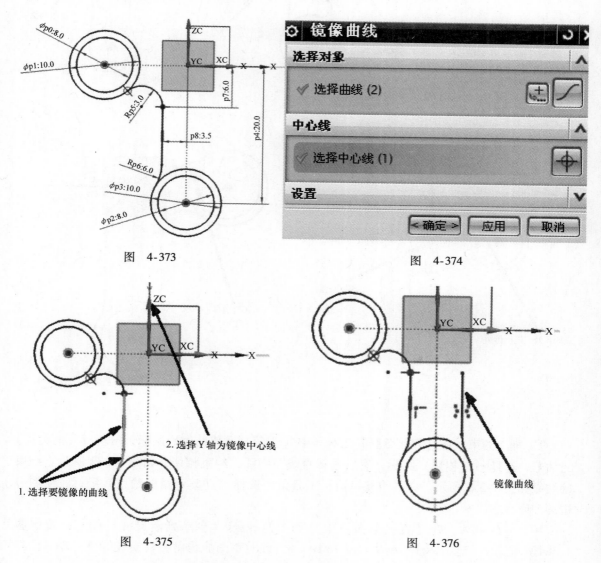

图　4-373

图　4-374

图　4-375

图　4-376

7）绘制圆弧。在【直接草图】工具条中选择 ⬛（圆弧）图标，在【圆弧】对话框中选择 ⬛（中心和端点定圆弧）图标，如图 4-377 所示。选择图 4-378 所示的圆心，然后在主界面捕捉点工具条中仅选择 ╱（端点）图标，选择直线的端点为起点，选择适当的位置为终点，如图 4-378 所示。完成绘制圆弧，如图 4-379 所示。

8）在【直接草图】工具栏中选择 ⬛（圆角）图标，在图形中依次选择圆弧、圆，如图 4-380 所示。然后将选择球放在如图 4-380 所示的位置，单击鼠标左键，创建圆角如图 4-381 所示。

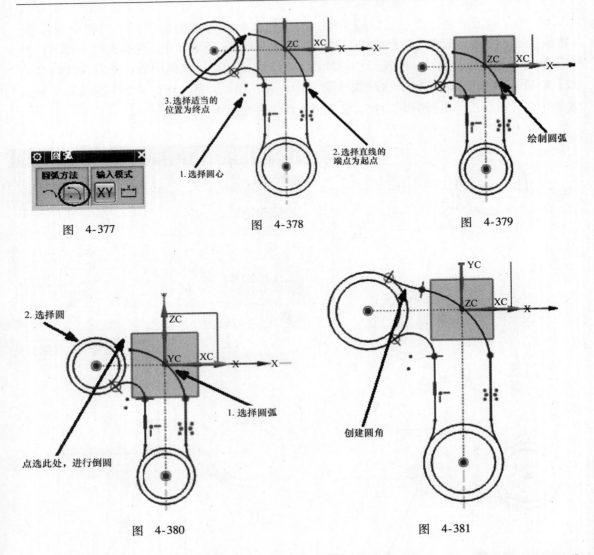

图 4-377

图 4-378

图 4-379

图 4-380

图 4-381

9）加上约束。在【直接草图】工具条中选择 （几何约束）图标，出现【几何约束】对话框，选择 （相切）图标，然后选择直线与圆弧，约束相切，如图 4-382 所示。约束的结果如图 4-383 所示。在【直接草图】工具条中选择 （显示草图约束）图标，使图形中的约束显示出来。

10）标注尺寸。在【直接草图】工具条中选择 （自动判断尺寸）图标，按照图4-384所示的尺寸进行标注，Rp9 = 8，Rp10 = 6。此时草图曲线已经转换成绿色，表示已经完全约束。

11）快速修剪曲线。在【直接草图】工具栏中选择 （快速修剪）图标，出现【快速修剪】对话框，如图 4-385 所示。然后在图形中选择图 4-386 所示的曲线进行快速修剪，修剪结果如图 4-387 所示。

12）在【直接草图】工具条中选择 完成草图 图标，窗口回到建模界面。

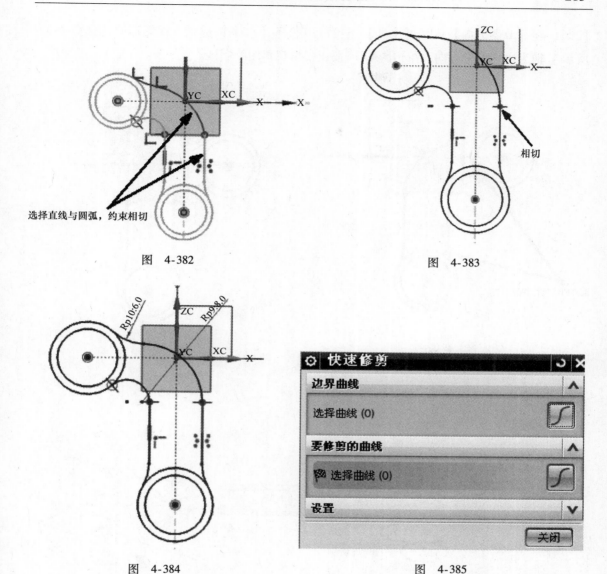

选择直线与圆弧，约束相切

图 4-382

相切

图 4-383

图 4-384

图 4-385

4. 创建拉伸特征

选择菜单中的【插入】/【设计特征】/【拉伸】命令，或在【特征】工具条中选择 （拉伸）图标，出现【拉伸】对话框，如图4-388所示。在主界面曲线规则下拉框中选择【自动判断曲线】选项，选择图4-389所示截面线为拉伸对象，然后在【拉伸】对话框中【指定矢量】下拉框中选择 选项，在【结束】下拉框中选择 对称值选项，在【距离】栏输入【17.5】，在【布尔】下拉框中选择 无选项，如图4-388所示。单击 按钮，完成创建拉伸特征，如图4-390所示。

5. 草绘截面

选择菜单中的【插入】/【草图】，或在【直接草图】工具条中选择 （草图）图标，出现【创建草图】对话框，在【平面方法】下拉框中选择【创建平面】选项，如图4-391所示。在图形中选择图4-392所示的YZ基准平面与孔的中心线，在出现的【角度】栏输入

【29】，在【草图方向】区域【参考】下拉框中选择【水平】选项，在图形中选择图 4-392
所示 Y 轴为水平参考方向，单击< 确定 >按钮，出现草图绘制区。

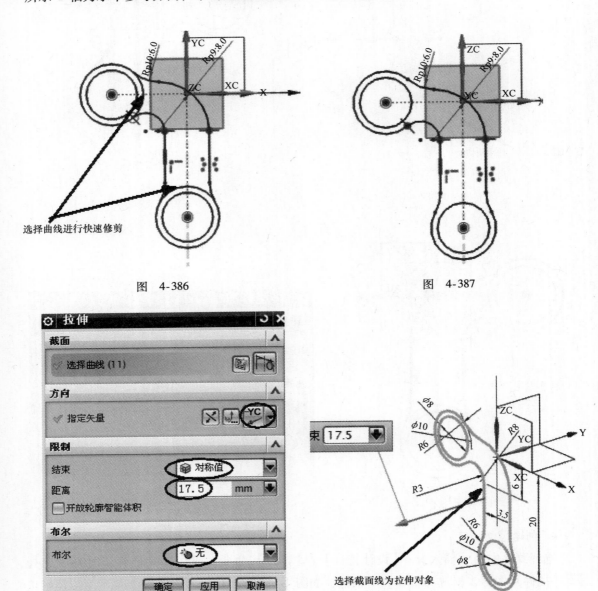

图　4-386

图　4-387

图　4-388

图　4-389

绘图步骤如下：

1）在【直接草图】工具栏中选择 ⓘ（投影曲线）图标，出现【投影曲线】对话框，
如图 4-393 所示。选择图 4-394 所示的两处实体圆柱面，在【投影曲线】对话框中勾选
☑关联选项，单击 确定 按钮，完成投影曲线，如图 4-395 所示。

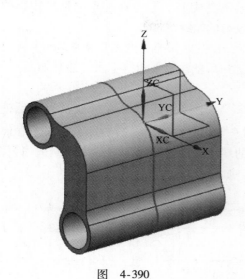

图　4-390

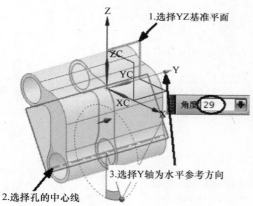

1.选择YZ基准平面

角度 29

2.选择孔的中心线

3.选择Y轴为水平参考方向

图　4-392

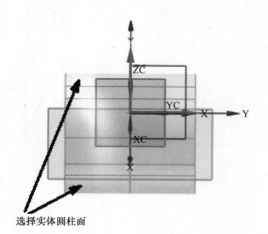

选择实体圆柱面

图　4-394

图　4-391

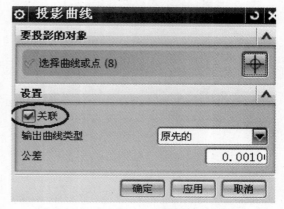

图　4-393

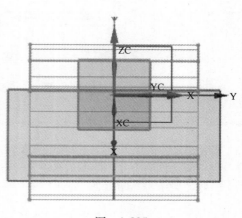

图　4-395

2）绘制直线。在【直接草图】工具栏中选择 ✏（直线）图标，在主界面捕捉点工具条中仅选择 ✏（端点）选项，按照图 4-396 所示绘制直线 12，起点和终点分别是投影的轮廓线端点。接着绘制直线 34，起点和终点分别是投影的轮廓线端点。

继续绘制直线。选择图 4-397 所示的直线端点，在主界面捕捉点工具条中选择 ✏（点在曲线上）图标，在边线上选择一点，绘制直线 45。然后依次选择边线上点，绘制如图 4-398 所示的另外 4 条竖直线和两条水平线。

3）绘制圆弧。在【直接草图】工具条中选择 ⌒（圆弧）图标，在【圆弧】对话框中选择 ⌒（中心和端点定圆弧）图标，然后选择图 4-399 所示的点为圆心，然后在主界面捕捉点工具条中仅选择 ✏（端点）选项，选择直线的端点为圆弧起点，然后拖动至适当位置，单击鼠标左键，如图 4-399 所示。完成绘制圆弧，如图 4-400 所示。

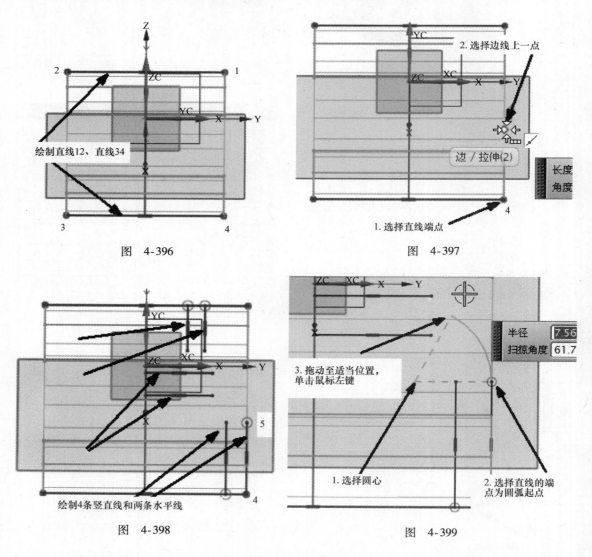

图　4-396

图　4-397

图　4-398

图　4-399

4）在【直接草图】工具栏中选择 ▨（圆角）图标，在图形中依次选择直线、圆弧，如图 4-401 所示。然后将选择球放在如图 4-401 所示的位置，单击鼠标左键，创建圆角，如

图 4-402 所示。

按照上述方法，依次创建其他两处圆角，完成效果如图 4-403 所示。

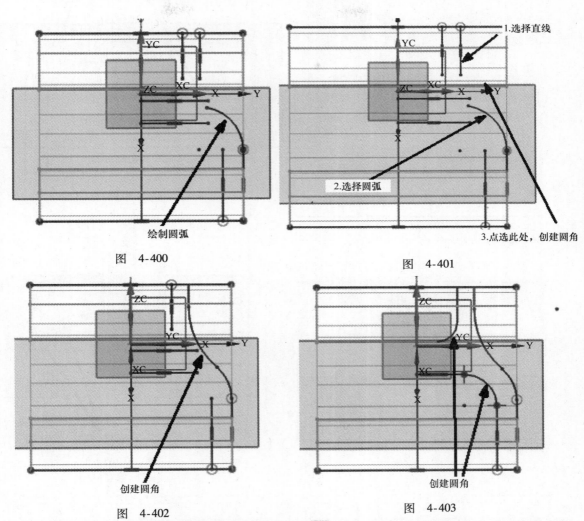

图　4-400

图　4-401

图　4-402

图　4-403

5）加上约束。在【直接草图】工具条中选择 ⚷ （几何约束）图标，出现【几何约束】对话框，选择 ⊥ （点在曲线上）图标，如图 4-404 所示。在图中选择 Y 轴与直线端点，约束点在曲线上，如图 4-405 所示。约束的结果如图 4-406 所示。按照同样的方法，约束另一条直线的端点在 Y 轴。在【直接草图】工具条中选择 ⚸ （显示草图约束）图标，使图形中的约束显示出来。

继续进行约束。在【几何约束】对话框中选择 ◎ （同心）图标，在草图中选择圆弧与圆弧，约束同心，如图 4-407 所示。约束的结果如图 4-408 所示。在【直接草图】工具条中选择 ⚸ （显示草图约束）图标，使图形中的约束显示出来。

继续进行约束。在【几何约束】对话框中选择 ⚮ （相切）图标，在草图中选择圆弧与直线，约束相切，如图 4-409 所示。在【几何约束】对话框，选择 ═ （等长）图标，在草图中选择直线与直线，约束等长，如图 4-410 所示。约束的结果如图 4-411 所示。在【直接草图】工具条中选择 ⚸ （显示草图约束）图标，使图形中的约束显示出来。

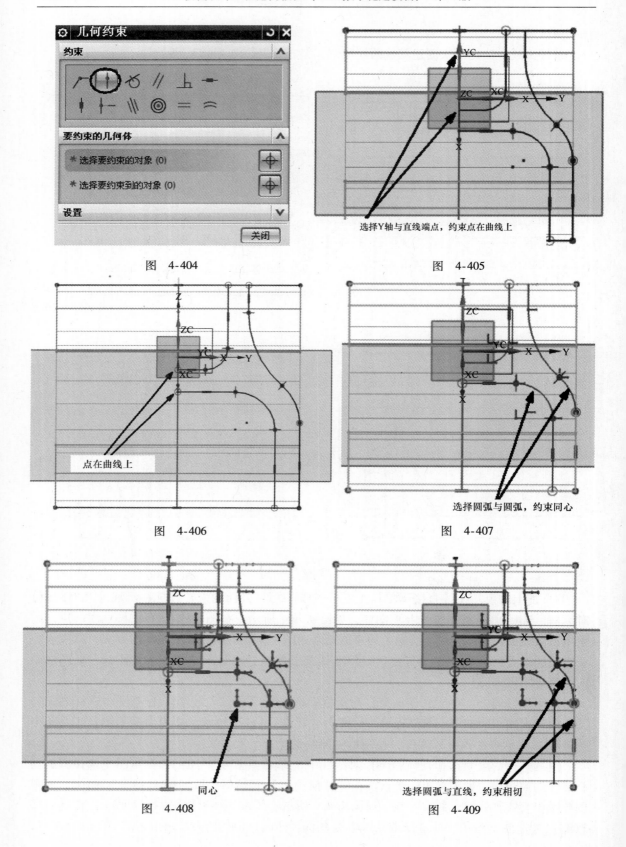

图　4-404

选择Y轴与直线端点，约束点在曲线上

图　4-405

点在曲线上

图　4-406

选择圆弧与圆弧，约束同心

图　4-407

同心

图　4-408

选择圆弧与直线，约束相切

图　4-409

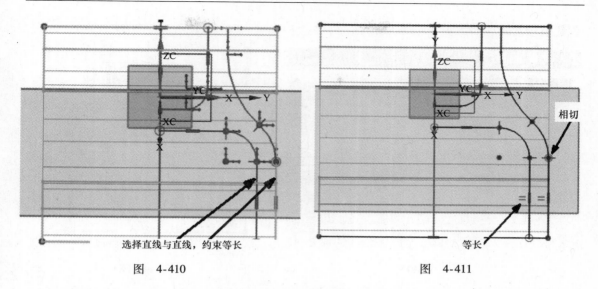

图 4-410　　　　　　　　　　　图 4-411

6）标注尺寸。在【直接草图】工具条中选择 ⊬ （自动判断尺寸）图标，按照如图 4-412 所示的尺寸进行标注，p22 = 4，p23 = 4，p24 = 4，p25 = 16，Rp26 = 8，Rp27 = 2，Rp28 = 2，p29 = 6.5。此时草图曲线已经转换成绿色，表示已经完全约束。

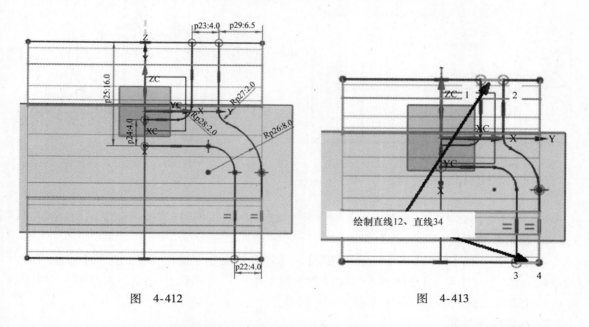

图 4-412　　　　　　　　　　　图 4-413

7）为了显示清楚，隐藏尺寸，绘制直线。在【直接草图】工具栏中选择 ╱ （直线）图标，在主界面捕捉点工具条中仅选择 ╱ （端点）选项，按照图 4-413 所示绘制直线 12、直线 34。

8）镜像曲线。在【直接草图】工具栏中选择 ⒪ （镜像曲线）图标，出现【镜像曲线】对话框，如图 4-414 所示。在主界面曲线规则下拉框中选择【相连曲线】选项，在图形中选择图 4-415 所示的要镜像的曲线，然后在【镜像曲线】对话框中【选择中心线】区域选择 ⊹ （中心线）图标，再选择图 4-415 所示的 Y 轴为镜像中心线，最后单击 < 确定 > 按钮，创建镜像曲线，如图 4-416 所示。

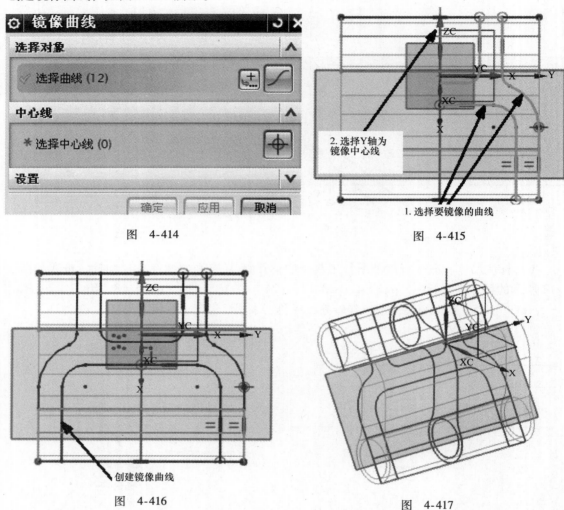

图 4-414

图 4-415

图 4-416

图 4-417

9）在【直接草图】工具条中选择 完成草图 图标，窗口回到建模界面，如图 4-417 所示。

6. 隐藏非轮廓线

选择菜单中的【编辑】/【显示和隐藏】/【隐藏】命令，或在【实用工具】工具条中选择 （隐藏）图标，在主界面类型过滤器下拉框中选择【曲线】选项，选择图 4-418 所示的非轮廓线隐藏，图形更新为如图 4-419 所示。

7. 创建拉伸特征

选择菜单中的【插入】/【设计特征】/【拉伸】命令，或在【特征】工具条中选择 （拉伸）图标，出现【拉伸】对话框，如图 4-420 所示。在主界面曲线规则下拉框中选择【相连曲线】选项，选择图 4-421 所示截面线为拉伸对象，然后在【拉伸】对话框中【指定矢量】下拉框中选择 （面/平面的法向）选项，在图形中选择图 4-421 所示的基准平面，在【拉伸】对话框中【结束】下拉框中选择 对称值 选项，在【距离】栏输入【17.5】，在【布尔】下拉框中选择 求交 选项，单击 确定 按钮，完成创建拉伸特征，如图 4-422 所示。

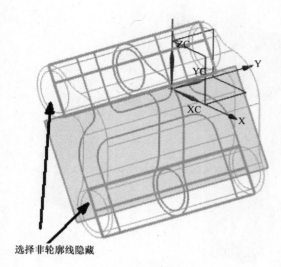

选择非轮廓线隐藏

图 4-418

图 4-419

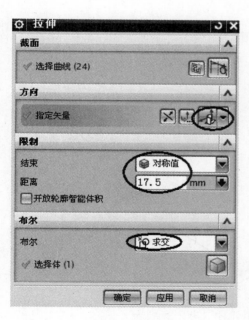

图 4-420

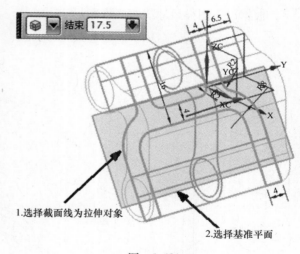

1.选择截面线为拉伸对象

2.选择基准平面

图 4-421

8. 将曲线及基准平面移至 255 层

选择菜单中的【格式】/【移动至图层】命令，或在【实用工具】工具条中选择 ▧ (移动至图层) 图标，将曲线及基准平面移动至 255 层（步骤略），然后关闭 61 层，图形更新为如图 4-423 所示。

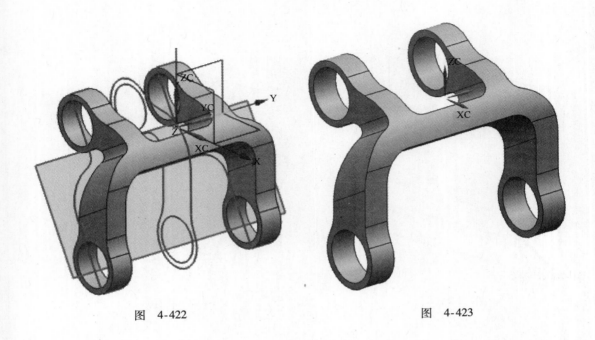

图　4-422　　　　　　　　　　　　　图　4-423

习　题

根据以下图样尺寸绘制三维图形：

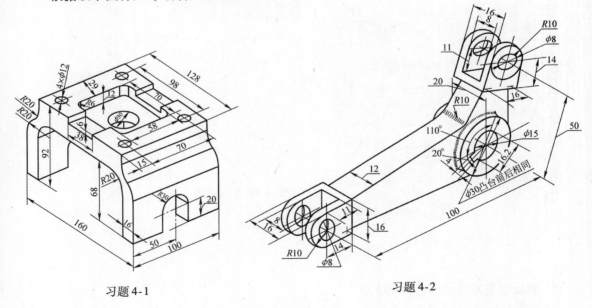

习题 4-1　　　　　　　　　　　　　习题 4-2

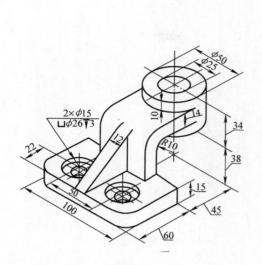

习题 4-3

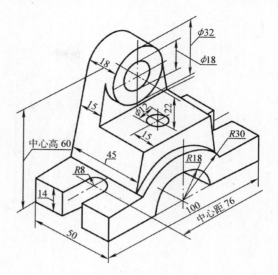

习题 4-4

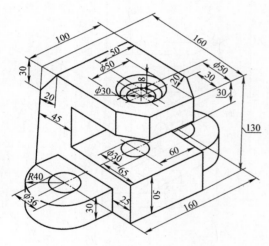

习题 4-5

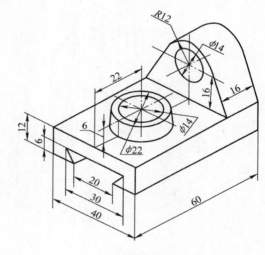

习题 4-6

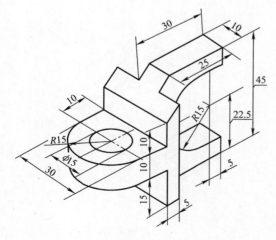

习题 4-7

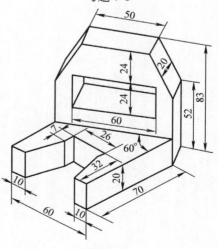

习题 4-8

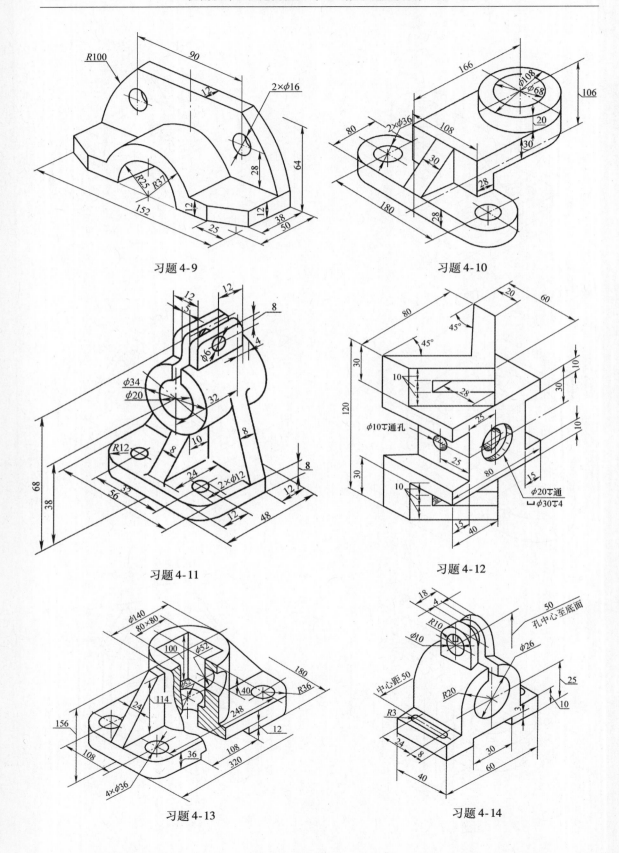

习题 4-9

习题 4-10

习题 4-11

习题 4-12

习题 4-13

习题 4-14

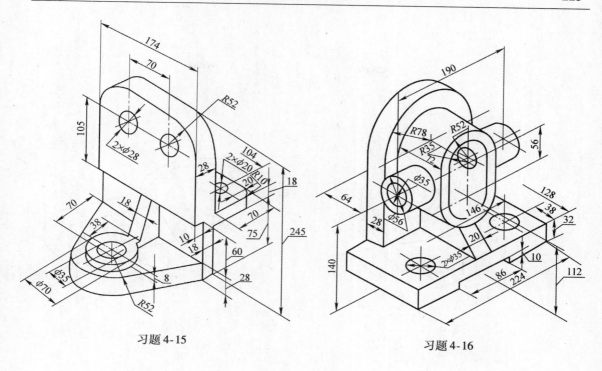

习题 4-15

习题 4-16

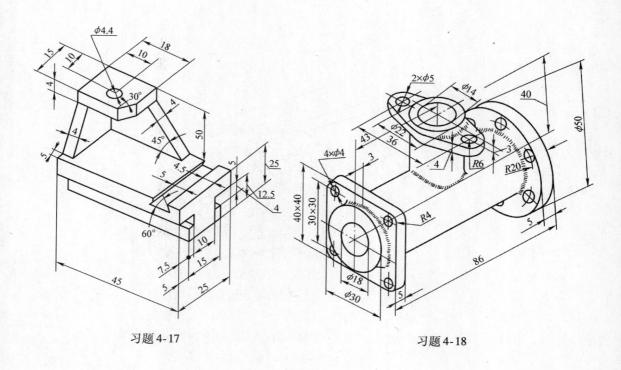

习题 4-17

习题 4-18

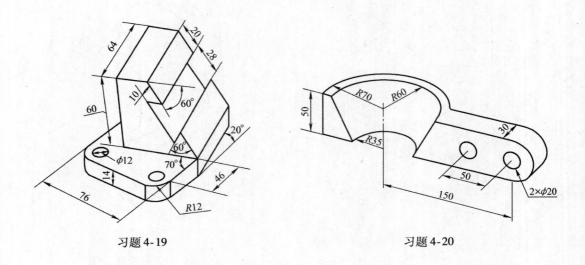

习题 4-19

习题 4-20

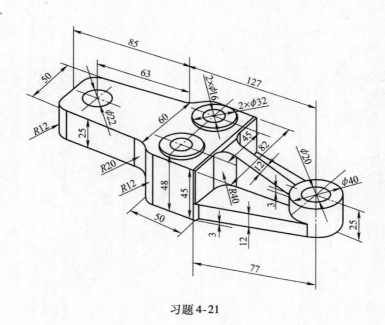

习题 4-21

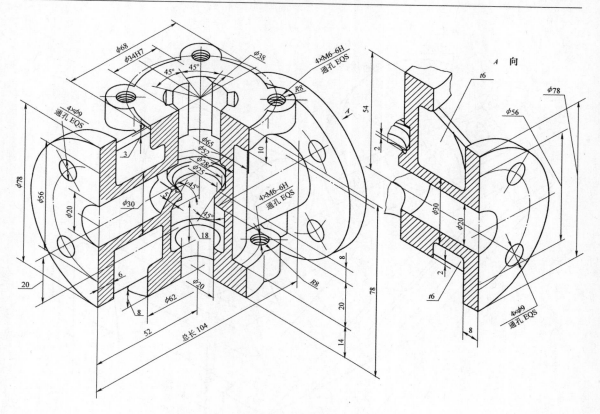

习题 4-22

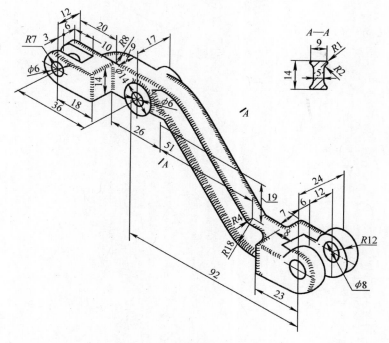

习题 4-23

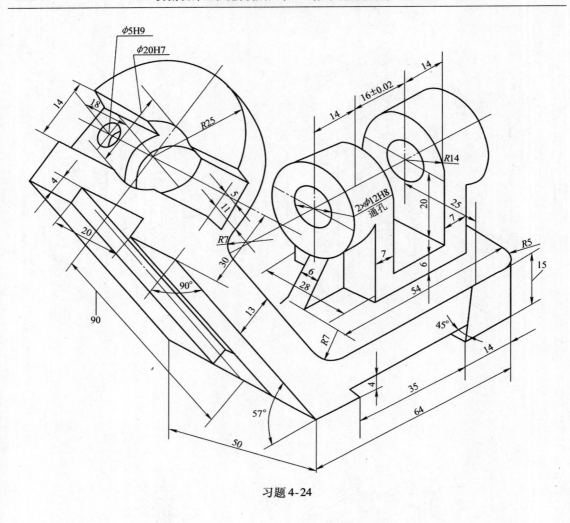

习题 4-24

第五章
曲面构图

📖**实例说明**

本章主要讲述曲面构建。其构建思路为：首先分析图形的组成，分别画出截面主要构造曲线等，然后采用通过曲线组、通过曲线网格、扫掠等建模方法来创建各种曲面，并缝合成实体，再在实体上创建各种孔、修剪体、倒角、圆角等细节特征。

📖**学习目标**

通过本章实例的练习，读者能熟练掌握创建草图平面，创建线框，投影曲线等基本操作，通过曲线组、通过曲线网格、扫掠曲面等创建方法创建孔、缝合曲面、抽壳、变半径倒圆角等细节特征，以及替换面、偏置曲面、修剪片体、求和、求差、阵列特征、镜像特征等操作，开拓构建思路及提高曲面的创建基本技巧。

实例一

曲面图形及尺寸如图 5-1 所示。

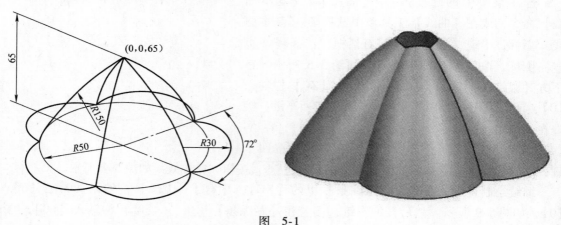

图 5-1

1. 新建文件

选择菜单中的【文件】/【新建】命令，或选择 ⬜（新建）图标，出现【新建】文件对话框，在【名称】栏中输入【qm－1】，在【单位】下拉框中选择【毫米】选项，单击 确定 按钮，建立文件名为"qm－1. prt"、单位为毫米的文件。

2. 取消跟踪设置

如果用户已经设置取消跟踪，可以跳过这一步。选择菜单中的【首选项】/【用户界面】命令，出现【用户界面首选项】对话框，取消 在跟踪条中跟踪光标位置 选项，然后单击 确定 按钮，完成取消跟踪设置。

3. 绘制圆

选择菜单中的【插入】/【曲线】/【基本曲线】命令，或在【曲线】工具条中选择 （基本曲线）图标，出现【基本曲线】对话框，选择 （圆）图标，如图 5-2 所示。在下方【跟踪条】里【XC】、【YC】、【ZC】栏输入【0】、【0】、【0】，在 （半径）栏输入【50】，然后按回车键，如图 5-3 所示。在【基本曲线】对话框单击 取消 按钮，完成绘制圆，如图 5-4 所示。

图　5-2

图　5-3

4. 绘制直线

选择菜单中的【插入】/【曲线】/【基本曲线】命令，或在【曲线】工具条中选择 （基本曲线）图标，出现【基本曲线】对话框，选择 （直线）图标，取消 线串模式 选项，如图 5-5 所示。在下方【跟踪条】里的【XC】、【YC】、【ZC】栏输入【0】、【0】、【0】，如图 5-6 所示。然后按回车键，接着在【跟踪条】里 （长度）栏输入【60】，在 （角度）栏输入【0】，如图 5-7 所示。然后按回车

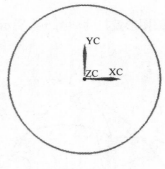

图　5-4

键，绘制直线，在【基本曲线】对话框单击 取消 按钮，完成效果如图 5-8 所示。

继续绘制直线。在下方【跟踪条】里的【XC】、【YC】、【ZC】栏输入【0】、【0】、【0】，如图 5-9 所示。然后按回车键，接着在【跟踪条】里 （长度）栏输入【60】，在 （角度）栏输入【72】，如图 5-10 所示。然后按回车键，绘制直线，在【基本曲线】对话框单击 取消 按钮，完成效果如图 5-11 所示。

图 5-5

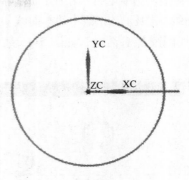

图 5-8

图 5-6

图 5-7

图 5-9

图 5-10

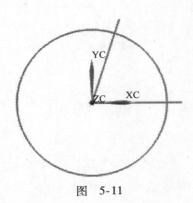

图 5-11

图 5-12

5. 创建曲线倒圆

选择菜单中的【插入】／【曲线】／【基本曲线】命令，或在【曲线】工具条中选择 （基本曲线）图标，出现【基本曲线】对话框，如图 5-12 所示。选择 （圆角）图标，出现【曲线倒圆】对话框，如图 5-13 所示。选择 （2 曲线圆角）图标，在【半径】栏输入【30】。

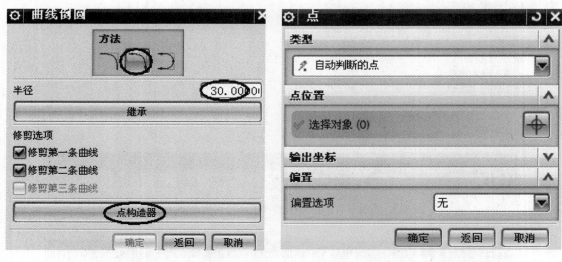

图　5-13　　　　　　　　　　　　　　　　　图　5-14

然后在【曲线倒圆】对话框中单击【点构造器】按钮，系统出现【点】构造器对话框，如图 5-14 所示。在主界面捕捉点工具条中仅选择 （交点）图标，然后在图形中依次选择直线与圆交点为第一点，如图 5-15 所示。在图形中依次选择直线与圆的交点为第二点，如图 5-15 所示。接着在图形中选择圆角中心点，如图 5-15 所示。创建圆角，如图 5-16 所示。

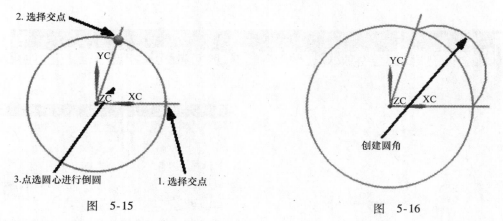

图　5-15　　　　　　　　　　　　　　　　　图　5-16

6. 旋转工作坐标系

选择菜单中的【格式】／【WCS】／【旋转】命令，或在【实用工具】工具条中选择 （旋转 WCS）图标，出现【旋转 WCS】工作坐标系对话框，如图 5-17 所示。选中 +XC 轴：YC --> ZC 选项，在旋转【角度】栏输入【90】，单击 确定 按钮，将坐标系转成如图

5-18 所示。

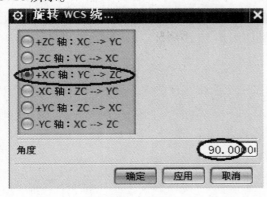

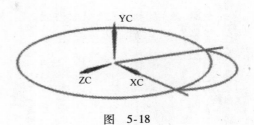

图 5-17

图 5-18

7. 创建曲线倒圆

选择菜单中的【插入】/【曲线】/【基本曲线】命令，或在【曲线】工具条中选择（基本曲线）图标，出现【基本曲线】对话框，选择▢（圆角）图标，出现【曲线倒圆】对话框，如图 5-19 所示。选择▨（2 曲线圆角）图标，在【半径】栏输入【150】，然后在【曲线倒圆】对话框中单击【点构造器】按钮，系统出现【点】构造器对话框，在主界面捕捉点工具条中仅选择✕（交点）图标，然后在图形中依次选择直线与圆交点为第一点，如图 5-20 所示。接着在【点】构造器对话框【XC】、【YC】、【ZC】栏输入【0】、【65】、【0】，为倒圆第二点，如图 5-21 所示。单击 确定 按钮，在图形中选择圆角中心点，如图 5-20 所示。创建圆角，如图 5-22 所示。

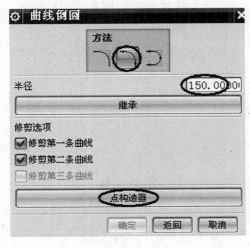

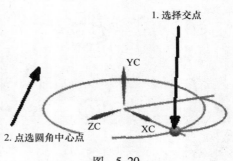

图 5-19

图 5-20

8. 绕点旋转复制曲线

选择菜单中的【编辑】/【移动对象】命令，或在【标准】工具栏中选择⬚（移动对象）图标，出现【移动对象】对话框，如图 5-23 所示。然后在图形中选择图 5-24 所示的曲线。在【移动对象】对话框【运动】下拉框中选择✕角度选项，在【指定矢量】下拉框中选择✕选项，在【指定轴点】下拉框中选择⊕（圆弧中心/椭圆中心/球心）选项，然后在图形中选择图 5-24 所示的圆，继续在【移动对象】对话框中【角度】栏输入【72】，在【结果】区域选中 ⊙复制原先的 选项，在【距离/角度分割】、【非关联副本数】栏输入【1】、【4】，如图 5-23 所示。单击 确定 按钮，完成效果如图 5-25 所示。

图　5-21

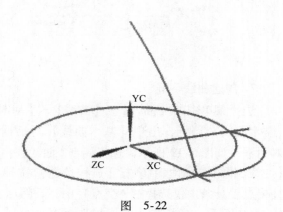

图　5-22

9. 将辅助曲线移至 255 层

选择菜单中的【格式】/【移动至图层】命令，或在【实用工具】工具条中选择 ⊗（移动至图层）图标，将辅助曲线移动至 255 层（步骤略），图形更新如图 5-26 所示。

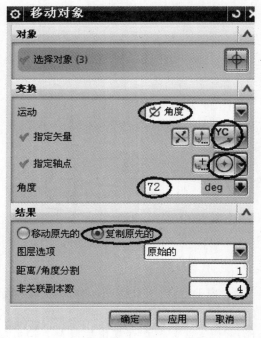

图　5-23

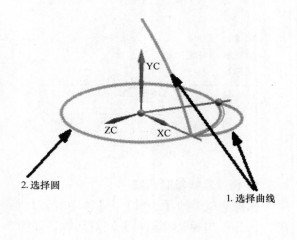

图　5-24

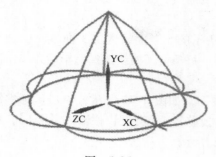

图 5-25

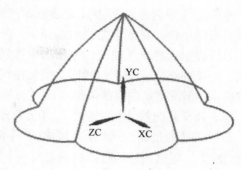

图 5-26

10. 创建通过曲线网格特征（编织曲面）

选择菜单中的【插入】/【网格曲面】/【通过曲线网格】命令，或在【曲面】工具栏中选择（通过曲线网格）图标，出现【通过曲线网格】对话框，如图5-27所示。在主界面捕捉点工具条中仅选择（端点）选项，然后在图形中选择图5-28所示的端点为主曲线一，单击鼠标中键确认，完成选择主曲线一，接着在图形中依次选择5段首尾相连的圆弧，如图5-29所示。单击鼠标中键确认，完成选择主曲线二。

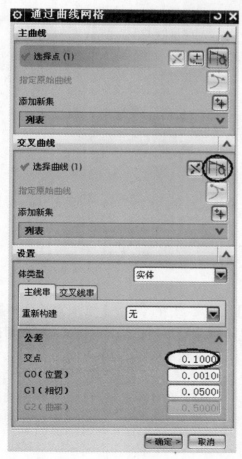

图 5-27

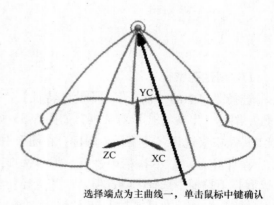

选择端点为主曲线一，单击鼠标中键确认

图 5-28

　　然后在【通过曲线网格】对话框中选择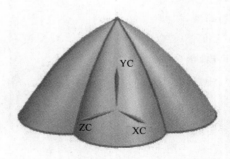（交叉曲线）图标，如图 5-27 所示。或直接单击鼠标中键，完成主曲线的选择。

　　系统提示选择交叉曲线，在图形中选择图 5-30 所示的 5 条曲线为交叉曲线一、交叉曲线二、交叉曲线三、交叉曲线四、交叉曲线五。注意：每条交叉曲线选择完毕后，单击鼠标中键确认。5 条交叉曲线的矢量方向要一致。

　　当 5 条交叉曲线选择完毕后，再次选择交叉曲线一，如图 5-31 所示，单击鼠标中键确认。然后在【通过曲线网格】对话框中【设置】／【公差】／【交点】栏输入【0.1】，单击 ⬛确定 按钮，完成创建通过曲线网格特征，如图 5-32 所示。

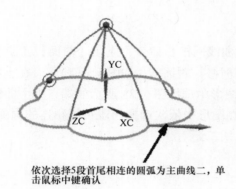

依次选择5段首尾相连的圆弧为主曲线二，单击鼠标中键确认

图　5-29

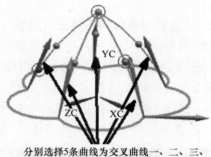

分别选择5条曲线为交叉曲线一、二、三、四、五，注意每条交叉曲线选择完毕后，单击鼠标中键确认

图　5-30

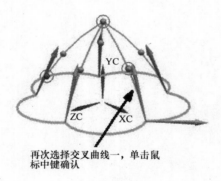

再次选择交叉曲线一，单击鼠标中键确认

图　5-31

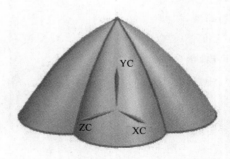

图　5-32

11. 创建孔特征

　　选择菜单中的【插入】／【设计特征】／【孔】命令，或在【特征】工具条中选择（孔）图标，出现【孔】对话框，如图 5-33 所示。系统提示选择孔放置点，在主界面捕捉点工具条中仅选择╱（端点）图标，在图形中选择图 5-34 所示的圆弧端点。

　　在【孔方向】下拉框中选择↑沿矢量选项，在【指定矢量】下拉框中选择 YC 选项，在【成形】下拉框中选择⊔简单选项，在【直径】栏输入【20】，在【深度限制】下拉框中选择【贯通体】选项，在【布尔】下拉框中选择⬛求差选项，最后单击 ⬛确定 按钮，完成孔的创建，如图 5-35 所示。

12. 将辅助曲线移至 255 层

　　选择菜单中的【格式】／【移动至图层】命令，或在【实用工具】工具条中选择

（移动至图层）图标，将辅助曲线移动至255层（步骤略），图形更新如图5-36所示。

图 5-33

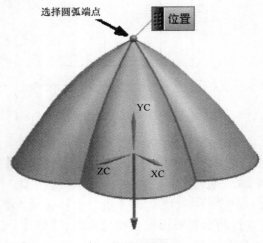

图 5-34

图 5-35

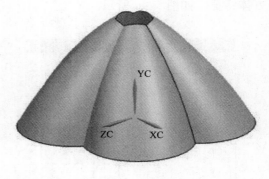

图 5-36

实例二

曲面图形线框如图5-37所示。

1. 新建文件

选择菜单中的【文件】/【新建】命令，或选择 ▢（新建）图标，出现【新建】文件对话框，在【名称】栏中输入【qm－2】，在【单位】下拉框中选择【毫米】选项，单击 ▭确定 按钮，建立文件名为"qm－2. prt"、单位为毫米的文件。

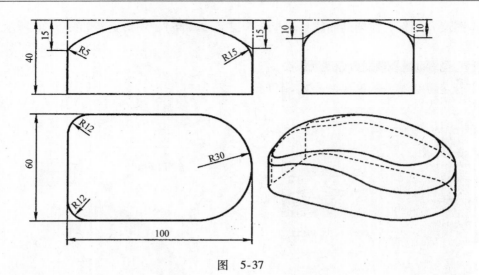

图　5-37

2. 创建长方体特征

选择菜单中的【插入】／【设计特征】／【长方体】命令，或在【特征】工具条中选择 （长方体）图标，出现长方体【块】对话框，在【类型】下拉框中选择 原点和边长选项，在【指定点】区域选择 （点构造器）图标，如图 5-38 所示。出现【点】构造器对话框，在【XC】、【YC】、【ZC】栏输入【-50】、【-30】、【0】，如图 5-39 所示。单击 确定 按钮，系统返回长方体【块】对话框，在【长度（XC）】、【宽度（YC）】、【高度（ZC）】栏输入【100】、【60】、【40】，然后单击 确定 按钮，完成创建长方体特征，如图 5-40 所示。

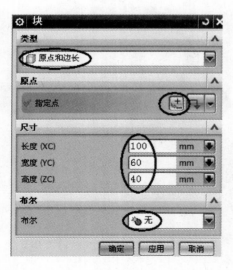

图　5-38

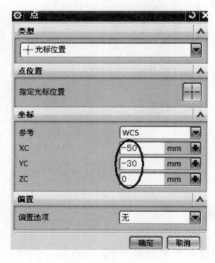

图　5-39

3. 显示基准平面

选择菜单中的【格式】／【图层设置】命令，出现【图层设置】对话框，勾选 ☑ 61 层，完成显示基准平面，如图 5-41 所示。

4. 草绘截面一

选择菜单中的【插入】/【草图】命令，或在【直接草图】工具条中选择 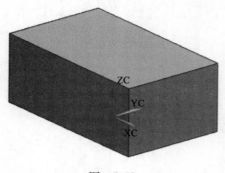（草图）图标，出现【创建草图】对话框，如图 5-42 所示。选择图 5-43 所示的 XZ 基准平面为草图平面，单击 < 确定 > 按钮，出现草图绘制区。

图　5-40

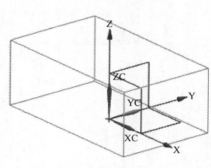

图　5-41

图　5-42

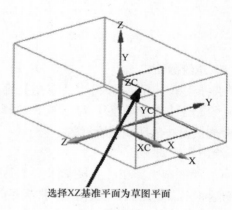

选择XZ基准平面为草图平面

图　5-43

绘图步骤如下：

1）绘制圆弧。在【直接草图】工具栏中选择 （圆弧）图标，在【圆弧】对话框中选择 （三点定圆弧）图标，在主界面捕捉点工具条中仅选择 （点在曲线上）图标，按照图 5-44 所示绘制圆弧。

注意：圆弧起点、终点在边线上，并且圆弧与边线相切。如果一次绘制这些约束不成功，可以追加约束。

2）标注尺寸。在【直接草图】工具条中选择 （自动判断尺寸）图标，在主界面选择范围下拉框中选择【仅在工作部件内】选项，按照图 5-45 所示的尺寸进行标注，$p10 = 15$、$p11 = 15$。此时草图曲线已经转换成绿色，表示已经完全约束。

3）在【直接草图】工具条中选择 完成草图 图标，窗口回到建模界面，如图 5-46 所示。

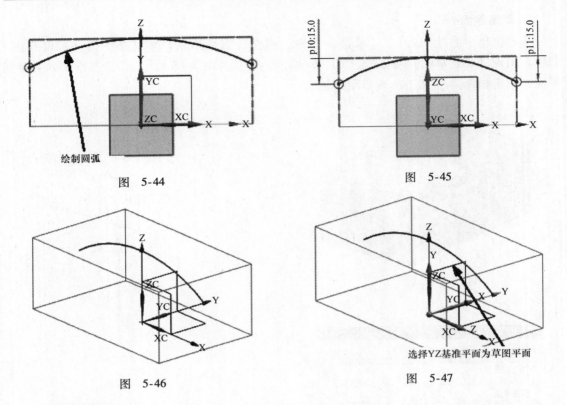

图　5-44

图　5-45

图　5-46

图　5-47

5. 草绘截面二

选择菜单中的【插入】/【草图】命令，或在【直接草图】工具条中选择 图标，出现【创建草图】对话框，选择图 5-47 所示的 YZ 基准平面为草图平面，单击 < 确定 > 按钮，出现草图绘制区。

绘图步骤如下：

1）绘制圆弧。在【直接草图】工具栏中选择 ![icon]（圆弧）图标，在【圆弧】对话框中选择 ![icon]（三点定圆弧）图标，在主界面捕捉点工具条中仅选择 ![icon]（点在曲线上）图标，按照图 5-48 所示绘制圆弧。

注意：圆弧起点、终点在边线上，并且圆弧与边线相切。如果一次绘制这些约束不成功，可以追加约束。

2）标注尺寸。在【直接草图】工具条中选择 ![icon]（自动判断尺寸）图标，在主界面选择范围下拉框中选择【仅在工作部件内】选项，按照图 5-49 所示的尺寸进行标注，p12 = 10、p13 = 10。此时草图曲线已经转换成绿色，表示已经完全约束。

3）在【直接草图】工具条中选择 ![icon] 完成草图 图标，窗口回到建模界面，如图 5-50 所示。

6. 创建边倒圆特征

选择菜单中的【插入】/【细节特征】/【边倒圆】命令，或在【特征】工具条中选择 ![icon]（边倒圆）图标，出现【边倒圆】对话框，在【半径 1】栏输入【12】，如图 5-51 所示。在图形中选择图 5-52 所示的边线作为倒圆角边，最后单击 确定 按钮，完成创建圆角特征，如图 5-53 所示。

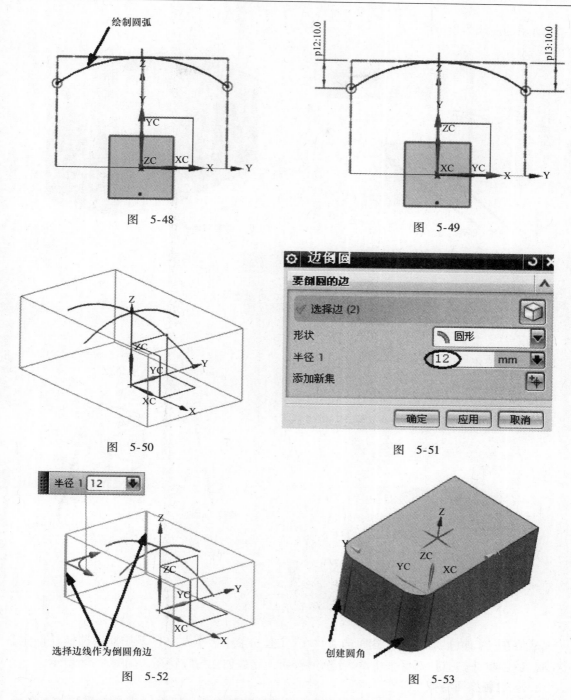

图 5-48

图 5-49

图 5-50

图 5-51

图 5-52

图 5-53

　　继续创建边倒圆特征。在【半径1】栏输入【30】，在图形中选择图5-54所示的边线作为倒圆角边，最后单击 确定 按钮，完成创建圆角特征，如图5-55所示。

7. 创建扫掠特征

　　选择菜单中的【插入】／【扫掠】／【扫掠】命令，或在【曲面】工具条中选择 ![扫掠图标] （扫掠）图标，出现【扫掠】对话框，如图5-56所示。系统提示选择截面线，在图形中选择图5-57所示的曲线为截面线，然后在对话框中选择 ![引导线图标] （引导线）图标，在图形中选择图

5-57 所示的曲线为引导线。

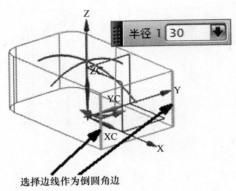

选择边线作为倒圆角边

图   5-54

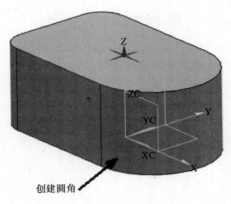

创建圆角

图   5-55

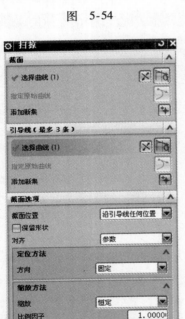

图   5-56

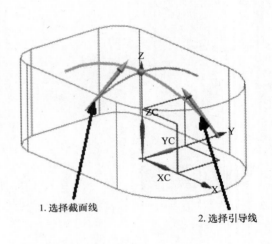

1. 选择截面线   2. 选择引导线

图   5-57

然后在【扫掠】对话框【截面选项】/【定位方法】/【方向】下拉框中选择【固定】选项，最后在【扫掠】对话框中单击 确定 按钮，完成创建扫掠特征，如图 5-58 所示。

8. 创建替换面特征

选择菜单中的【插入】/【同步建模】/【替换面】命令，或在【同步建模】工具条中选择 （替换面）图标，出现【替换面】对话框，如图 5-59 所示。在图形中选择图 5-60 所示的顶面为要替换的面，然后单击鼠标中键，或在【替换面】对话框【替换面】区域选择 （面）图标，在图形中选择图 5-60 所示的曲面为替换目标面，最后单击 确定 按钮，创建替换面特征，如图 5-61 所示。

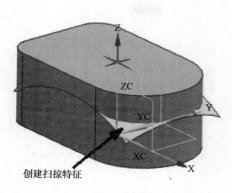

创建扫掠特征

图 5-58

图 5-59

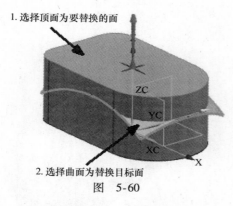

1. 选择顶面为要替换的面

2. 选择曲面为替换目标面

图 5-60

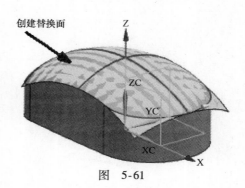

创建替换面

图 5-61

9. 将全部曲线及片体移至 255 层

选择菜单中的【格式】/【移动至图层】命令，或在【实用工具】工具条中选择 ⌘（移动至图层）图标，将草图曲线及片体移动至 255 层（步骤略）。

10. 关闭基准层

选择菜单中的【格式】/【图层设置】命令，出现【图层设置】对话框，取消 □ 61 层，图形更新为如图 5-62 所示。

11. 创建变半径边倒圆特征

选择菜单中的【插入】/【细节特征】/【边倒圆】命令，或在【特征】工具条中选择 ◀（边倒圆）图标，出现【边倒圆】对话框，如图 5-63 所示。在主界面曲线规则下拉框中选择【相切曲线】选项，在图形中选择图 5-64 所示的边线作为倒圆角边。

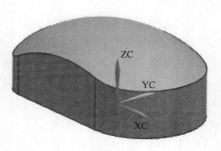

图 5-62

然后在【边倒圆】对话框【可变半径点】/【指定新的位置】下拉框中选择 ◢（端点）选项，在图形中依次选择图 5-65 所示的端点，分别输入半径【5】、【5】、【15】、【15】，最后单击 确定 按钮，完成创建变半径边倒圆特征，如图 5-66 所示。

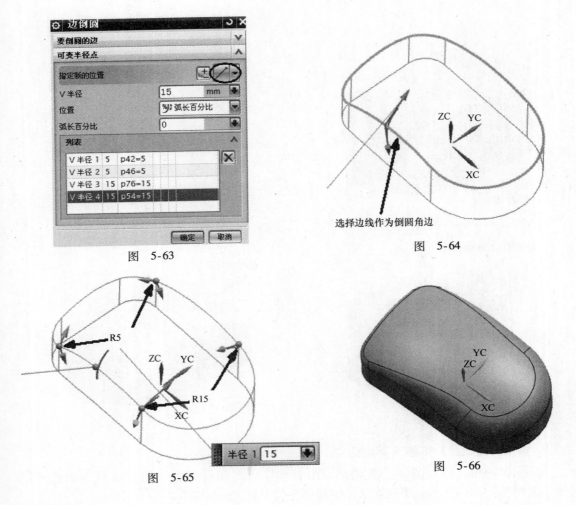

图 5-63

图 5-64

选择边线作为倒圆角边

图 5-65

图 5-66

实例三

曲面图形线框如图 5-67 所示。

1. 新建文件

选择菜单中的【文件】/【新建】命令，或选择 📄（新建）图标，出现【新建】文件对话框，在【名称】栏中输入【qm - 3】，在【单位】下拉框中选择【毫米】选项，单击 确定 按钮，建立文件名为 "qm - 3. prt"、单位为毫米的文件。

2. 创建长方体特征

选择菜单中的【插入】/【设计特征】/【长方体】命令，或在【特征】工具条中选择 🔷（长方体）图标，出现长方体【块】对话框。在【类型】下拉框中选择 🔷 原点和边长选项，在【指定点】区域选择 🔧（点构造器，图标，如图 5-68 所示。出现【点】构造器

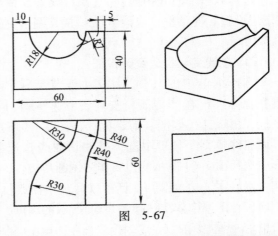

图 5-67

对话框，在【XC】、【YC】、【ZC】栏输入【-30】、【-30】、【0】，如图5-69所示。单击
确定按钮，系统返回长方体【块】对话框，在【长度（XC）】、【宽度（YC）】、【高度
（ZC）】栏输入【60】、【60】、【40】，然后单击确定按钮，完成创建长方体特征，如图
5-70所示。

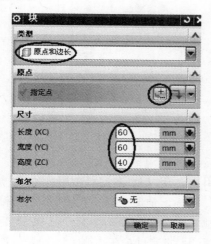

图　5-68

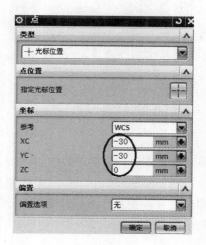

图　5-69

3. 草绘截面一

选择菜单中的【插入】／【草图】命令，或在【特征】工具条中选择 ￼（草图）图标，
出现【重新附着草图】对话框，如图5-71所示。根据系统提示选择草图平面，在图形中选
择图5-72所示的实体面为草图平面，在【草图方向】区域【参考】下拉框中选择【水平】
选项，在图形中选择图5-72所示实体边为水平参考方向，单击确定按钮，出现草图绘
制区。

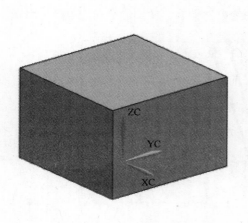

图　5-70

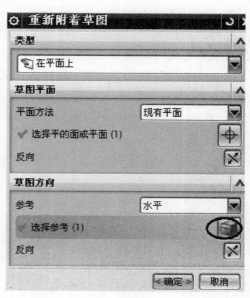

图　5-71

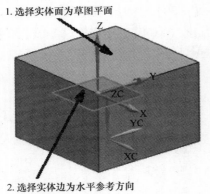

图　5-72

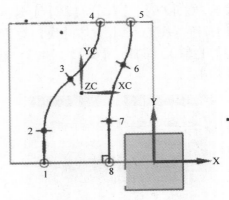

图　5-73

绘图步骤如下：

1）在【草图曲线】工具条中选择 ↺（轮廓）图标，在【轮廓】对话框中选择 ✐（直线）图标，在捕捉点工具条中选择 ✐（点在曲线上）图标，适时切换 ⌒（圆弧）图标，在边线上选择点 1，按照图 5-73 所示绘制直线 12、圆弧 23 和圆弧 34。注意：直线 12 与圆弧 23 相切，圆弧 23 与圆弧 34 相切，直线 12 竖直，圆弧 34 的端点 4 在边线上。如果一次绘制这些约束不成功，可以追加约束。

继续绘制轮廓线。在【草图曲线】工具条中选择 ↺（轮廓）图标，在【轮廓】对话框中选择 ⌒（圆弧）图标，在捕捉点工具条中选择 ✐（点在曲线上）图标，适时切换 ✐（直线）图标，在边线上选择点 5，按照图 5-73 所示绘制圆弧 56、圆弧 67、直线 78。注意：圆弧 56 与圆弧 67 相切，圆弧 67 与直线 78 相切，直线 78 竖直，直线 78 的端点 8 在边线上。如果一次绘制这些约束不成功，可以追加约束。

2）加上约束。在【直接草图】工具条中选择 ⊥（几何约束）图标，出现【几何约束】对话框，选择 ▦（点在曲线上）图标，如图 5-74 所示。在主界面选择范围下拉框中选择【仅在工作部件内】选项，在图中选择边线与圆弧 34 的圆心，约束点在曲线上，如图 5-75 所示。在图中选择边线与圆弧 56 的圆心，约束点在曲线上，如图 5-76 所示。约束的结果如图 5-77 所示。在【直接草图】工具条中选择 ⊥（显示草图约束）图标，使图形中的约束显示出来。

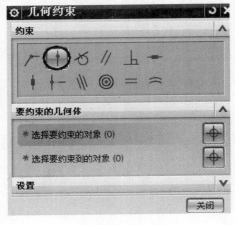

图　5-74

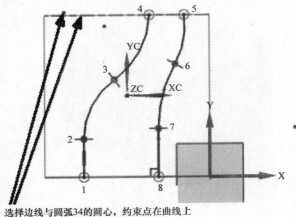

选择边线与圆弧34的圆心，约束点在曲线上

图　5-75

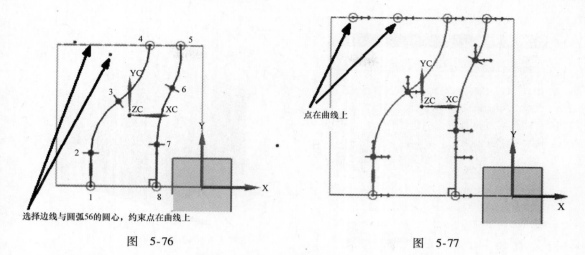

图 5-76   图 5-77

3）标注尺寸。在【直接草图】工具条中选择 图标，在主界面选择范围下拉框中选择【仅在工作部件内】选项，按照图 5-78 所示的尺寸进行标注，p10 = 10，p11 = 5，Rp12 = 30，Rp13 = 30，Rp14 = 40，Rp15 = 40，p16 = 14，p17 = 36。此时草图曲线已经转换成绿色，表示已经完全约束。

4）在【草图】工具条中选择 ![] 完成草图 图标，窗口回到建模界面，如图 5-79 所示。

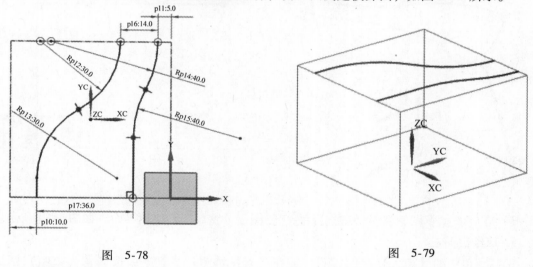

图 5-78   图 5-79

4. 草绘截面二

选择菜单中的【插入】/【草图】命令，或在【直接草图】工具条中选择 图标，出现【创建草图】对话框，如图 5-80 所示。选择图 5-81 所示的实体平面为草图平面，单击 ![确定] 按钮，出现草图绘制区。

绘图步骤如下：

1）绘制圆弧。在【直接草图】工具栏中选择 图标，在【圆弧】对话框中选择 图标，在主界面捕捉点工具条中仅选择 选项，按照图 5-82 所示绘制圆弧。注意：圆弧起点、终点是草图曲线的端点。如果一次绘制这些约束不成功，可以追加约束。

图 5-80

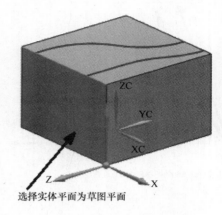

选择实体平面为草图平面

图 5-81

2）标注尺寸。在【直接草图】工具条中选择 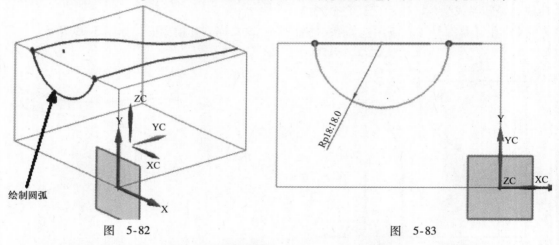（自动判断尺寸）图标，按照图 5-83 所示的尺寸进行标注，Rp18 = 18。此时草图曲线已经转换成绿色，表示已经完全约束。

绘制圆弧

图 5-82

图 5-83

3）在【直接草图】工具条中选择 完成草图 图标，窗口回到建模界面，如图 5-84 所示。

5. 草绘截面三

选择菜单中的【插入】/【草图】，或在【直接草图】工具条中选择 （草图）图标，出现【创建草图】对话框，选择图 5-85 所示的实体平面为草图平面，单击 < 确定 > 按钮，出现草图绘制区。

绘图步骤如下：

1）绘制圆弧。在【直接草图】工具栏中选择 （圆弧）图标，在【圆弧】对话框中选择 （三点定圆弧）图标，在主界面捕捉点工具条中仅选择 （端点）选项，按照图 5-86 所示绘制圆弧。注意：圆弧起点、终点是草图曲线的端点。如果一次绘制这些约束不成功，可以追加约束。

2）标注尺寸。在【直接草图】工具条中选择 （自动判断尺寸）图标，按照图 5-87 所示的尺寸进行标注，Rp19 = 7。此时草图曲线已经转换成绿色，表示已经完全约束。

3）在【直接草图】工具条中选择 图标，窗口回到建模界面，如图 5-88 所示。

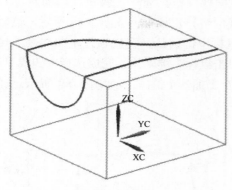

图 5-84

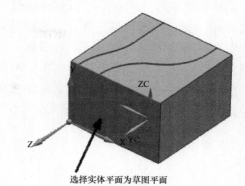

选择实体平面为草图平面

图 5-85

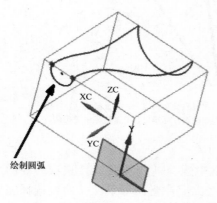

绘制圆弧

图 5-86

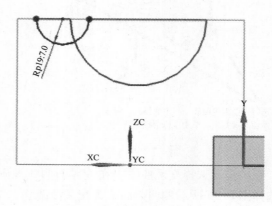

图 5-87

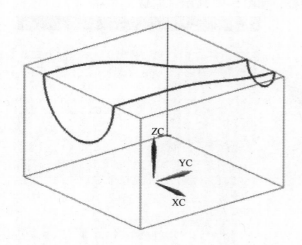

图 5-88

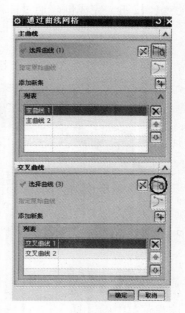

图 5-89

6. 创建通过曲线网格特征（编织曲面）

选择菜单中的【插入】/【网格曲面】/【通过曲线网格】命令，或在【曲面】工具栏中选择 （通过曲线网格）图标，出现【通过曲线网格】对话框，如图 5-89 所示。然后在图形中选择图 5-90 所示的圆弧为主曲线一，单击鼠标中键确认，完成选择主曲线一。接着在图形中选择圆弧为主曲线二，如图 5-90 所示。单击鼠标中键确认，完成选择主曲线二。

然后在【通过曲线网格】对话框中选择 （交叉曲线）图标，如图 5-89 所示。或直接单击鼠标中键，完成主曲线的选择。

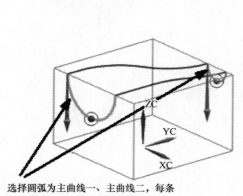

选择圆弧为主曲线一、主曲线二，每条
主曲线选择完毕单击鼠标中键确认

图　5-90

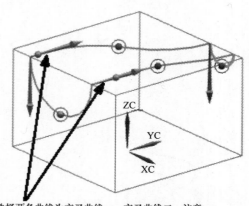

选择两条曲线为交叉曲线一、交叉曲线二，注意
每条交叉曲线选择完毕后，单击鼠标中键确认

图　5-91

系统提示选择交叉曲线，在主界面曲线规则下拉框中选择【相切曲线】选项，在图形中选择图 5-91 所示的两条曲线为交叉曲线一、交叉曲线二。注意：每条交叉曲线选择完毕后，单击鼠标中键确认。两条交叉曲线的矢量方向要一致。在【通过曲线网格】对话框中单击 确定 按钮，完成创建通过曲线网格特征，如图 5-92 所示（隐藏长方体）。

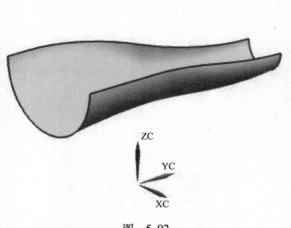

图　5-92

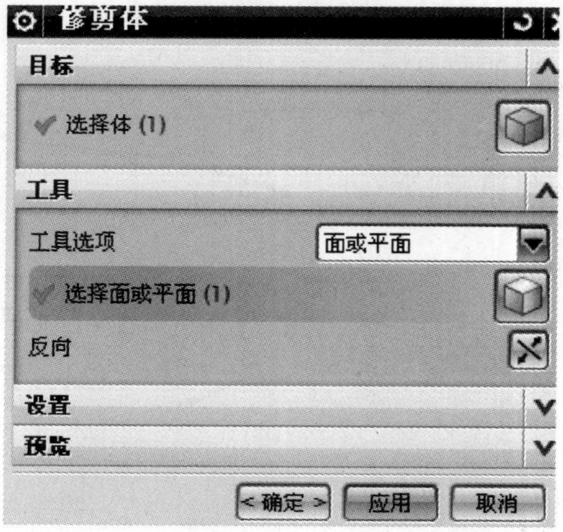

图　5-93

7. 创建修剪体特征

选择菜单中的【插入】/【修剪】/【修剪体】命令，或在【特征操作】工具栏中选择 （修剪体）图标，出现【修剪体】对话框，如图 5-93 所示。系统提示选择目标体，在

图形中选择图 5-94 所示的实体，然后在【修剪体】对话框中【工具选项】下拉框中选择【面或平面】选项，在图形中选择图 5-94 所示的曲面，出现修剪方向，如图 5-94 所示。如方向不同，可在【修剪体】对话框中单击⊠（反向）按钮，切换修剪方向，单击 确定 按钮，创建修剪体特征，如图 5-95 所示。

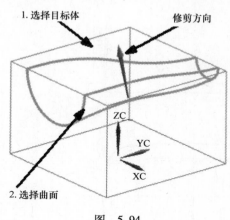

图　5-94

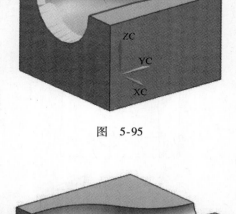

图　5-95

8. 将曲线、片体移至 255 层

选择菜单中的【格式】／【移动至图层】命令，或在【实用工具】工具条中选择（移动至图层）图标，将曲线、片体移动至 255 层（步骤略），图形更新为如图 5-96 所示。

实例四

曲面图形线框如图 5-97 所示。

1. 新建文件

选择菜单中的【文件】／【新建】命令，或选择（新建）图标，出现【新建】文件对话框，在【名称】栏中输入【qm－4】，在【单位】下拉框中选择【毫米】选项，单击 确定 按钮，建立文件名为“qm－4. prt”、单位为毫米的文件。

图　5-96

2. 草绘截面一

选择菜单中的【插入】／【草图】命令，或在【直接草图】工具条中选择（草图）图标，出现【创建草图】对话框，如图 5-98 所示。系统默认选择 XC－YC 基准平面为草图平面，单击< 确定 >按钮，出现草图绘制区。

绘图步骤如下：

1）绘制圆弧。在【直接草图】工具栏中选择（圆弧）图标，在【圆弧】对话框中选择（三点定圆弧）图标，按照图 5-99 所示绘制相连的圆弧 12、圆弧 23、圆弧 34。注意：圆弧 12 与圆弧 23 相切，圆弧 23 与圆弧 34 相切。如果一次绘制这些约束不成功，可以追加约束。

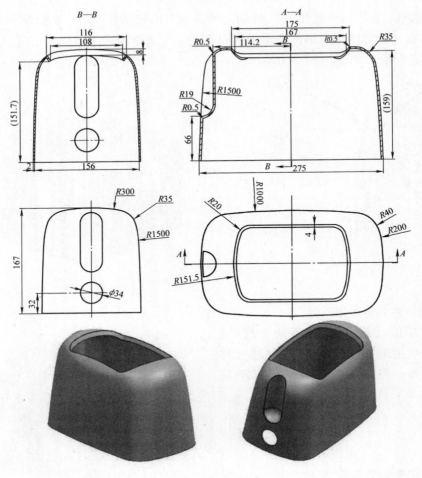

图　5-97

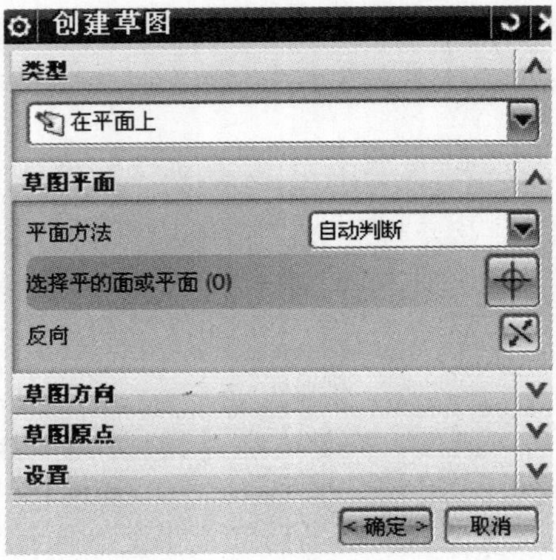

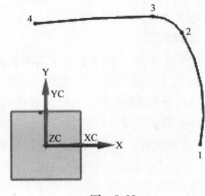

图　5-98

图　5-99

2）加上约束。在【直接草图】工具条中选择 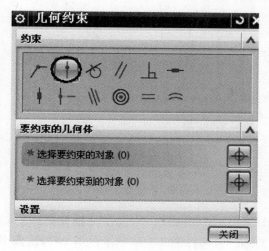（几何约束）图标，出现【几何约束】对话框，选择 ▐（点在曲线上）图标，如图 5-100 所示。在图中选择圆弧 12 的端点 1 与 XC 轴，约束点在曲线上，如图 5-101 所示。选择圆弧 34 的端点 4 与 YC 轴，约束点在曲线上，如图 5-101 所示。约束的结果如图 5-102 所示。在【直接草图】工具条中选择 ▘（显示草图约束）图标，使图形中的约束显示出来。

图　5-100

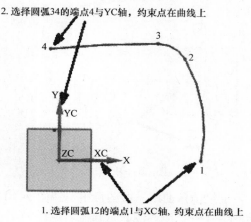

图　5-101

继续进行约束。在【几何约束】对话框中选择 ▐（点在曲线上）图标，在图中选择圆弧 12 的圆心与 XC 轴，约束点在曲线上，如图 5-103 所示。选择圆弧 34 的圆心与 YC 轴，约束点在曲线上，如图 5-103 所示。约束的结果如图 5-104 所示。在【直接草图】工具条中选择 ▘（显示草图约束）图标，使图形中的约束显示出来。

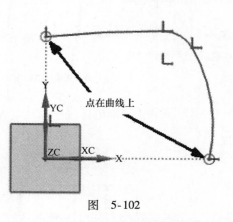

图　5-102

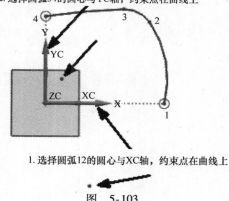

图　5-103

3）标注尺寸。在【直接草图】工具条中选择 ⊢（自动判断尺寸）图标，在主界面选择范围下拉框中选择【仅在工作部件内】选项，按照图 5-105 所示的尺寸进行标注，p0 = 80，p1 = 137.5，Rp2 = 200，Rp3 = 1000，Rp4 = 40。此时草图曲线已经转换成绿色，表示已经完全约束。

4）镜像曲线。在【直接草图】工具栏中选择 ▱（镜像曲线）图标，出现【镜像曲线】对话框，如图 5-106 所示。在主界面曲线规则下拉框中选择【相连曲线】选项，在图形中选择图 5-107 所示的要镜像的曲线，然后在【镜像曲线】对话框中【选择中心线】区域选择 ✛（中心线）图标，再选择图 5-107 所示的 Y 轴为镜像中心线，最后单击 应用 按钮，创建镜像曲线，如图 5-108 所示。

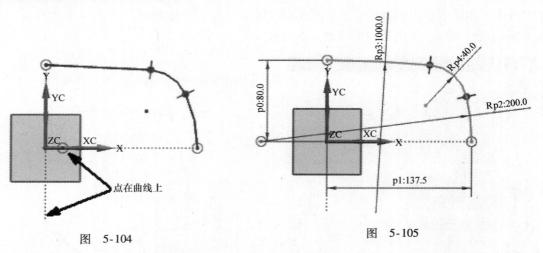

图　5-104　　　　　　　　　　　　图　5-105

继续镜像曲线。在图形中选择图 5-109 所示的要镜像的曲线，然后在【镜像曲线】对话框中【选择中心线】区域选择 ✛（中心线）图标，再选择图 5-109 所示的 X 轴为镜像中心线，最后单击 < 确定 > 按钮，完成创建镜像曲线，如图 5-110 所示（隐藏尺寸）。

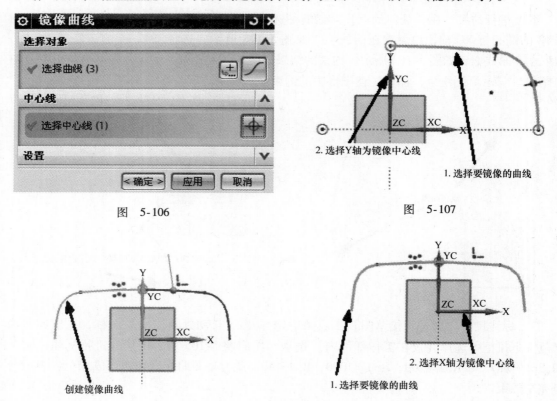

图　5-106　　　　　　　　　　　图　5-107

图　5-108　　　　　　　　　　　图　5-109

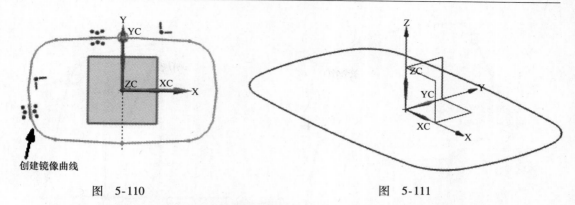

图 5-110 创建镜像曲线

图 5-111

5）在【直接草图】工具条中选择 ▧ 完成草图 图标，窗口回到建模界面，如图 5-111 所示。

3. 显示基准平面

选择菜单中的【格式】/【图层设置】命令，出现【图层设置】对话框，勾选 ☑ 61 层，完成显示基准平面，如图 5-111 所示。

4. 草绘截面二

选择菜单中的【插入】/【草图】命令，或在【直接草图】工具条中选择 ▨ （草图）图标，出现【创建草图】对话框，选择图 5-112 所示的 YZ 基准平面为草图平面，单击 ＜确定＞ 按钮，出现草图绘制区。

绘图步骤如下：

1）绘制圆弧。在【直接草图】工具栏中选择 ⌒ （圆弧）图标，在【圆弧】对话框中选择 ⌒ （三点定圆弧）图标，在主界面捕捉点工具条中仅选择 ／ （端点）选项，按照图 5-113 所示绘制相连的圆弧 12、圆弧 23、圆弧 34。注意：圆弧 12 的端点 1 为上一张草图曲线端点，圆弧 12 与圆弧 23 相切，圆弧 23 与圆弧 34 相切。如果一次绘制这些约束不成功，可以追加约束。

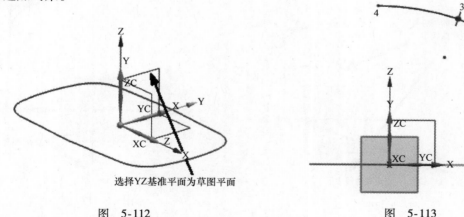

图 5-112 选择YZ基准平面为草图平面

图 5-113

2）加上约束。在【直接草图】工具条中选择 ⊥ （几何约束）图标，出现【几何约束】对话框，选择 ▦ （点在曲线上）图标，在图中选择圆弧 34 的端点 4 与 Y 轴，约束点在曲线上，如图 5-114 所示。约束的结果如图 5-115 所示。在【直接草图】工具条中选择 ⌐ （显示草图约束）图标，使图形中的约束显示出来。

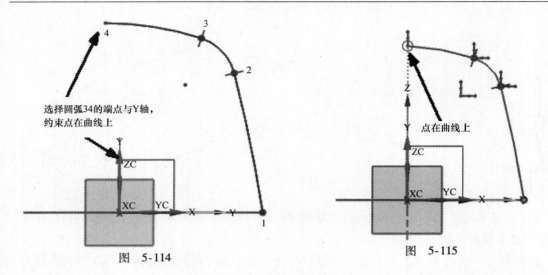

图　5-114　　　　　　　　　　　　　　图　5-115

选择圆弧 34 的端点与 Y 轴，约束点在曲线上

点在曲线上

　　继续进行约束。在【几何约束】对话框中选择 （点在曲线上）图标，在图中选择圆弧 12 的圆心与 X 轴，约束点在曲线上，如图 5-116 所示。选择圆弧 34 的圆心与 Y 轴，约束点在曲线上，如图 5-116 所示。约束的结果如图 5-117 所示。在【直接草图】工具条中选择 （显示草图约束）图标，使图形中的约束显示出来。

　　3）标注尺寸。在【直接草图】工具条中选择 （自动判断尺寸）图标，在主界面选择范围下拉框中选择【仅在工作部件内】选项，按照图 5-118 所示的尺寸进行标注，Rp5 = 1500，Rp6 = 300，Rp7 = 35，Rp8 = 167。此时草图曲线已经转换成绿色，表示已经完全约束。

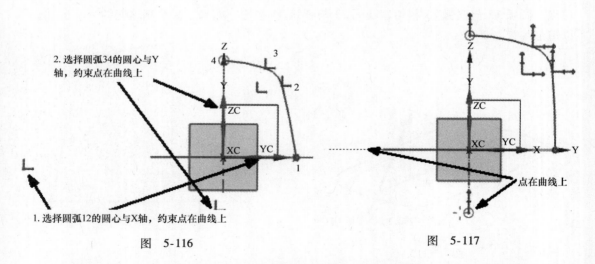

2. 选择圆弧 34 的圆心与 Y 轴，约束点在曲线上

1. 选择圆弧 12 的圆心与 X 轴，约束点在曲线上

点在曲线上

图　5-116　　　　　　　　　　　　　　图　5-117

　　4）镜像曲线。在【直接草图】工具栏中选择 （镜像曲线）图标，在主界面曲线规则下拉框中选择【相连曲线】选项，在图形中选择图 5-119 所示的要镜像的曲线，然后在【镜像曲线】对话框中【选择中心线】区域选择 （中心线）图标，再选择图 5-119 所示的 Y 轴为镜像中心线，最后单击 应用 按钮，创建镜像曲线，如图 5-120 所示（隐藏尺寸）。

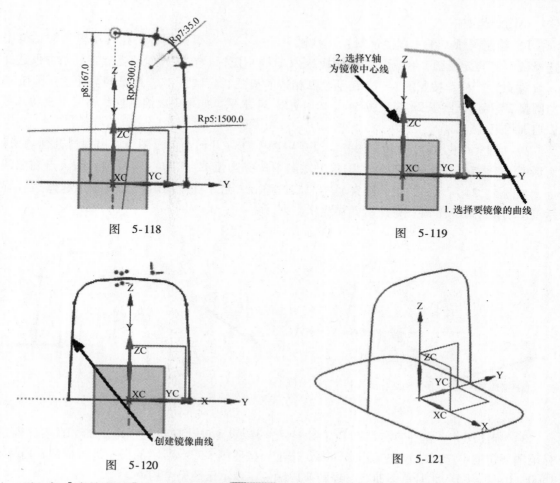

图 5-118

图 5-119

图 5-120

图 5-121

5）在【直接草图】工具条中选择 完成草图 图标，窗口回到建模界面，如图 5-121 所示。

5. 草绘截面三

选择菜单中的【插入】/【草图】命令，或在【直接草图】工具条中选择 （草图）图标，出现【创建草图】对话框。选择图 5-122 所示的 XZ 基准平面为草图平面，单击 < 确定 > 按钮，出现草图绘制区。

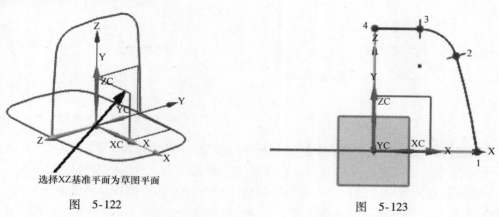

图 5-122

图 5-123

绘图步骤如下：

1）绘制圆弧。在【直接草图】工具栏中选择⌒（圆弧）图标，在【圆弧】对话框中选择⌒（三点定圆弧）图标，适时切换✎（直线）图标，在主界面捕捉点工具条中仅选择✎（端点）图标，按照图 5-123 所示绘制相连的圆弧 12、圆弧 23、直线 34。注意：圆弧 12 与圆弧 23 相切，圆弧 23 与直线 34 相切，直线 34 水平。如果一次绘制这些约束不成功，可以追加约束。

2）加上约束。在【直接草图】工具条中选择✎（几何约束）图标，出现【几何约束】对话框，选择▥（点在曲线上）图标，在图中选择圆弧 12 的圆心与 X 轴，约束点在曲线上，如图 5-124 所示，约束的结果如图 5-125 所示。在【直接草图】工具条中选择⌇（显示草图约束）图标，使图形中的约束显示出来。

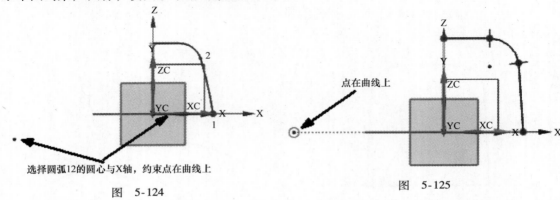

图　5-124　　　　　　　　　　　　　　图　5-125

3）标注尺寸。在【直接草图】工具条中选择⊬（自动判断尺寸）图标，在主界面选择范围下拉框中选择【仅在工作部件内】选项，按照图 5-126 所示的尺寸进行标注，Rp9 = 1500，Rp10 = 35。此时草图曲线已经转换成绿色，表示已经完全约束。

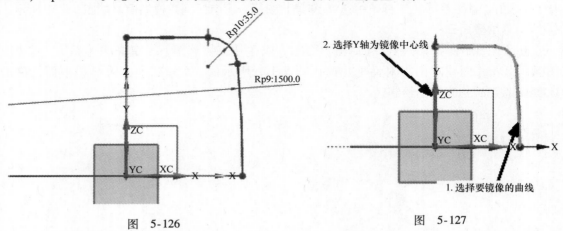

图　5-126　　　　　　　　　　　　　　图　5-127

4）镜像曲线。在【直接草图】工具栏中选择⌀（镜像曲线）图标，在主界面曲线规则下拉框中选择【相连曲线】选项，在图形中选择图 5-127 所示的要镜像的曲线，然后在【镜像曲线】对话框中【选择中心线】区域选择⊕（中心线）图标，再选择图 5-127 所示的 Y 轴为镜像中心线，最后单击 应用 按钮，创建镜像曲线，如图 5-128 所示（隐藏尺寸）。

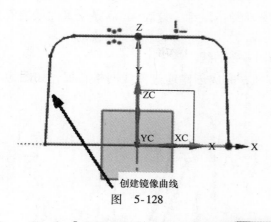

图 5-128

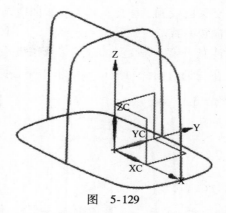

图 5-129

5）在【直接草图】工具条中选择 图标，窗口回到建模界面，如图 5-129 所示。

6. 创建通过曲线网格特征（编织曲面）

选择菜单中的【插入】/【网格曲面】/【通过曲线网格】命令，或在【曲面】工具栏中选择 （通过曲线网格）图标，出现【通过曲线网格】对话框，如图 5-130 所示。在主界面捕捉点工具条中仅选择 （端点）选项，然后在图形中选择图 5-131 所示的端点为主曲线一，单击鼠标中键确认，完成选择主曲线一。在主界面曲线规则下拉框中选择【相切曲线】选项，接着在图形中选择曲线为主曲线二，如图 5-132 所示。单击鼠标中键确认，完成选择主曲线二。

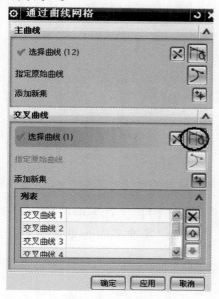

图 5-130

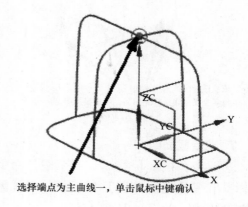

选择端点为主曲线一，单击鼠标中键确认

图 5-131

然后在【通过曲线网格】对话框中选择 （交叉曲线）图标，如图 5-130 所示，或直接单击鼠标中键，完成主曲线的选择。

系统提示选择交叉曲线，在主界面曲线规则下拉框中选择【单条曲线】选项，在图形中选择图 5-133 所示的 3 条曲线为交叉曲线一，单击鼠标中键确认。

按照上述方法，依次选择图 5-134 所示的曲线为交叉曲线二、交叉曲线三、交叉曲线

四、交叉曲线五。注意：每条交叉曲线选择完毕后，单击鼠标中键确认。5 条交叉曲线的矢量方向要一致。

注意：第一条交叉曲线与第五条交叉曲线为同一条曲线。

在【通过曲线网格】对话框中单击 确定 按钮，完成创建通过曲线网格特征，如图 5-135 所示。

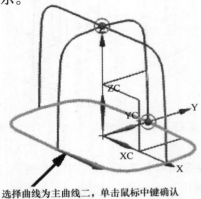

选择曲线为主曲线二，单击鼠标中键确认

图 5-132

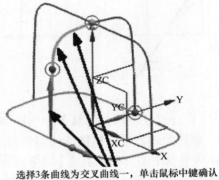

选择3条曲线为交叉曲线一，单击鼠标中键确认

图 5-133

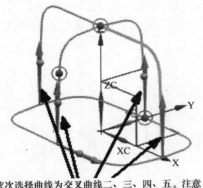

依次选择曲线为交叉曲线二、三、四、五。注意
每条交叉曲线选择完毕后，单击鼠标中键确认

图 5-134

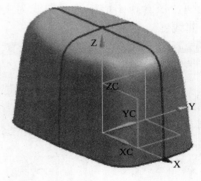

图 5-135

7. 草绘截面四

选择菜单中的【插入】/【草图】命令，或在【直接草图】工具条中选择 （草图）图标，出现【创建草图】对话框。系统默认选择 XC – YC 基准平面为草图平面，单击 < 确定 > 按钮，出现草图绘制区。

绘图步骤如下：

1）绘制圆弧。在【直接草图】工具栏中选择 （圆弧）图标，在【圆弧】对话框中选择 （三点定圆弧）图标，适时切换 （直线）图标，在主界面捕捉点工具条中选择 （点在曲线上）图标，按照图 5-136 所示绘制相连的圆弧 12、圆弧 23、直线 34。注意：圆弧 12 的端点 1 在草图线上，直线 34 的端点 4 草图线上，圆弧 12 与圆弧 23 相切，圆弧 23 与直线 34 相切，直线 34 水平。如果一次绘制这些约束不成功，可以追加约束。

2）加上约束。在【直接草图】工具条中选择 （几何约束）图标，出现【几何约束】对话框，选择 （点在曲线上）图标，在图中选择圆弧 12 的圆心与 X 轴，约束点在曲线上，如图 5-137 所示。约束的结果如图 5-138 所示。在【直接草图】工具条中选择 (显示草图约束) 图标，使图形中的约束显示出来。

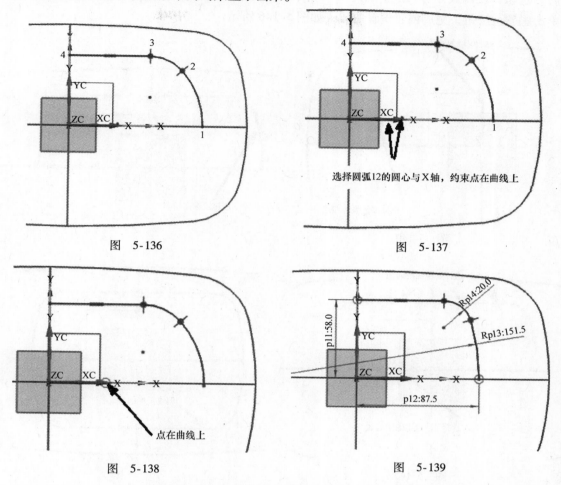

图　5-136　　　　　　　　　　　图　5-137

图　5-138　　　　　　　　　　　图　5-139

3）标注尺寸。在【直接草图】工具条中选择 (自动判断尺寸) 图标，在主界面选择范围下拉框中选择【仅在工作部件内】选项，按照图 5-139 所示的尺寸进行标注，p11 = 58，p12 = 87.5，Rp13 = 151.5，Rp14 = 20。此时草图曲线已经转换成绿色，表示已经完全约束。

4）镜像曲线。在【直接草图】工具栏中选择 (镜像曲线) 图标，出现【镜像曲线】对话框，在主界面曲线规则下拉框中选择【相连曲线】选项，在图形中选择图 5-140 所示的要镜像的曲线，然后在【镜像曲线】对话框中【选择中心线】区域选择 (中心线) 图标，再选择图 5-140 所示的 Y 轴为镜像中心线，最后单击 应用 按钮，创建镜像曲线，如图 5-141 所示 (隐藏尺寸)。

继续镜像曲线。在图形中选择图 5-142 所示的要镜像的曲线，然后在【镜像曲线】对话框中【选择中心线】区域选择 (中心线) 图标，再选择图 5-142 所示的 X 轴为镜像中心线，最后单击 确定 按钮，完成创建镜像曲线，如图 5-143 所示 (隐藏尺寸)。

5）偏置曲线。在【直接草图】工具条中选择 (偏置曲线) 图标，出现【偏置曲线】对话框，如图 5-144 所示。在主界面曲线规则下拉框中选择【相连曲线】选项，然后在草图中选择要偏置的曲线，如图 5-145 所示。接着在【偏置曲线】对话框中单击✕（反向）按钮，使偏置方向切换至如图 5-145 所示的方向，然后在【距离】栏输入【4】，然后单击 确定 按钮，完成创建偏置曲线，如图 5-146 所示。

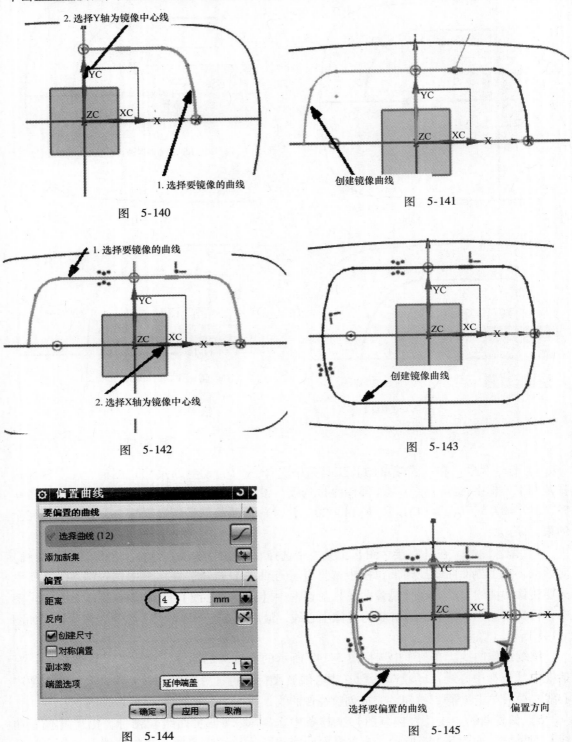

图　5-140

2. 选择Y轴为镜像中心线

1. 选择要镜像的曲线

图　5-141

创建镜像曲线

图　5-142

1. 选择要镜像的曲线

2. 选择X轴为镜像中心线

图　5-143

创建镜像曲线

图　5-144

偏置曲线

要偏置的曲线

选择曲线 (12)

添加新集

偏置

距离　　　　　4　　　mm

反向

☑创建尺寸

对称偏置

副本数　　　　　　　　1

端盖选项　　　延伸端盖

< 确定 　 应用 　 取消 >

图　5-145

选择要偏置的曲线

偏置方向

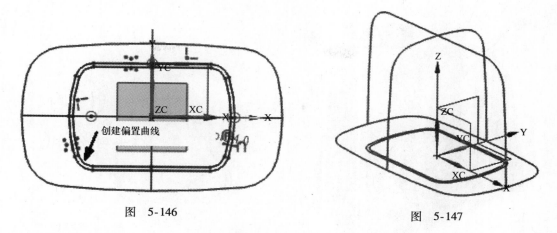

图　5-146　　　　　　　　　　　　图　5-147

6）在【直接草图】工具条中选择 图标，窗口回到建模界面，如图 5-147 所示。

8. 将部分草图曲线移至 255 层

选择菜单中的【格式】/【移动至图层】命令，或在【实用工具】工具条中选择▧
（移动至图层）图标，将部分草图曲线移动至 255 层（步骤略）。

9. 创建偏置曲面特征

选择菜单中的【插入】/【偏置/缩放】/【偏置曲面】命令，或在【特征】工具条中
选择▧（偏置曲面）图标，出现【偏置曲面】对话框，如图 5-148 所示。在图形中选择图
5-149 所示的实体面，然后在【偏置曲面】对话框中【偏置 1】栏输入【0】，单击 应用
按钮，完成创建偏置曲面特征，如图 5-150 所示（隐藏实体）。

图　5-148

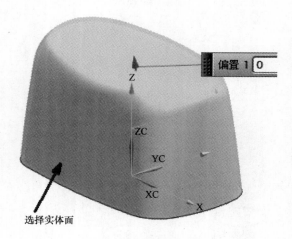

图　5-149

继续创建偏置曲面。在图形中选择图 5-150 所示的曲面，然后在【偏置曲面】对话框
中【偏置 1】栏输入【8】，单击▧（反向）按钮，使偏置方向向内，如图 5-150 所示。单
击 确定 按钮，完成创建偏置曲面特征，如图 5-151 所示。

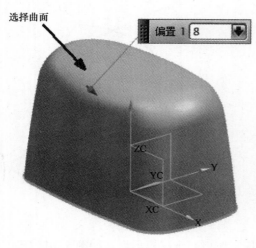

图　5-150

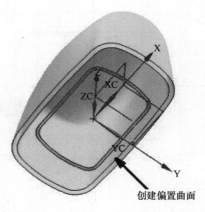

图　5-151

10. 投影曲线

选择菜单中的【插入】/【来自曲线集的曲线】/【投影】命令，或在【曲线】工具条中选择 （投影曲线）图标，出现【投影曲线】对话框，如图 5-152 所示。在主界面曲线规则下拉框中选择【相连曲线】选项，然后在图形中选择图 5-153 所示的曲线。

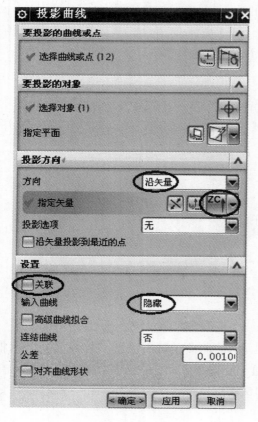

图　5-152

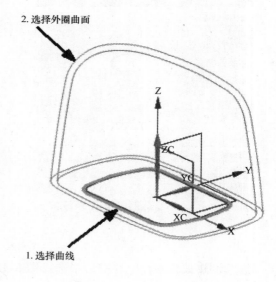

图　5-153

　　然后在【投影曲线】对话框中【选择对象】区域选择 ✛（选择对象）图标，然后在图形中选择图 5-153 所示的外圈曲面。在【投影曲线】对话框【方向】下拉框中选择【沿矢量】选项，在【指定矢量】下拉框中选择 ZC 选项，取消 □关联 选项，在【输入曲线】下拉框中选择【隐藏】选项，单击 确定 按钮，完成创建投影曲线，如图 5-154 所示。

　　继续创建投影曲线。在图形中选择图 5-155 所示的曲线。然后在【投影曲线】对话框中【选择对象】区域选择 ✛（选择对象）图标，然后在图形中选择图 5-155 所示的内圈曲面。在【投影曲线】对话框【方向】下拉框中选择【沿矢量】选项，在【指定矢量】下拉框中选择 ZC 选项，取消 □关联 选项，在【输入曲线】下拉框中选择【隐藏】选项，单击 确定 按钮，完成创建投影曲线，如图 5-156 所示。

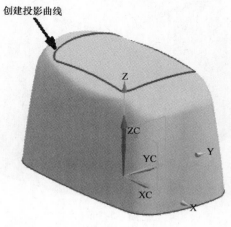

图　5-154

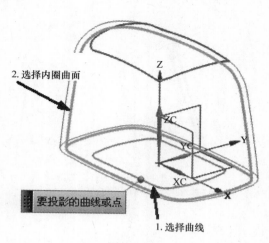

图　5-155

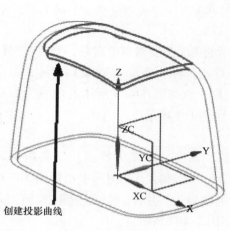

图　5-156

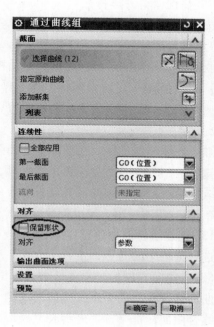

图　5-157

11. 创建通过曲线组曲面

选择菜单中的【插入】／【网格曲面】／【通过曲线组】曲面命令，或在【曲面】工具条中选择 （通过曲线组）图标，出现【通过曲线组】对话框，如图 5-157 所示。然后在主界面曲线规则下拉框中选择【相切曲线】选项，在图形中依次选择图 5-158 所示的两条曲线为截面曲线。注意：每条截面曲线选择后单击鼠标中键确认。

然后在【通过曲线组】曲面对话框中设置区域取消 保留形状 选项，然后单击 确定 按钮，完成创建通过曲线组曲面，如图 5-159 所示（隐藏外面的曲面）。

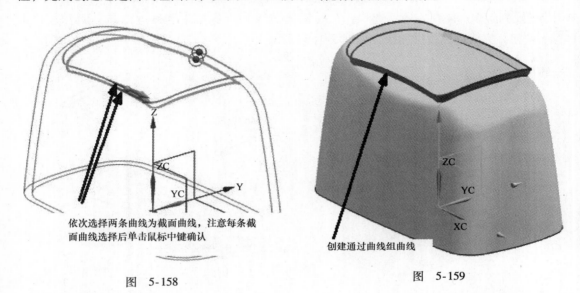

依次选择两条曲线为截面曲线，注意每条截
面曲线选择后单击鼠标中键确认

创建通过曲线组曲线

图　5-158　　　　　　　　　　　　　　　　图　5-159

12. 创建修剪片体特征

选择菜单中的【插入】／【修剪】／【修剪片体】命令，或在【曲面】工具条中选择 （修剪片体）图标，出现【修剪片体】对话框，如图 5-160 所示。在图形中选择图 5-161 所示的曲面为要修剪的对象，然后在对话框中【选择区域】中选中 保留单选选项，在【边界对象】栏选择 （对象）图标，在主界面曲线规则下拉框中选择【相切曲线】选项，在图形中选择图 5-161 所示的曲线为修剪边界，单击 应用 按钮，完成创建修剪片体特征，如图 5-162 所示。

继续创建修剪片体。在图形中选择图 5-163 所示的曲面为要修剪的对象，然后在对话框中【选择区域】中选中 舍弃单选选项，在【边界对象】栏选择 （对象）图标，在主界面曲线规则下拉框中选择【相切曲线】选项，在图形中选择图 5-163 所示的曲线为修剪边界，单击 确定 按钮，完成创建修剪片体特征，如图 5-164 所示。

13. 创建缝合曲面特征

选择菜单中的【插入】／【组合】／【缝合】曲面命令，或在【特征】工具条中选择 （缝合曲面）图标，出现【缝合】对话框，如图 5-165 所示。在图形中选择图 5-166 所示的曲面为要缝合的对象，然后框选图 5-166 所示的面为工具片体，单击 确定 按钮，完成创建缝合曲面特征（曲面经缝合已经形成实体），如图 5-167 所示。

图　5-160

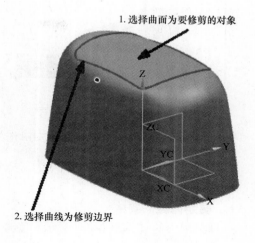

图　5-161

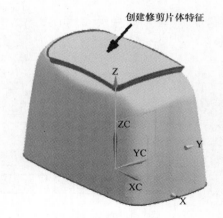

图　5-162

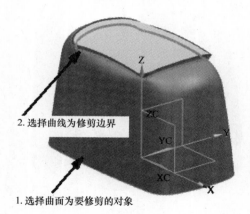

图　5-163

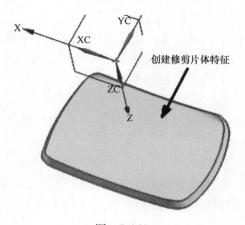

图　5-164

图　5-165

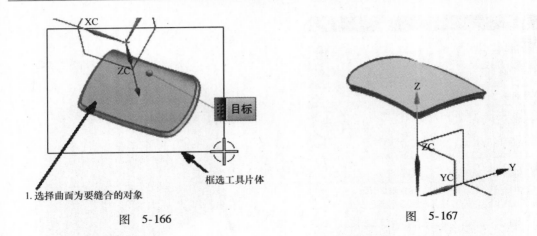

图　5-166

图　5-167

14. 显示隐藏的实体

选择菜单中的【编辑】/【显示和隐藏】/【全部显示】命令，或在【实用工具】工具条中选择 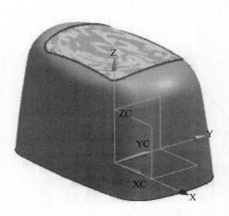（全部显示）图标（步骤略），图形更新为如图 5-168 所示。

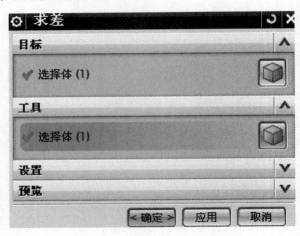

图　5-168

图　5-169

15. 创建求差特征

选择菜单中的【插入】/【组合】/【求差】命令，或在【特征操作】工具条中选择 （求差）图标，出现【求差】对话框，如图 5-169 所示。系统提示选择目标实体，按照图 5-170 所示依次选择目标实体和工具实体，完成实体求差操作，如图 5-171 所示。

16. 将曲线移至 255 层

选择菜单中的【格式】/【移动至图层】命令，或在【实用工具】工具条中选择 （移动至图层）图标，将曲线移动至 255 层（步骤略）。

17. 草绘截面五

选择菜单中的【插入】/【草图】命令，或在【直接草图】工具条中选择 （草图）图标，出现【创建草图】对话框，系统默认选择 XC – YC 基准平面为草图平面，单击 ＜确定＞ 按钮，出现草图绘制区。

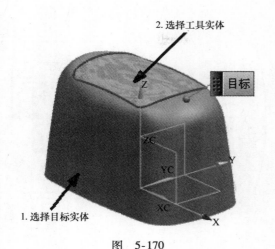

图　5-170

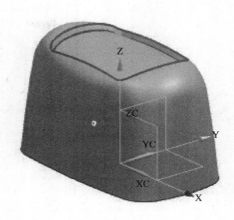

图　5-171

绘图步骤如下：

1）绘制圆。在【直接草图】工具条中选择 ⬤（圆）图标，出现【圆】对话框，选择 ◉（圆心和直径定圆）图标，按照图 5-172 所示绘制圆。

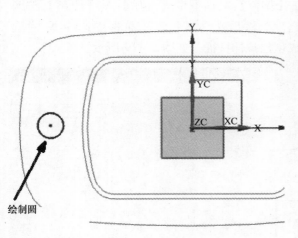

图　5-172

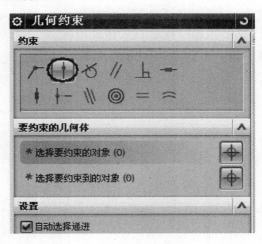

图　5-173

2）加上约束。在【几何约束】对话框中选择 ⫿（点在曲线上）图标，如图 5-173 所示。选择圆的圆心与 X 轴，约束点在曲线上，如图 5-174 所示，约束的结果如图 5-175 所示。在【直接草图】工具条中选择 ⸙（显示草图约束）图标，使图形中的约束显示出来。

3）标注尺寸。在【直接草图】工具条中选择 ⬢（自动判断尺寸）图标，按照图 5-176 所示的尺寸进行标注，$\phi p22 = 38$，$p23 = 114.2$。此时草图曲线已经转换成绿色，表示已经完全约束。

4）在【直接草图】工具条中选择 ⬛完成草图图标，窗口回到建模界面。

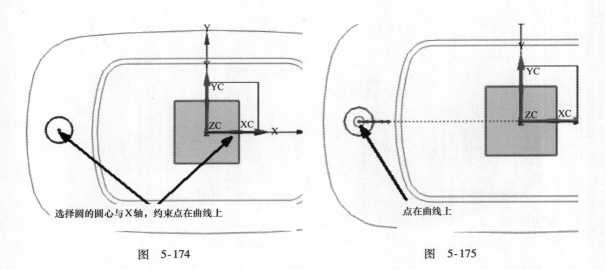

图　5-174   图　5-175

18. 创建拉伸特征

选择菜单中的【插入】/【设计特征】/【拉伸】命令，或在【特征】工具条中选择 ▦ （拉伸）图标，出现【拉伸】对话框，如图 5-177 所示。选择图 5-178 所示的圆为拉伸对象，出现图 5-178 所示的拉伸方向，然后在【拉伸】对话框中【开始】\【距离】栏输入【66】，在【结束】下拉框中选择 🍥 贯通选项，然后在【布尔】下拉框中选择 🗗 求差选项，如图 5-177 所示。单击 确定 按钮，完成创建拉伸特征，如图 5-179 所示。

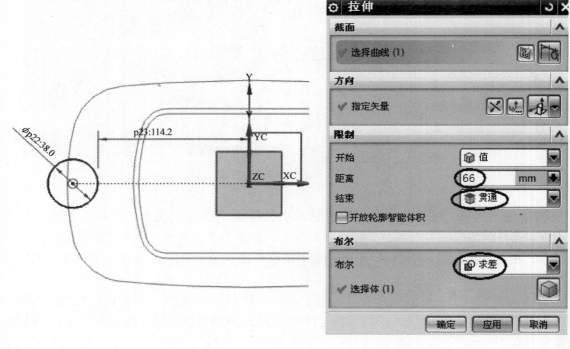

图　5-176   图　5-177

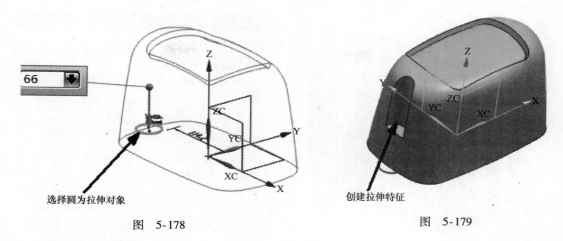

图 5-178 　　　　　　　　　　　　　　　图 5-179

19. 创建边倒圆特征

选择菜单中的【插入】/【细节特征】/【边倒圆】命令，或在【特征】工具条中选择 ![图标]（边倒圆）图标，出现【边倒圆】对话框。在【半径1】栏输入【19】，如图 5-180 所示。在图形中选择图 5-181 所示的边线作为倒圆角边，最后单击 确定 按钮，完成创建圆角特征，如图 5-182 所示。

20. 创建抽壳特征

选择菜单中的【插入】/【偏置/缩放】/【抽壳】命令，或在【特征】工具条中选择 ![图标]（抽壳）图标，出现【抽壳】对话框，如图 5-183 所示。在图形中选择图 5-184 所示顶面和底面为要抽壳的面，然后在【抽壳】对话框中【厚度】栏输入【2】，单击 确定 按钮，完成创建抽壳特征，如图 5-185 所示。

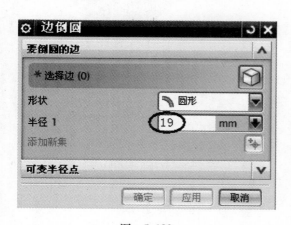

图 5-180

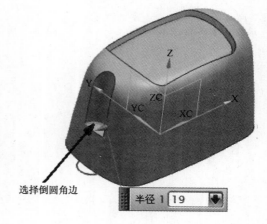

图 5-181

21. 草绘截面六

选择菜单中的【插入】/【草图】命令，或在【直接草图】工具条中选择 ![图标]（草图）图标，出现【创建草图】对话框，选择 YC – ZC 平面为草图平面，如图 5-186 所示。单击 < 确定 > 按钮，出现草图绘制区。

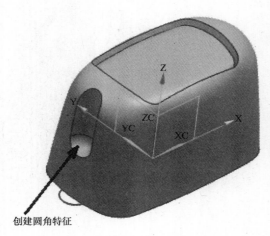

创建圆角特征

图　5-182

图　5-183

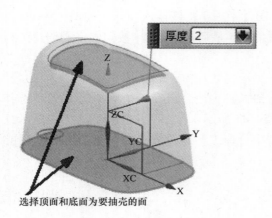

选择顶面和底面为要抽壳的面

图　5-184

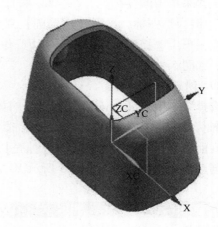

图　5-185

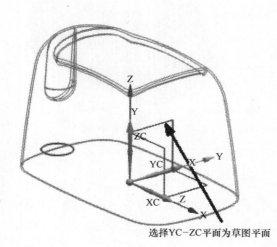

选择YC-ZC平面为草图平面

图　5-186

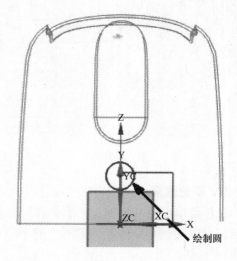

绘制圆

图　5-187

绘图步骤如下：

1）绘制圆。在【直接草图】工具条中选择○（圆）图标，出现【圆】对话框，选择 ⊙（圆心和直径定圆）图标，按照图 5-187 所示绘制圆。

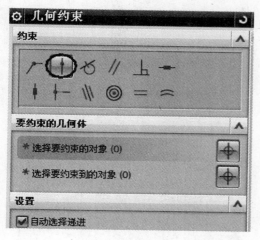

图 5-188

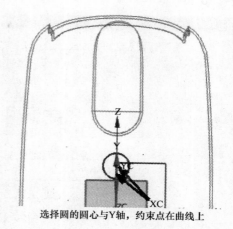

选择圆的圆心与Y轴，约束点在曲线上

图 5-189

2）加上约束。在【几何约束】对话框中选择 （点在曲线上）图标，如图 5-188 所示。选择圆的圆心与 Y 轴，约束点在曲线上，如图 5-189 所示。约束的结果如图 5-190 所示。在【直接草图】工具条中选择 ↙（显示草图约束）图标，使图形中的约束显示出来。

3）标注尺寸。在【直接草图】工具条中选择 （自动判断尺寸）图标，按照图 5-191 所示的尺寸进行标注，$\phi p34 = 34$，$p35 = 32$。此时草图曲线已经转换成绿色，表示已经完全约束。

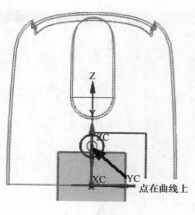

图 5-190

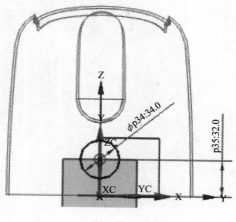

图 5-191

4）在【直接草图】工具条中选择 完成草图 图标，窗口回到建模界面。

22. 创建拉伸特征

选择菜单中的【插入】/【设计特征】/【拉伸】命令，或在【特征】工具条中选择 （拉伸）图标，出现【拉伸】对话框，如图 5-192 所示。选择图 5-193 所示的圆为拉伸对象，在【拉伸】对话框【指定矢量】区域单击 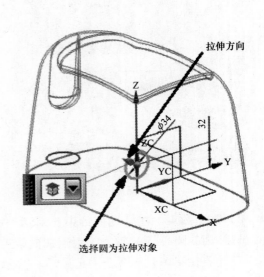（反向）按钮，出现如图 5-193 所示的拉伸方向。然后在【拉伸】对话框中【开始】\【距离】栏输入【0】，在【结束】下拉框中选择 贯通选项，然后在【布尔】下拉框中选择 求差选项，如图 5-192 所示。单击 确定 按钮，完成创建拉伸特征，如图 5-194 所示。

图　5-192

图　5-193

图　5-194

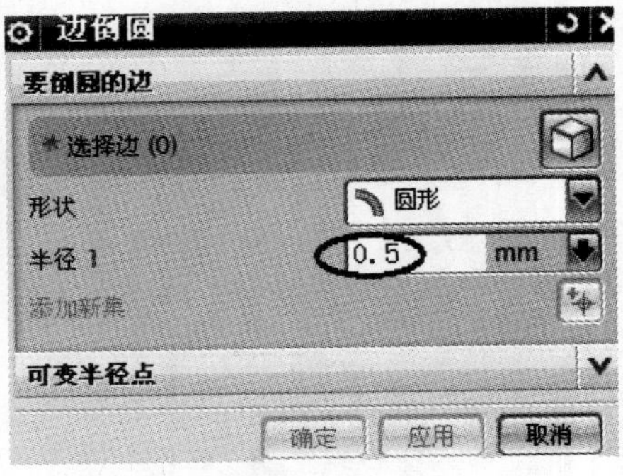

图　5-195

23. 创建边倒圆特征

选择菜单中的【插入】/【细节特征】/【边倒圆】命令，或在【特征】工具条中选择 （边倒圆）图标，出现【边倒圆】对话框，在【半径 1】栏输入【0.5】，如图 5-195 所示。在图形中选择图 5-196 所示的边线作为倒圆角边，最后单击 确定 按钮，完成创建圆角特征，如图 5-197 所示。

24. 将曲线移至 255 层

选择菜单中的【格式】/【移动至图层】命令，或在【实用工具】工具条中选择 ⧉ （移动至图层）图标，将曲线移动至 255 层（步骤略）。

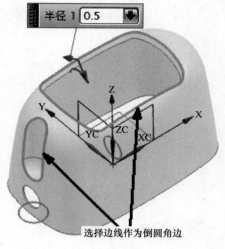

图 5-196

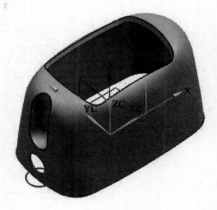

图 5-197

25. 关闭基准层

选择菜单中的【格式】/【图层设置】命令，出现【图层设置】对话框，取消 □ 61 层，图形更新为如图 5-198 所示。

图 5-198

习 题

根据以下图样尺寸绘制图形：

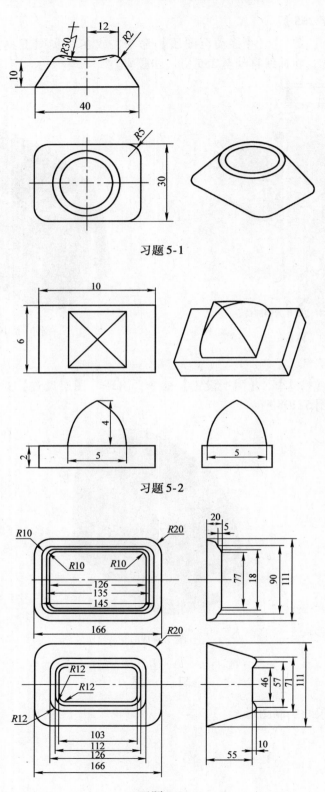

习题 5-1

习题 5-2

习题 5-3

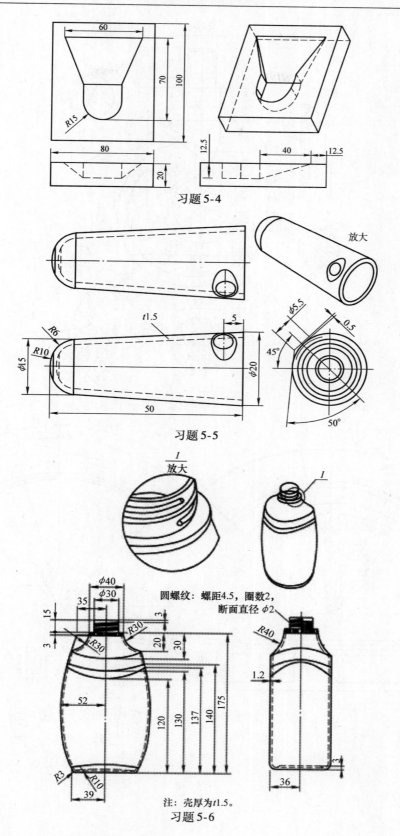

习题 5-4

习题 5-5

I
放大

I

习题 5-6

圆螺纹：螺距4.5，圈数2，
断面直径 φ2

注：壳厚为t1.5。

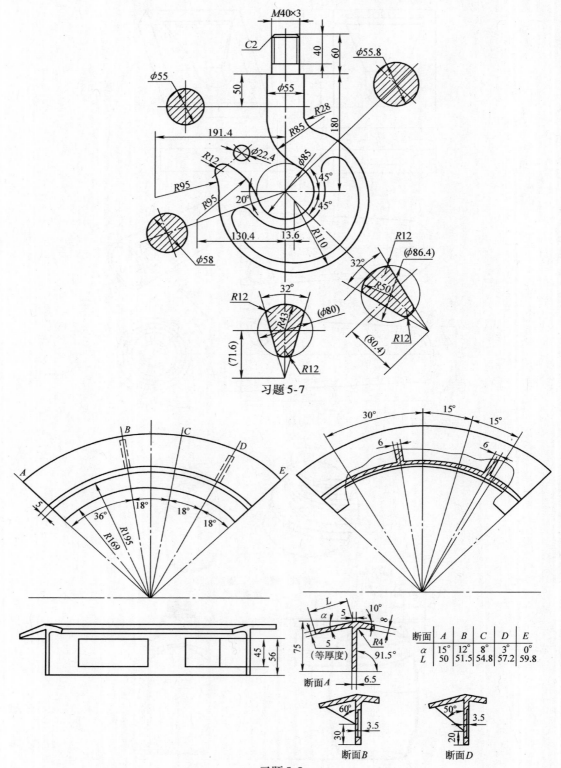

习题 5-7

习题 5-8

断面	A	B	C	D	E
α	15°	12°	8°	3°	0°
L	50	51.5	54.8	57.2	59.8

断面 A

断面 B

断面 D

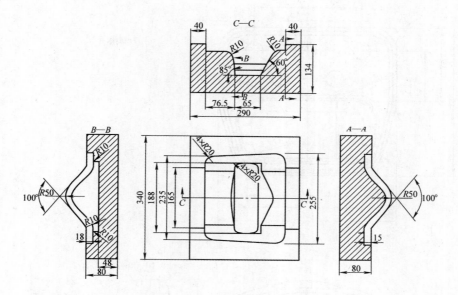

习题 5-9

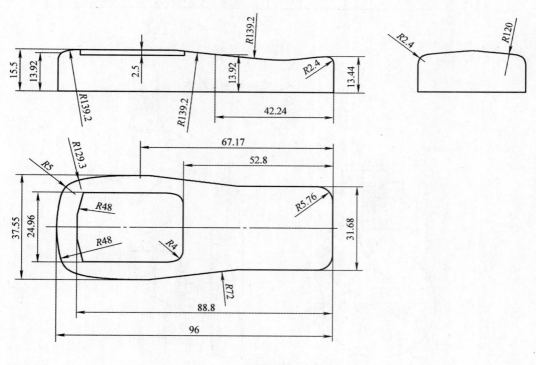

习题 5-10

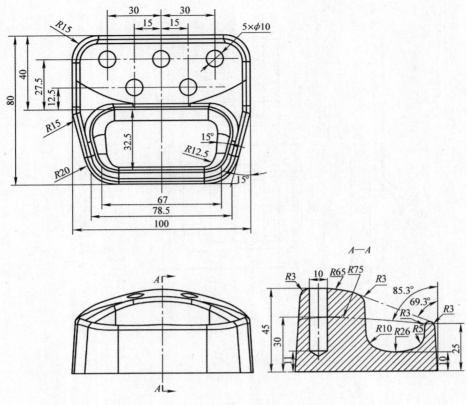

习题 5-11

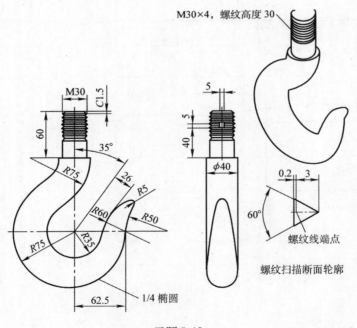

习题 5-12

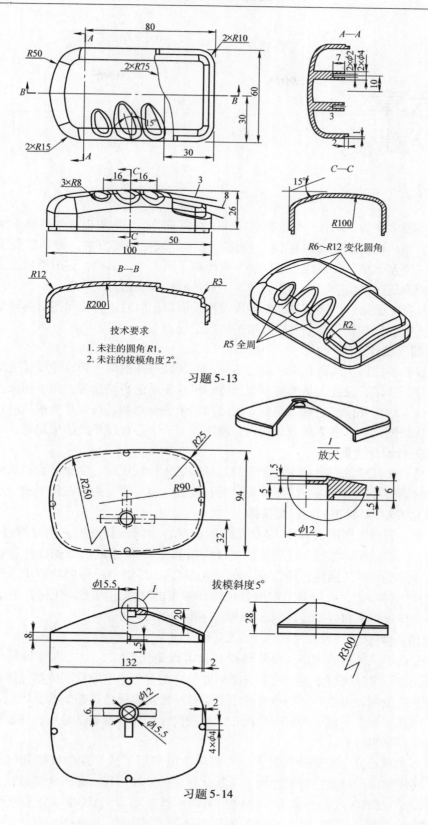

技术要求

1. 未注的圆角 R1。
2. 未注的拔模角度 2°。

习题 5-13

习题 5-14

第六章
同步建模

　　同步建模技术作为 NX 的一个重要里程碑，它突破了基于历史记录的建模系统所固有的结构性障碍，用户无需在使用原有 CAD 模型时了解其原始创建方法，而其扩展后的能力可以实现剪切、复制、粘贴和镜像功能，进一步提高了生产力。因此，将旧模型改编成新设计更为容易，而且通过提高数据重用大大节省了设计时间和费用。

　　同步建模技术是第一个能够借助新的决策推理引擎，同时进行几何图形与规则同步设计建模的解决方案。它加快了四个关键领域的创新步伐：

1. 快速捕捉设计意图

　　同步建模技术能够快速地在用户思考创意的时候就将其捕捉下来，使设计速度大幅度提高。有了这些新技术，设计人员能够有效地进行尺寸驱动的直接建模，而不用像先前一样必须考虑相关性及约束等情况，可以花更多的时间用来进行创新。在创建或编辑时，这项技术能自己定义选择的尺寸、参数和设计规则，而不需要一个经过排序的历史记录。

2. 快速进行设计变更

　　该技术可以在几秒钟内自动完成预先设定好的或未作设定设计变更，而以前则需要几个小时，编辑的简单程度前所未有，不管设计源自何处，也不管是否存在历史树。

3. 提高多 CAD 环境下的数据重用率

　　该技术允许用户重用来自其他 CAD 系统的数据，无需重新建模。用户通过一个快速、灵活的系统，能够以相比原始系统更快的速度编辑其他 CAD 系统的数据，并且编辑方法与采用何种设计方法无关。因此，用户可以在一个多 CAD 环境中进行成功应用。通过一个名为"提示选择"的技术，可以自动归纳各种设计要素的功能，而无需任何特征或约束的定义，提高了设计重用率和原始设备制造商/供应商的效率。

4. 新的用户体验

　　该技术提供了一种新的用户互操作体验，它可以简化 CAD，使三维变得与二维一样易用。这一互操作性将过去独立的二维和三维环境结合在一起，它兼具了成熟三维建模器的稳定耐用性以及二维的易用性。新的推理技术可以自动根据鼠标位置归纳常见约束，并执行典型的命令。因此，对于不常使用的用户而言，这些设计工具非常易学易用，便于推动下游的应用进入制造和车间级别。

　　CAD 技术的核心之一就是建模技术，发展历史也经历了从早期的线框几何建模、表面几何建模、实体建模到后来的特征建模、参数化建模的发展历程。每一次建模技术的进步都会给 CAD 技术的发展注入强劲动力，建模技术的革新推动着 CAD 技术乃至整个产业的蜕变。同步建模技术作为"20 年来三维实体建模领域最重要的突破性技术之一"，必将给

CAD 技术带来一次新的革命。

实例说明

本章主要讲述同步建模。其构建思路为：利用同步建模命令修改一个或多个已有面，使其相邻面得到设计改变，其模型可以是 UG 创建的，也可以是从其他 CAD 软件导入的，不相关的，有无特征皆可。然后，运用同步建模移动面、拉出面、复制面、尺寸约束、横截面编辑及壳体相关编辑功能灵活地对非参实体进行快速设计变更，而不受特征历史的影响。

学习目标

通过本章实例的练习，读者能熟练掌握同步建模技术，运用同步建模的各项功能修改编辑非参实体，减少重构的时间，重用 CAD 数据，简化 CAD 操作，开拓创建思路及提高实体的创建基本技巧。

实例一

实体原始造型及设计改变后的造型如图 6-1 所示。

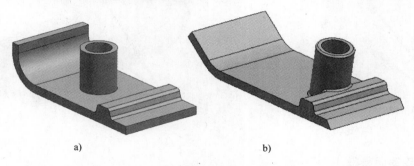

a)   b)

图　6-1

1. 打开原始文件

选择菜单中的【文件】/【打开】命令，或选择 （打开）图标，出现【打开】文件对话框，找到本书附的光盘中 \ parts \ 6 \ dm1. prt 文件，单击 ___OK___ 按钮，打开文件。

2. 定制同步建模工具条

选择菜单中的【工具】/【定制】命令，或在工具条空白处单击鼠标右键，勾选 ☑同步建模 工具条。

3. 设置无历史记录模式

选择菜单中的【插入】/【同步建模】/【无历史记录模式】命令，或在同步建模工具条中选择 （无历史记录模式）图标，也可以在部件导航器右键单击 历史模式，在弹出菜单中选择【无历史记录模式】选项，如图 6-2 所示。

4. 创建边倒圆特征

选择菜单中的【插入】/【细节特征】/【边倒圆】命令，或在【特征】工具条中选择 （边倒圆）图标，出现【边倒圆】对话框，在【半径 1】栏输入【1】，如图 6-3 所示。在图形中选择图 6-4 所示的边线作为倒圆角边，最后单击 确定 按钮，完成创建圆角特征，如图 6-5 所示。

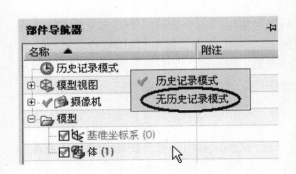

图　6-2

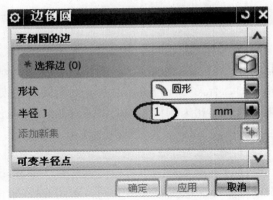

图　6-3

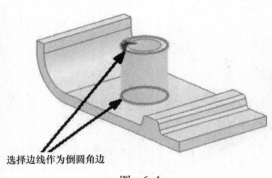

选择边线作为倒圆角边

图　6-4

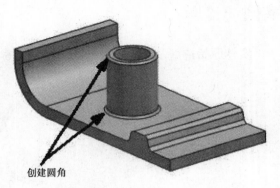

创建圆角

图　6-5

5. 创建移动面特征

选择菜单中的【插入】/【同步建模】/【移动面】命令，或在同步建模工具条中选择 （移动面）图标，出现【移动面】对话框，如图 6-6 所示。在主界面面规则下拉框中选择【凸台或腔体面】选项，在图形中选择图 6-7 所示的圆柱面，在【移动面】对话框【运动】下拉框中选择 距离-角度选项，在【指定距离矢量】下拉框中选择 选项，在【指定枢轴点】下拉框中选择 （圆弧中心/椭圆中心/球心）选项，在图形中选择图 6-8 所示的实体圆弧边，在【快速定向服务】中选择图 6-8 所示的 XZ 平面，然后在【移动面】对话框【距离】栏输入【27】，在【角度】栏输入【10】，如图 6-6 所示。单击 确定 按钮，创建移动面特征，如图 6-9 所示。

6. 创建移动面特征

选择菜单中的【插入】/【同步建模】/【移动面】命令，或在同步建模工具条中选择 （移动面）图标，出现【移动面】对话框，如图 6-10 所示。在主界面面规则下拉框中选择【单个面】选项，在图形中选择图 6-11 所示的圆环顶面，出现默认的移动方向（即所选面的法向），然后在【移动面】对话框【距离】栏输入【8】，如图 6-10 所示。单击 确定 按钮，创建移动面特征，如图 6-12 所示。

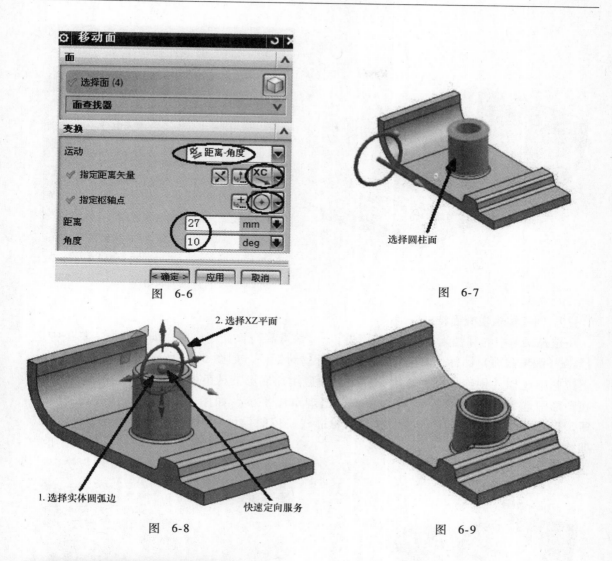

图　6-6

图　6-7

选择圆柱面

2.选择XZ平面

1.选择实体圆弧边

快速定向服务

图　6-8

图　6-9

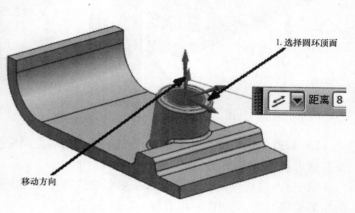

1.选择圆环顶面

移动方向

图　6-10

图　6-11

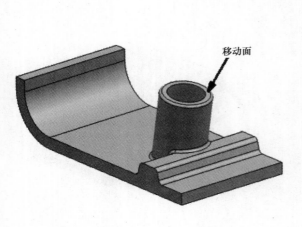

图 6-12

图 6-13

7. 创建编辑横截面特征

选择菜单中的【插入】/【同步建模】/【编辑截面】命令，或在同步建模工具条中选择 （编辑截面）图标，出现【横截面编辑】对话框，如图 6-13 所示。在【平面方法】下拉框中选择【创建平面】选项，在主界面启用捕捉点工具条中仅选择 （中点）选项，在图形中选择图 6-14 所示的边线中点，出现草图平面，如图 6-14 所示。单击 确定 按钮，进入草图界面，系统自动生成截面轮廓线，按照设计意图修改形状，编辑尺寸，添加约束。

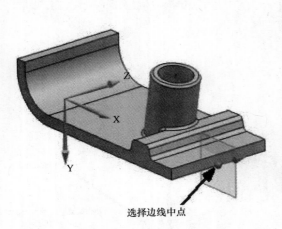

选择边线中点

图 6-14

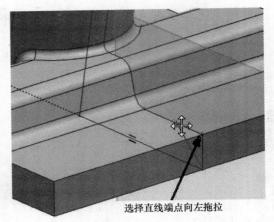

选择直线端点向左拖拉

图 6-15

1）修改底板右侧形状。在图形中选择直线端点向左拖拉，如图 6-15 所示。完成修改底板右侧形状，如图 6-16 所示。

2）修改底板左侧端部高度。在图形中选择直线向上拖拉，如图 6-17 所示。完成修改底板左侧端部高度，如图 6-18 所示。

3）加上约束。在【草图】工具条中选择【创建平面】（几何约束）图标，出现【几何约束】对话框，选择 图标，如图 6-19 所示。在图中选择底板轮廓线，再选择左端直线，约束水平，如图 6-20 所示。在【草图】工具条中选择 图标，使图形中的约束显示出来。

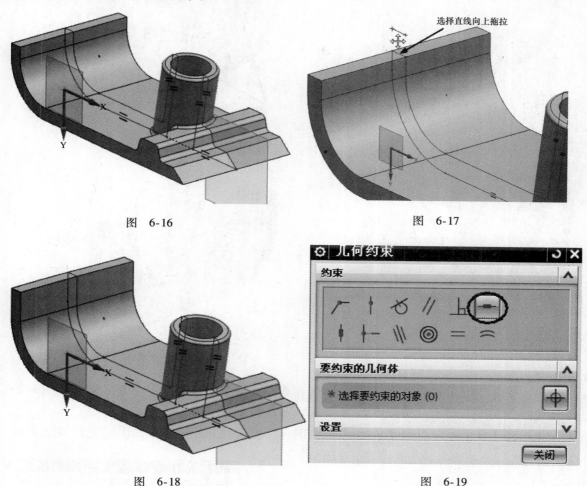

图　6-16

图　6-17

图　6-18

图　6-19

继续进行约束。在【几何约束】对话框中选择 图标，在图中选择直线与底板轮廓线，约束垂直，如图 6-21 所示。在【直接草图】工具条中选择 图标，使图形中的约束显示出来。

继续进行约束。在【几何约束】对话框中选择 图标，在图中选择直线与圆弧，约束相切，如图 6-22 所示。在【直接草图】工具条中选择 图标，使图形中的约束显示出来。

继续进行约束。在【几何约束】对话框中选择 图标，在图中选择底板轮廓线与圆弧，约束相切，如图 6-22 所示。在【直接草图】工具条中选择 图标，使图形中的约束显示出来。

注意：若形成底板厚薄不均的情况，可以先约束圆弧与相邻直线相切，底板轮廓线水平，底板左端部直线竖直，即可避免产生底板厚薄不均的情况。

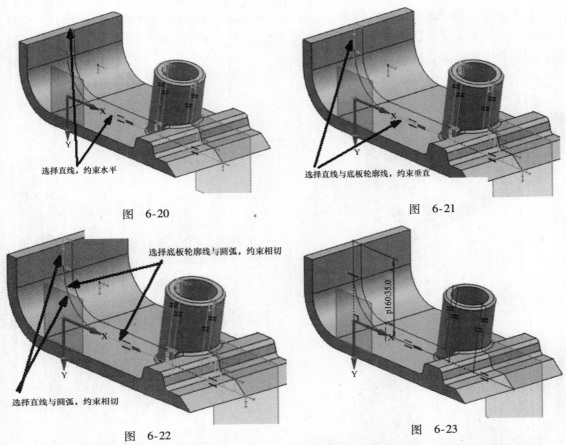

图　6-20

图　6-21

图　6-22

图　6-23

4）编辑尺寸。在【草图】工具条中选择 　 （自动判断的尺寸）图标，按照如图 6-23 所示的尺寸进行标注，p160 = 35。

5）在【草图】工具条中选择 　 完成草图 图标，窗口回到建模界面，模型更新如图 6-24 所示。

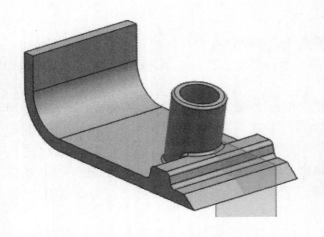

图　6-24

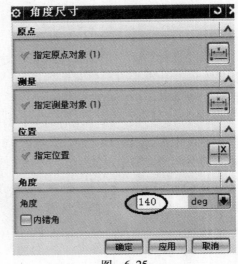

图　6-25

8. 创建角度尺寸特征

选择菜单中的【插入】／【同步建模】／【尺寸】／【角度尺寸】命令，或在同步建模工具条中选择 $\measuredangle$（角度尺寸）图标，出现【角度尺寸】对话框，如图6-25所示。在图形中依次选择图6-26所示的边线，然后选择图6-26所示的要移动的面，在【角度】栏输入【140】，单击 <u>确定</u> 按钮，创建角度尺寸特征，如图6-27所示（隐藏尺寸）。

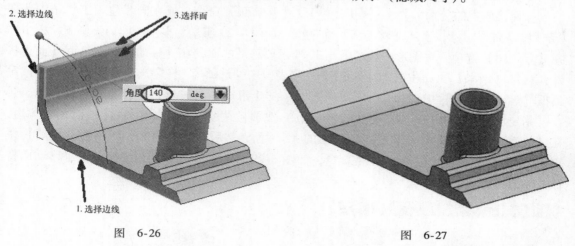

图 6-26　　　　　　　　　　　　　　　　　图 6-27

实例二

实体原始造型及设计改变后的造型如图6-28所示。

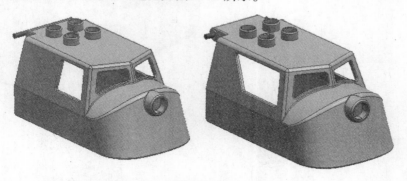

图 6-28

1. 打开原始文件

选择菜单中的【文件】／【打开】命令，或选择 （打开）文件图标，出现【打开】文件对话框，找到本书附的光盘中 \ parts \ 6 \ dm2. prt 文件，单击 <u>OK</u> 按钮，打开文件。

2. 定制同步建模工具条

选择菜单中的【工具】／【定制】命令，或在工具条空白处单击鼠标右键，勾选 ☑同步建模工具条。

3. 设置无历史记录模式

选择菜单中的【插入】/【同步建模】/【无历史记录模式】命令，或在同步建模工具条中选择 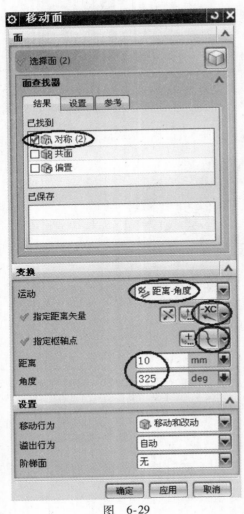（无历史记录模式）图标，也可以在部件导航器右键单击 🕘历史模式，在弹出菜单中选择【无历史记录模式】选项。

4. 创建移动面特征

选择菜单中的【插入】/【同步建模】/【移动面】命令，或在同步建模工具条中选择 ⬡（移动面）图标，出现【移动面】对话框，如图 6-29 所示。在主界面规则下拉框中选择【单个面】选项，在图形中选择图 6-30 所示要移动的面，在【移动面】对话框【面查找器】区域【结果】页面中【指定枢轴点】列表框中勾选 ☑🔼对称 (2) 选项，在【移动面】对话框【运动】下拉框中选择 ❀距离-角度选项，在【指定距离矢量】下拉框中选择 ⤴XC选项，在【指定枢轴点】下拉框中选择 ⤵（控制点）选项，在图形中选择图 6-31 所示的实体边，在【快速定向服务】中选择图 6-31 所示的 XZ 平面，然后在【移动面】对话框【距离】栏输入【10】，在【角度】栏输入【325】，如图 6-29 所示。单击 确定 按钮，创建移动面特征，如图 6-32 所示。

图　6-29

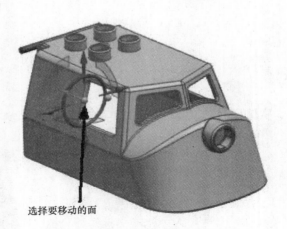

选择要移动的面

图　6-30

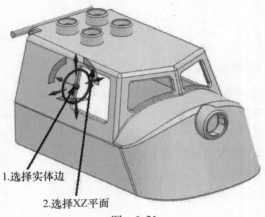

1.选择实体边

2.选择XZ平面

图　6-31

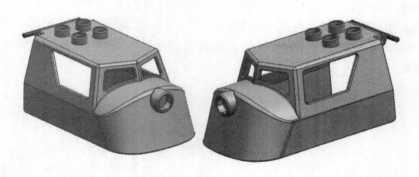

图 6-32

5. 创建移动面特征

选择菜单中的【插入】/【同步建模】/【移动面】命令，或在同步建模工具条中选择 （移动面）图标，出现【移动面】对话框，如图6-33所示。在主界面面规则下拉框中选择【单个面】选项，在图形中选择图6-34所示的圆孔面，在【移动面】对话框【面查找器】区域【结果】页面【已找到】列表框中勾选☑共轴(5)、☑共轴(Far)(2)选项，系统自动抓取6个同轴面，如图6-33所示。在【移动面】对话框【运动】下拉框中选择点到点

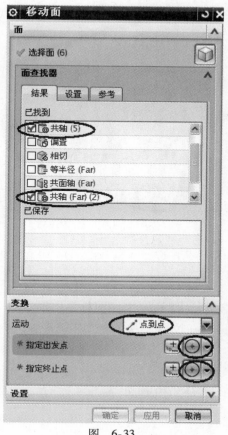

图 6-33

选择圆孔面

图 6-34

选项，在【指定出发点】下拉框中选择⊕（圆弧中心/椭圆中心/球心）选项，在图形中选择图 6-35 所示的实体圆弧边，在【指定终止点】下拉框中选择⊕（圆弧中心/椭圆中心/球心）选项，在图形中选择图 6-35 所示的实体圆弧边，单击 确定 按钮，创建移动面特征，如图 6-36 所示。

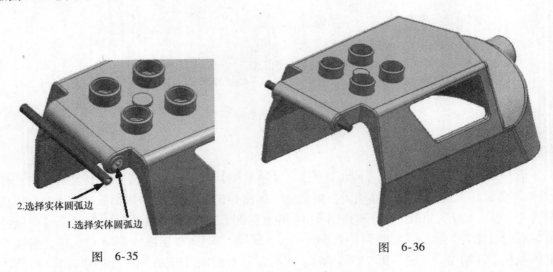

2.选择实体圆弧边
1.选择实体圆弧边

图　6-35

图　6-36

实例三

实体原始造型及设计改变后的造型如图 6-37 所示。

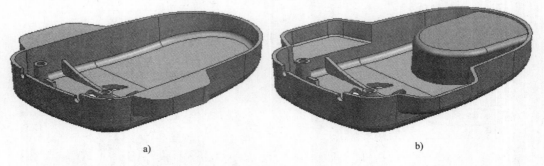

a)

b)

图　6-37

1. 打开原始文件

选择菜单中的【文件】/【打开】命令，或选择🖳（打开）文件图标，出现【打开】文件对话框，找到本书附的光盘中 \ parts \ 6 \ dm3. prt 文件，单击 OK 按钮，打开文件。

2. 定制同步建模工具条

选择菜单中的【工具】/【定制】命令，或在工具条空白处单击鼠标右键，勾选☑同步建模工具条。

3. 设置无历史记录模式

选择菜单中的【插入】／【同步建模】／【无历史记录模式】命令，或在同步建模工具条中选择 （无历史记录模式）图标，也可以在部件导航器右键单击 🕒 历史模式，在弹出菜单中选择【无历史记录模式】选项。

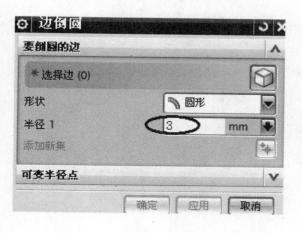

图　6-38

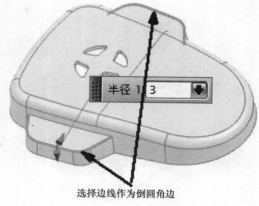

选择边线作为倒圆角边

图　6-39

4. 创建边倒圆特征

选择菜单中的【插入】／【细节特征】／【边倒圆】命令，或在【特征】工具条中选择 🔲（边倒圆）图标，出现【边倒圆】对话框，在【半径1】栏输入【3】，如图6-38所示。在主界面曲线规则下拉框中选择【相切曲线】选项，在图形中选择图6-39所示的边线作为倒圆角边，最后单击 确定 按钮，完成创建圆角特征，如图6-40所示。

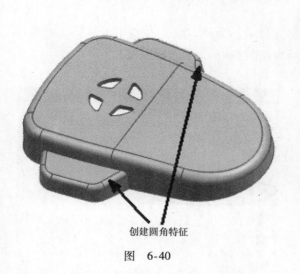

创建圆角特征

图　6-40

图　6-41

5. 创建壳面特征

选择菜单中的【插入】／【同步建模】／【壳体】／【壳面】命令，或在同步建模工具条中选择 🔘（壳面）图标，出现【壳面】对话框，如图6-41所示。在主界面面规则下拉框中选择【相切面】选项，在图形中选择图 6-42 所示要抽壳的面，然后在【壳面】对话框【要穿透的面】区域选择 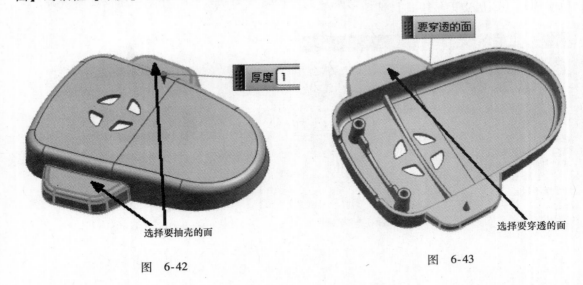（面）图标，在图形中选择图 6-43 所示要穿透的面，在【壳面】对话框【厚度】栏输入【1】，单击 确定 按钮，创建壳面特征，如图 6-44 所示。

选择要抽壳的面

图　6-42

要穿透的面

选择要穿透的面

图　6-43

6. 创建更改壳厚度特征

选择菜单中的【插入】/【同步建模】/【壳体】/【更改壳单元厚度】命令，或在同步建模工具条中选择 （更改壳厚度）图标，出现【更改壳厚度】对话框，如图 6-45 所示。在图形中选择图 6-46 所示的两耳型腔面，勾选 选择厚度相同的相邻面 选项，然后在【厚度】栏输入【2】，单击 确定 按钮，完成创建更改壳厚度特征，如图 6-47 所示。

7. 显示隐藏的片体

选择菜单中的【编辑】/【显示和隐藏】/【显示】命令，或在【实用工具】工具条中选择 （显示）图标，将片体显示，图形更新为如图 6-48 所示（步骤略）。

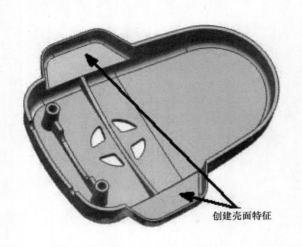

创建壳面特征

图　6-44

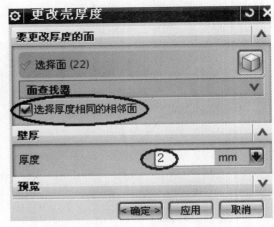

更改壳厚度

要更改厚度的面

选择面 (22)

面查找器

选择厚度相同的相邻面

壁厚

厚度 2 mm

预览

＜确定＞　应用　取消

图　6-45

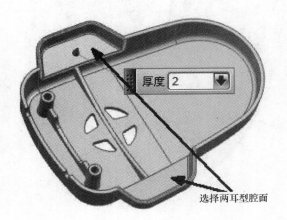

选择两耳型腔面

图 6-46

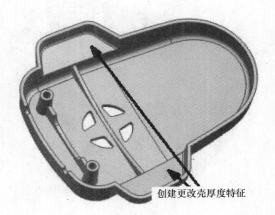

创建更改壳厚度特征

图 6-47

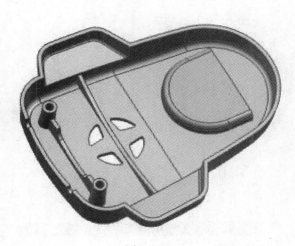

图 6-48

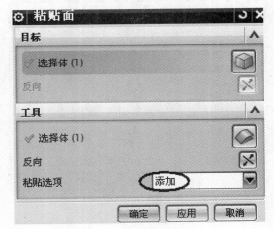

图 6-49

8. 创建粘贴面特征

选择菜单中的【插入】／【同步建模】／【重用】／【粘贴面】命令，或在同步建模工具条中选择 （粘贴面）图标，出现【粘贴面】对话框，如图 6-49 所示。然后在图形中选择图 6-50 所示的目标体与工具片体，在【粘贴面】对话框【粘贴选项】下拉框中选择【添加】选项，单击 确定 按钮，完成创建粘贴面特征，如图 6-51 所示。

9. 创建壳面特征

选择菜单中的【插入】／【同步建模】／【壳体】／【壳面】命令，或在同步建模工具条中选择 （壳面）图标，出现【壳面】对话框，如图 6-52 所示。在主界面面规则下拉框中选择【相切面】选项，在图形中选择图 6-53 所示要抽壳的面，在【壳面】对话框【厚度】栏输入【2】，单击 确定 按钮，创建壳面特征，如图 6-54 所示。

10. 创建移动面特征

选择菜单中的【插入】／【同步建模】／【移动面】命令，或在同步建模工具条中选择 （移动面）图标，出现【移动面】对话框，如图 6-55 所示。在主界面面规则下拉框中选

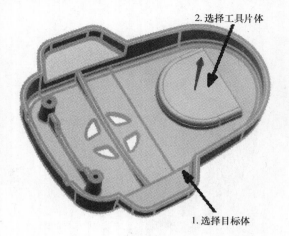

2. 选择工具片体

1. 选择目标体

图 6-50

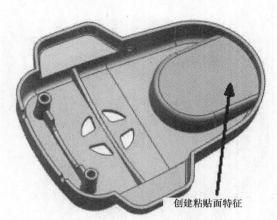

创建粘贴面特征

图 6-51

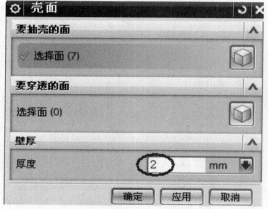

图 6-52

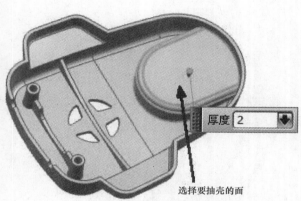

厚度 2

选择要抽壳的面

图 6-53

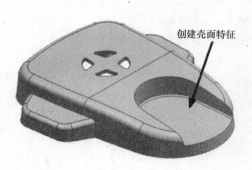

创建壳面特征

图 6-54

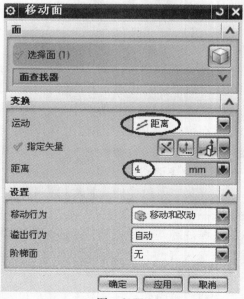

图 6-55

择【单个面】选项，在图形中选择图 6-56 所示的顶面，出现默认的移动方向（即所选面的法向），然后在【移动面】对话框【距离】栏输入【4】，如图 6-55 所示。单击 确定 按钮，创建移动面特征，如图 6-57 所示。

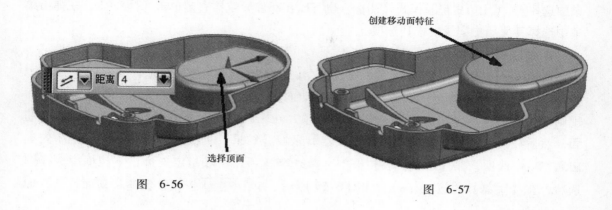

图 6-56　　　　　　　　　　　　　　　　　图 6-57

实例四

实体原始造型及设计改变后的造型如图 6-58 所示。

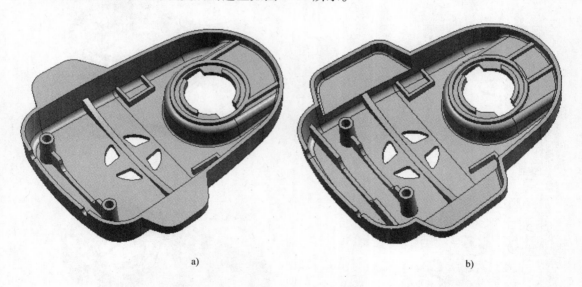

a)　　　　　　　　　　　　　　　　　b)

图 6-58

1. 打开原始文件

选择菜单中的【文件】／【打开】命令，或选择 ◢（打开）文件图标，出现【打开】文件对话框，找到本书附的光盘中 \ parts \ 6 \ dm4. prt 文件，单击 OK 按钮，打开文件。

2. 定制同步建模工具条

选择菜单中的【工具】／【定制】命令，或在工具条空白处单击鼠标右键，勾选

☑同步建模工具条。

3. 设置无历史记录模式

选择菜单中的【插入】/【同步建模】/【无历史记录模式】命令，或在同步建模工具条中选择 🔁（无历史记录模式）图标，也可以在部件导航器右键单击 🕒历史模式，在弹出菜单中选择【无历史记录模式】选项。

4. 创建移动面特征

选择菜单中的【插入】/【同步建模】/【无历史记录模式】命令，或在同步建模工具条中选择 🔧（移动面）图标，出现【移动面】对话框，如图 6-59 所示。在主界面面规则下拉框中选择【已合并的筋板面】选项，在图形中选择图 6-60 所示要移动的右筋面，然后在【移动面】对话框【面查找器】区域【结果】页面【已找到】列表框中勾选 ☑🔳对称 (4) 选项，在【运动】下拉框中选择 ≠距离选项，在【指定矢量】下拉框中选择 XC 选项，在【距离】栏输入【8】，如图 6-59 所示。单击 确定 按钮，创建移动面特征，如图 6-61 所示。

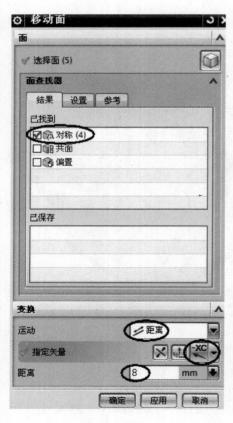

图　6-59

选择要移动的右筋面

图　6-60

创建移动面特征

图　6-61

5. 创建线性尺寸特征

选择菜单中的【插入】/【同步建模】/【尺寸】/【线性尺寸】命令，或在同步建模工具条中选择 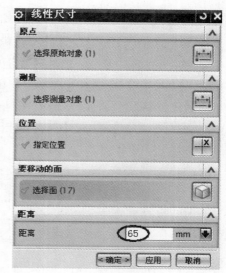（线性尺寸）图标，出现【线性尺寸】对话框，如图 6-62 所示。然后在主界面启用捕捉点工具条中仅选择 ⊙（圆弧中心）选项，在图形中选择图 6-63 所示的右侧实体圆弧边线，再选择图 6-63 所示的左侧实体圆弧边线，单击鼠标左键，然后在【线性尺寸】对话框【要移动的面】区域选择（面）图标，在主界面面规则下拉框中选择【凸台或腔体面】选项，在图形中选择图 6-64 所示圆柱凸台顶面，在【距离】栏输入【65】，单击 确定 按钮，创建线性尺寸特征，如图 6-65 所示（隐藏尺寸）。

图 6-62

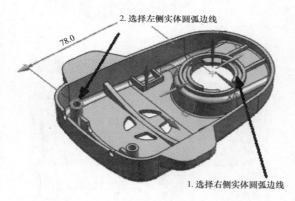

图 6-63

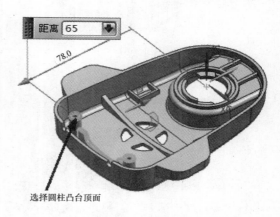

图 6-64

图 6-65

图 6-66

6. 创建壳面特征

选择菜单中的【插入】/【同步建模】/【壳体】/【壳面】命令，或在同步建模工具条中选择 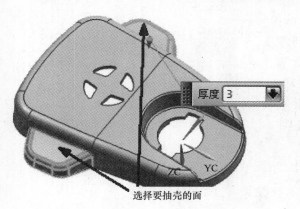（壳面）图标，出现【壳面】对话框，如图 6-66 所示。在主界面面规则下拉框中选择【相切面】选项，在图形中选择图 6-67 所示要抽壳的面，然后在【壳面】对话框【要穿透的面】区域选择 （面）图标，在图形中选择图 6-68 所示要穿透的面，在【壳面】对话框【厚度】栏输入【3】，单击 确定 按钮，创建壳面特征，如图 6-69 所示。

图　6-67

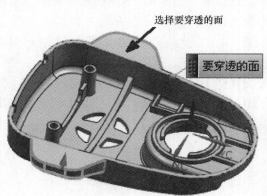

图　6-68

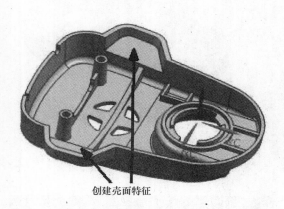

图　6-69

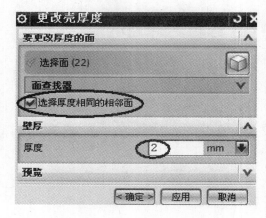

图　6-70

7. 创建更改壳厚度特征

选择菜单中的【插入】/【同步建模】/【壳体】/【更改壳单元厚度】命令，或在同步建模工具条中选择 （更改壳厚度）图标，出现【更改壳厚度】对话框，如图 6-70 所示。在图形中选择图 6-71 所示的两耳型腔面，勾选 选择厚度相同的相邻面 选项，然后在【厚度】栏输入【2】，单击 确定 按钮，完成创建更改壳厚度特征，如图 6-72 所示。

8. 创建复制面特征

选择菜单中的【插入】/【同步建模】/【重用】/【复制面】命令，或在同步建模工具条中选择 （复制面）图标，出现【复制面】对话框，如图 6-73 所示。在主界面面规则下拉框中选择【筋板面】选项，在图形中选择图 6-74 所示要移动的筋板面，出现默认

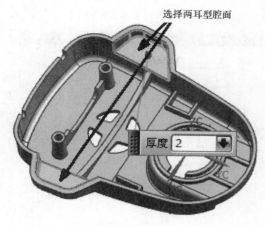

选择两耳型腔面

厚度 2

图 6-71

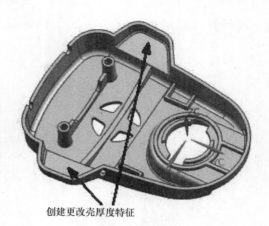

创建更改壳厚度特征

图 6-72

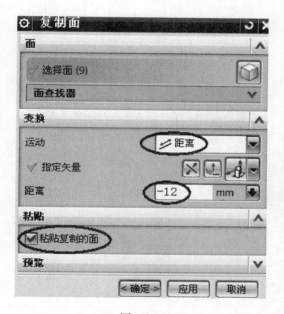

复制面

面
✓ 选择面 (9)
面查找器

变换
运动 ⟋ 距离
✓ 指定矢量
距离 -12 mm

粘贴
☑ 粘贴复制的面

预览

<确定> 应用 取消

图 6-73

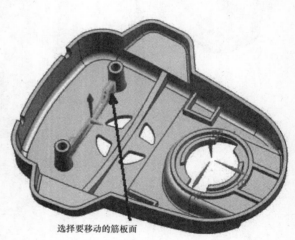

选择要移动的筋板面

图 6-74

的移动方向（即所选面的法向），在【复制面】对话框【运动】下拉框中选择⟋距离选项，在【距离】栏输入【-12】，在【复制面】对话框【粘贴】区域勾选☑粘贴复制的面选项，如图6-73所示。单击 确定 按钮，创建复制面特征，如图6-75所示。

9. 创建移动面

选择菜单中的【插入】/【同步建模】/【移动面】命令，或在同步建模工具条中选择(移动面)图标，出现【移动面】对话框，如图6-76所示。在主界面面规则下拉框中选择【单个面】选项，在图形中选择图6-77所示侧面，然后在【移动面】对话框【面查找器】区域【结果】页面【已找到】列表框中勾选☑对称 (2)选项，在【运动】下拉框中选择⟋距离-角度选项，在【指定距离矢量】下拉框中选择选项，在【指定枢轴点】下拉框中选择(控制点)选项，在图形中选择如图6-77所示的实体边，在【快速定向服务】中选择图6-77所示的XY平面，然后在【移动面】对话框【距离】栏输入【15】，在【角度】栏输入【10】，如图 6-74 所示。单击 按钮，创建移动面特征，如图 6-78 所示。

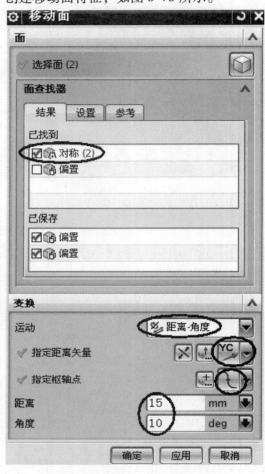

图　6-76

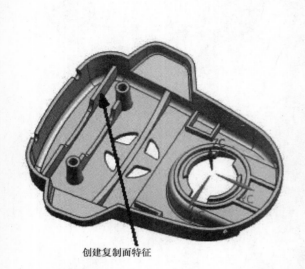

创建复制面特征

图　6-75

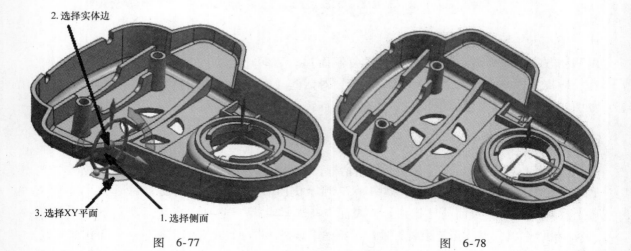

2.选择实体边

3.选择XY平面

1.选择侧面

图　6-77　　　　　　　　　　　　　图　6-78

参 考 文 献

[1] 黄贵东，韦志林，范建文．UG 范例教程［M］．北京：清华大学出版社，2002．

[2] 夸克工作室．Unigraphics V16 实体域组合应用［M］．北京：科学出版社，2001．

[3] 夸克工作室．Unigraphics V16 曲面设计应用［M］．北京：科学出版社，2001．

[4] 黄俊明，吴运明，詹永裕．Unigraphics Ⅱ模型设计［M］．北京：中国铁道出版社，2001．

[5] 林清安．Pro/ENGINEER Wildfire2.0 零件设计基础篇（上）［M］．北京：清华大学出版社，2005．

[6] 林清安．Pro/ENGINEER Wildfire2.0 零件设计基础篇（下）［M］．北京：清华大学出版社，2005．

[7] 林清安．Pro/ENGINEER Wildfire2.0 零件设计高级篇（上）［M］．北京：清华大学出版社，2005．

[8] 林清安．Pro/ENGINEER Wildfire2.0 零件设计高级篇（下）［M］．北京：清华大学出版社，2005．

[9] 冯秋官．机械制图与计算机绘图习题集［M］．4 版．北京：机械工业出版社，2011．

[10] 刘申立．机械工程设计图学习题集［M］．2 版．北京：机械工业出版社，2004．

[11] 老虎工作室．UG 机械设计习题精解［M］．北京：人民邮电出版社，2003．

[12] 陈小燕．UG 项目式实训教程［M］．北京：电子工业出版社，2005．

[13] 单岩．UG 三维造型应用实例［M］．北京：清华大学出版社，2005．

[14] 姜勇．AutoCAD 机械制图习题精解［M］．北京：人民邮电出版社，2011．

[15] 姜勇，刘小杰，高薇嘉．从零开始：AutoCAD 中文版机械制图典型实例［M］．北京：人民邮电出版社，2005．

[16] 单岩，吴立军，周瑜．UG 三维造型应用实例［M］．北京：清华大学出版社，2005．

[17] 姜俊杰．Pro/Engineer Wildfire 高级实例教程［M］．北京：中国水利水电出版社，2004．

[18] 殷国富，成尔京．UG NX2 产品设计实例精解［M］．北京：机械工业出版社，2005．

[19] 葛正浩，樊小蒲．UG NX5.0 典型机械零件设计实训教程［M］．北京：化学工业出版社，2008．

[20] 贺斌，管殿柱．UG NX4.0 三维机械设计［M］．北京：机械工业出版社，2008．